mathematik-abc für das Lehramt

Kurt Peter Müller

Raumgeometrie

mathematik-abc für das Lehramt

Herausgegeben von

Prof. Dr. Stefan Deschauer, Dresden
Prof. Dr. Klaus Menzel, Schwäbisch Gmünd
Prof. Dr. Kurt Peter Müller, Karlsruhe

Die Mathematik-**ABC**-Reihe besteht aus thematisch in sich abgeschlossenen Einzelbänden zu den drei Schwerpunkten:

Algebra und Analysis
Bilder und Geometrie
Computer und Anwendungen.

In diesen drei Bereichen werden Standardthemen der mathematischen Grundbildung gut verständlich behandelt, wobei Zielsetzung, Methoden und Schulbezug des behandelten Themas im Vordergrund der Darstellung stehen.
Die einzelnen Bände sind nach einem „Zwei-Seiten-Konzept" aufgebaut:
Der fachliche Inhalt wird fortlaufend auf den linken Seiten dargestellt, auf den gegenüberliegenden rechten Seiten finden sich im Sinne des „learning by doing" jeweils zugehörige Beispiele, Aufgaben, stoffliche Ergänzungen und Ausblicke.
Die Beschränkung auf die wesentlichen fachlichen Inhalte und die Erläuterungen anhand von Beispielen und Aufgaben erleichtern es dem Leser, sich auch im Selbststudium neue Inhalte anzueignen oder sich zur Prüfungsvorbereitung konzentriert mit dem notwendigen Rüstzeug zu versehen. Aufgrund ihrer Schulrelevanz eignet sich die Reihe auch zur Lehrerweiterbildung.

Kurt Peter Müller

Raumgeometrie

Raumphänomene – Konstruieren – Berechnen

2., überarbeitete und erweiterte Auflage

B. G. Teubner Stuttgart · Leipzig · Wiesbaden

Bibliografische Information der Deutschen Bibliothek
Die Deutsche Bibliothek verzeichnet diese Publikation in der Deutschen Nationalbibliographie; detaillierte bibliografische Daten sind im Internet über <http://dnb.ddb.de> abrufbar.

Prof. Dr. Kurt Peter Müller
Geboren 1941 in Stuttgart. Studium (Lehramt in Mathematik und Physik, Diplom in Mathematik) an der Universität Stuttgart (TH). Promotion in Mathematik an der Universität Stuttgart 1970. Von 1970 bis 1971 Referendariat. In der Lehrerbildung tätig seit 1971 an den Pädagogischen Hochschulen in Esslingen, Reutlingen und – seit 1987 – Karlsruhe.
Arbeitsgebiet: Mathematik und ihre Didaktik,
Schwerpunkte Geometrie/Primarstufe/Rechnereinsatz.
Kurt-Peter.Mueller@PH-Karlsruhe.de

Lektorat: Jürgen Weiß

1. Auflage 2000
2., überarbeitete und erweiterte Auflage Dezember 2004

Der B. G. Teubner Verlag ist ein Unternehmen von Springer Science+Business Media.
www.teubner.de

Umschlaggestaltung: Ulrike Weigel, www.CorporateDesignGroup.de
Gedruckt auf säurefreiem und chlorfrei gebleichtem Papier.

ISBN-13: 978-3-519-12397-2 e-ISBN-13: 978-3-322-80142-5
DOI: 10.1007/ 978-3-322-80142-5

Aus dem Vorwort zur 1. Auflage

Der vorliegende Band der Reihe „mathematik-abc für das Lehramt" ist eine elementar gehaltene Einführung in die Raumgeometrie. Eine solche „Raumgeometrie" hat einen bedeutsamen Platz in der Lehrerausbildung. Die wichtigsten Gründe dafür sind:

- Geometrie ist eine mathematische Theorie. Sie ist aber als Abstraktion aus der Erfahrungswelt entstanden, und sie findet Anwendung in der Erfahrungswelt – und diese Erfahrungswelt ist dreidimensional.
- Raumgeometrie wird oft vernachlässigt. Allenfalls die rechnende „Analytische Geometrie" behandelt auch räumliche Probleme.
- Raumvorstellung ist mit ebenen Figuren trainierbar, doch sollten, dem Namen entsprechend, zumindest auch räumliche Überlegungen mit einbezogen werden.

Das Betrachten von Dächern ist hier das durchgängig verwendete Beispiel. Dies hat zum einen seinen Grund darin, dass man praktisch alle geometrischen Phänomene an geeignet gewählten Dächern entdecken kann. Andererseits kann man daran auch aufzeigen, dass das „mit offenen Augen" durch die (Erfahrungs-)Welt Gehen zum Mathematisieren – hier „Geometrisieren" – führt. Die gesamte Mathematik – auch die Geometrie – ist für die Schule nicht vorrangig Kulturgut und nicht nur ein Bereich, in dem logisch gedacht werden muss, sondern sie ist ein Gebiet, das viele Anwendungen im Alltagsleben hat.

Schon sehr bald werden (ebene) Zeichnungen von (räumlichen) Objekten oder Sachverhalten zu sehen und meist sofort zu verstehen sein. Dies ist besonders im Teil 1.2 der Fall. Wenn die Aussagen komplizierter werden, wird das Anschauen vielleicht schon dort nicht mehr ganz ausreichen. Dann wird beim Lesen ein Wissens- oder Theorie-Defizit erkennbar, das anschließend ausgeglichen wird. Der Aufbau nutzt folgende Stufung:

- ➢ Zeichnungen „lesen", also anschauen und räumlich interpretieren. Die räumliche Interpretation führt dazu, Klarheit über Grundtatsachen der Geometrie im Raum zu gewinnen. Wie können Punkte, Geraden und Ebenen im Raum liegen, wie können sie bewegt werden? Man entdeckt dabei **Raumphänomene**.
- ➢ Zeichnungen ergänzen, um neue Erkenntnisse zu gewinnen. Das bedeutet oft, sich mit Hilfe der Zeichnung kontinuierliche Veränderungen bestimmter Eigenschaften vorzustellen. Es geht dabei um (dynamisches) **räumliches Denken**. Insgesamt ist dieser Teil in das Umfeld „Räumliches Vorstellungsvermögen" einzuordnen, wozu eben nicht nur das statische „Vorstellen" von Sachverhalten zählt, sondern auch das **dynamische Umgehen mit** (gedachten) geometrischen **Objekten**.
- ➢ Zeichnungen erstellen und, wenn nötig, auch während des Zeichnens über das eigentliche Objekt hinaus fortsetzen, um das Objekt korrekt zeichnen zu können. Hauptinhalt ist dabei das **Darstellen** räumlicher Objekte, das **Konstruieren** von ebenen Bildern. Ziel ist dabei nicht das <u>Einüben</u> vieler Standardverfahren, sondern das <u>Bereitstellen</u> weniger wichtiger grundlegender Ideen, damit sie nicht nur beim Zeichnen, sondern beim **Skizzieren** zur Verfügung stehen.
- ➢ Es ist einleuchtend, dass nach dem Ergänzen und dem Dynamisieren das **Bauen** von Modellen kommen würde. In einem Buch ist das leider kaum umsetzbar.
- ➢ Im Hinblick auf Anwendungen haben solche Überlegungen auch **Berechnungen** zum Inhalt. Sie werden deshalb aufgenommen. Dies umfasst auch das Arbeiten mit **Koordinatensystemen** und mit **Gleichungen** geometrischer Objekte.

Der Aufbau ist dabei nicht streng linear. Vielmehr wird oft bewusst aufgrund der Alltagserfahrung vorgegriffen und erst später eine mathematisch präzise Erklärung geliefert.

Manche dieser Begriffe im Umfeld der Dachformen sind nicht allgemein geläufig. Sie werden deshalb bei ihrer ersten Verwendung ***fett kursiv*** hervorgehoben, nicht in einer „Definition" erläutert. Das Problem der Fachsprache ist der Grund dafür, nicht zur Abwechslung auch z. B. verschiedene Werkstücke einzubeziehen. Wer jedoch eher im Umfeld des Maschinenbaus Beispiele zu den hier dargestellten Problemen kennt, kann die Übertragung leicht selbst leisten.

Schließlich sei noch einmal auf die oben angegebenen Punkte vom Lesen von Zeichnungen bis zum Bauen von Modellen und das Berechnen hingewiesen. Nur in der Kombination dieser Ansätze sind alle dargestellten Gedanken nachvollziehbar. Schließlich soll hier auch nachdrücklich zum Überlegen mit Unterstützung durch einfache Hilfsmittel (z. B. Aktendeckel, die man auf- und zuklappen kann), zum Skizzieren oder genauen (konstruierenden) Zeichnen und eventuell sogar zum Bauen aufgefordert werden!

Karlsruhe, im August 2000 Kurt Peter Müller

Vorwort zur 2. Auflage

Für die zweite Auflage wurden entdeckte Fehler korrigiert und einige Formulierungen so geändert, dass die beschriebenen Sachverhalte – hoffentlich – leichter verständlich sind.

Das dynamische Umgehen mit Objekten und das sich dann an dieses Dynamisieren anschließende Bauen sind die Brücke zu dynamischer Geometrie-Software (DGS). Dies sind Programme, die für Probleme der ebenen Geometrie entwickelt wurden, die sich aber auch dazu eigenen, raumgeometrische Probleme zu lösen. Diese Darstellung kann keine Einführung in eine „Raumgeometrie mit DGS" mit Anleitungen zu DGS sein, doch wird dort, wo der Dynamik-Anteil solcher Software genutzt werden kann, im Text darauf hingewiesen und bei der Lösung entsprechender Aufgaben werden auch DGS-Lösungen angegeben – notgedrungen im Buch nicht dynamisch, sondern durch mehrere im Programm dynamisch erzeugte Lagen, sozusagen Schnappschüsse des dynamischen Ablaufs. Leser werden zum aktiven Umgang mit einem entsprechenden Programm aufgefordert. Sowohl bei den Lösungen der Aufgaben als auch in einem eigenen Anhang wurden hier Beispiele ergänzt.

Trotz der Beispiele mit DGS soll aber das „geometrische Freihandzeichnen" nicht vernachlässigt werden. Dabei sind Bleistift und Papier die wesentlichen Werkzeuge. Gezeichnet werden (gedachte) Objekte aus einer fiktiven Sehrichtung. Bei den Figuren wird auf geometrische Korrektheit Wert gelegt. Dazu werden die erarbeiteten Methoden als Denkhilfe verwendet und es wird auf Genauigkeit geachtet, ohne dass jedoch mit Zirkel und Lineal gearbeitet wird. Die Zahl der Beispiele und Aufgaben, bei denen dies realisiert werden kann, sind vermehrt worden. Bereits vorhandene einfache Beispiele wurden durch kompliziertere ergänzt und die Denkweise geschlossen dargestellt.

Dem Verlag B. G. Teubner und Herrn J. Weiß in Leipzig danke ich für die stets engagierte Betreuung der Reihe „mathematik-abc" und die Möglichkeit der Neuauflage.

Karlsruhe, im September 2004 Kurt Peter Müller

Inhalt

1 Punkte – Geraden – Ebenen: Geometrische Phänomene im Raum

1.1 Punkte, Geraden und Ebenen als Grundelemente

In diesem Abschnitt sollen aus der Anschauung offensichtlich richtige Grundtatsachen entnommen und als Sätze formuliert werden, auf denen die dann folgende Darstellung aufbaut. Außerdem sollen hier die künftig verwendeten Bezeichnungen und Sprechweisen eingeführt werden. Die wesentlichen Begriffe werden bei ihrer Einführung **fett** gedruckt. Der Fettdruck deutet keine Definition an, soll jedoch darauf hinweisen, dass hier ein Begriff erstmals verwendet wird, der bei einem streng axiomatischen Aufbau[1] der Raumgeometrie im Axiomensystem oder in Definitionen erklärt werden müsste.

1.1.1 Die geometrischen Grundgebilde

Im Raum gehen wir von **Punkten** als Grundgebilden aus. Die **Geraden** und **Ebenen** sind – geht man streng axiomatisch vor – ebenfalls Grundgebilde. Dann werden zuerst Lagebeziehungen zwischen solchen Grundgebilden formuliert usw. Da hier aber anschaulich vorgegangen wird, werden wir Geraden und Ebenen auch sofort als spezielle Punktmengen auffassen. Gelegentlich brauchen wir andere Punktmengen, deren Namen aus der Schule geläufig sind. Die einfachsten Beispiele sind: **Strecke**, **Kreis**(linie), **Halbgerade** (Strahl). Wir werden diese Namen und die Beziehungen zwischen ihnen wie gewohnt verwenden.

Punkte bezeichnen wir meist mit großen lateinischen Buchstaben. Wenn es zur Unterscheidung sinnvoll ist, verwenden wir Indizes.

Bezeichnungen für Punkte: A, B, C, P_1, P_2 usw.

Geraden bezeichnen wir mit kleinen lateinischen Buchstaben. Wenn es zur Unterscheidung sinnvoll ist, verwenden wir ebenfalls Indizes.

Bezeichnungen für Geraden: g, h, g_1, g_2 usw.

Punkte liegen auf einer Geraden oder sie liegen nicht auf einer Geraden. Da wir Geraden als Punktmengen auffassen, können wir diese (geometrische) Lageaussage in eine (mengentheoretische) Elementaussage „übersetzen“: Wenn der Punkt P auf der Geraden g liegt, schreiben wir gelegentlich $P \in g$ und wenn der Punkt Q nicht auf der Geraden g liegt, schreiben wir auch $Q \notin g$. Die Mengenschreibweise soll aber nicht die geometrisch anschauliche Sprechweise ersetzen.

Ebenen bezeichnen wir meist mit kleinen griechischen Buchstaben, wenn notwendig wieder mit Indizes.

Bezeichnungen für Ebenen: ε, π, ε_1, ε_2 usw.

---

[1] Bei einem axiomatischen Aufbau einer mathematischen Theorie – hier der Raumgeometrie – würden einige Aussagen als gültig (und nicht weiter diskutiert, insbesondere nicht bewiesen) an den Anfang gestellt. Alle weiteren Aussagen der Theorie müssten dann aus diesen Axiomen rein logisch abgeleitet werden. An die Axiome stellt man außerdem noch bestimmte Forderungen, insbesondere die der Vollständigkeit dieser Axiome, der Unabhängigkeit dieser Axiome und der Widerspruchsfreiheit dieser Axiome.

Da Ebenen auch Punktmengen sind, überträgt sich die Mengenschreibweise, die wir schon von den Geraden kennen. $P \in \varepsilon$ und $Q \notin \pi$ sollen wegen dieser Analogie als selbsterklärende Beispiele genügen. Geraden können ebenfalls in einer Ebene liegen. In mengentheoretischer Formulierung müsste man (was aber kaum üblich ist) jetzt mit dem Teilmengensymbol formulieren: Liegt eine Gerade g (das bedeutet: mit allen ihren Punkten) in der Ebene π, so schreibt man demnach $g \subset \pi$.

Zwei voneinander verschiedene Punkte P und Q legen offensichtlich eine eindeutige Verbindungsgerade fest. Das ist uns anschaulich völlig klar (vgl. Beispiel 1.1). Wir halten diese Aussage und die dazu gehörende zweckmäßige Bezeichnung fest im

Satz 1.1: Festlegung einer Geraden:

Zwei voneinander verschiedene Punkte P und Q legen eine Gerade (ihre **Verbindungsgerade**) g eindeutig fest. Wir schreiben $(PQ) = g$.

Umgekehrt wird jede Gerade durch zwei *beliebige* ihrer Punkte festgelegt.

Wir betrachten nun **zwei Geraden**, und zwar zuerst zwei Geraden in einer Ebene.

Zwei Geraden g und h in einer Ebene, die genau einen Punkt P gemeinsam haben, **schneiden** einander in diesem **Schnittpunkt**, und wir schreiben $g \cap h = \{P\}$. Zwei Geraden in einer Ebene, die einander nicht schneiden, sind **zueinander parallel** – meist sagt man nur kurz „parallel". Zueinander parallele Geraden haben **gleiche Richtung**.

Bemerkung: Zunächst scheint es nahe liegend, in einer Ebene (nur) zwei Geraden ohne gemeinsamen Punkt – man nennt sie (zueinander) **punktfremde** Geraden – „zueinander parallel" zu nennen. Man müsste dann aber außer (dieser – in der Mathematik unüblichen – Art) „parallel" und dem üblichen „schneidend" noch „zusammenfallend" als dritte Möglichkeit für die gegenseitige Lage zweier Geraden einer Ebene einführen. Außerdem wäre diese „Parallelität" nicht transitiv, also keine Äquivalenzrelation[2].

Es kann aber auch sein, dass zwei Geraden nicht in einer Ebene liegen. Zwei Geraden, die nicht in einer Ebene liegen, heißen **zueinander windschief** – meist sagt man nur kurz „windschief".

Eine **Gerade** g kann mit einer **Ebene** ε genau einen **Schnittpunkt** (Durchstoßpunkt) gemeinsam haben. Wenn das nicht der Fall ist, hat die Gerade g mit der Ebene ε entweder keinen Punkt gemeinsam oder alle Punkte der Geraden g liegen in der Ebene ε. In diesen beiden Fällen nennen wir – analog zur Sprechweise bei Geraden – die Gerade g **parallel zu der Ebene** ε.

Es bleibt, die gegenseitige Lage von **zwei Ebenen** zu untersuchen. Im allgemeinen Fall **schneiden** zwei Ebenen einander in einer Geraden, der (eindeutigen) **Schnittgeraden**. Die Ebenen heißen dann **schneidend**, sonst (wenn sie keinen Punkt gemeinsam haben oder wenn sie zusammenfallen) heißen die Ebenen **zueinander parallel** – meist sagt man wieder nur kurz „parallel".

---

[2] Aussagen über Mengen und Relationen werden hier nicht eigens erklärt. Man vergleiche dazu etwa [LEHMANN/SCHULZ].

Beispiel 1.1: Geraden in der realen Welt

Der Begriff „Gerade" scheint zwar sehr elementar zu sein, doch man muss bedenken, dass in der realen Welt, die wir mit unseren Sinnen beobachten können (wir argumentieren im Moment in der Geometrie wie in einer Naturwissenschaft), keine Geraden vorkommen. Geraden in der Geometrie sind unendlich ausgedehnt, und das entzieht sich unseren Beobachtungsmöglichkeiten. Wir können allenfalls Stücke (endliche Ausschnitte) von Geraden wirklich beobachten. Manchmal können wir aber vermuten, dass „es genau so weitergeht". Dies soll an den drei Standardmodellen erläutert werden, die zur abstrakten („idealen") Geraden führen:

➤ Der gespannte Faden

Hält man einen Faden an zwei Punkten fest und spannt den Faden, so ist das gespannte Fadenstück **geradlinig**. Hätte man ein längeres Fadenstück genommen, wäre das Geradenstück länger geworden – die Idee der prinzipiell möglichen Fortsetzbarkeit führt gedanklich zur Geraden.

➤ Das gefaltete Blatt Papier

Faltet man ein (beliebig geformtes!) Stück Papier, so entsteht eine geradlinige Faltkante. Entlang dieser Faltkante kann man Strecken (endlich lange Stücke von Geraden) zeichnen. Ein größeres Stück Papier hätte zu einer längeren Faltkante geführt. Eine andere Möglichkeit der Fortsetzbarkeit wäre das überlappende Zeichnen von Strecken.

➤ Der Visierstrahl

Wenn wir als zwei voneinander verschiedene Punkte P und Q etwa die oberen Spitzen von in die Erde gesteckten Stöcken nehmen und uns so hinstellen, dass wir P nahe vor dem Auge und Q genau hinter P sehen, dann schauen wir in Richtung einer Geraden, die durch P und Q geht. Entsprechend kann man einen von einer Lichtquelle ausgehenden Lichtstrahl als Modell wählen. Bei diesem Beispiel kommen wir sofort zu einem (unendlich ausgedehnten) **Strahl** (einer Halbgerade).

Zwei Geraden einer Ebene fallen genau dann zusammen, wenn sie mehr als einen Punkt gemeinsam haben. Zwei beliebige voneinander verschiedene Punkte P und Q legen – die Visier-Idee und der übliche Gebrauch des Lineals machen uns da sicher – eindeutig eine Gerade, die Verbindungsgerade (PQ), fest. Deshalb konnten wir Satz 1.1 formulieren.

Aufgabe 1.1: Fig. 1.1 zeigt einen Würfel. Die Würfeleckpunkte sind benannt. Diese Standardbezeichnung der Würfeleckpunkte wird immer wieder verwendet. Je zwei dieser Würfeleckpunkte bestimmen eine Gerade. Geben Sie mit Hilfe dieser Eckpunkte jeweils mehrere Beispiele für Geraden an, und zwar für

a) Geraden, auf denen Würfelkanten liegen,
b) zueinander parallele Geraden,
c) einander schneidende Geraden,
d) zueinander windschiefe Geraden.

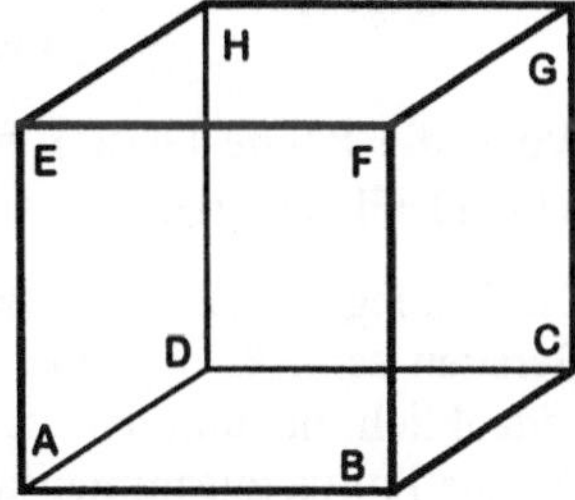

Fig. 1.1

Für b) bis d) gibt es als einfache Lösungen solche Geraden, die auch Würfelkanten enthalten. Suchen Sie für diese Fälle auch Lösungen, bei denen das nicht der Fall ist. Denken Sie z. B. an Diagonalen.

Eine Gerade in der Ebene und im Raum ist, wie schon erwähnt, durch die Angabe zweier beliebiger ihrer Punkte bestimmt. Um anzugeben, wie wir eine Ebene im Raum eindeutig festlegen können, gehen wir wieder von der Anschauung aus. Anregung können die Hinweise in Beispiel 1.2 geben.

Wir fassen diese anschaulich gewonnenen Erkenntnisse mit präziser Formulierung zusammen im

> **Satz 1.2:** Festlegung einer Ebene:
>
> Eine Ebene wird durch
> - drei nicht auf einer Geraden liegende (nicht **kollineare**) Punkte P, Q, R,
> - eine Gerade g und einen nicht auf ihr liegenden Punkt P,
> - zwei einander schneidende Geraden g und h,
> - zwei zueinander parallele, voneinander verschiedene Geraden g und h
>
> eindeutig festgelegt. Diese Ebene ist dann die **Verbindungsebene** dieser Grundgebilde. Man bezeichnet sie mit (PQR), (Pg) oder (gh).
>
> Umgekehrt wird jede Ebene durch *beliebige* solche Teilmengen bzw. Elemente eindeutig festgelegt.

Die Präzisierung besteht nicht nur darin, dass jetzt nicht von Gegenständen wie Türen usw. die Rede ist. Jetzt wird auch angegeben, wie Punkte liegen müssen, um eine Ebene festzulegen. Drei auf einer Geraden liegende Punkte genügen dazu sicher nicht.

Wir wollen die Festlegungsmöglichkeiten noch genauer untersuchen. Dazu gehen wir (vgl. Fig. 1.2) von der Festlegung durch drei nicht kollineare Punkte A, B und C aus. Die Verbindungsebene bezeichnen wir mit (ABC) = ε. Greifen wir zwei dieser drei Punkte, z. B. A und B, heraus, so legen diese beiden Punkte eindeutig ihre Verbindungsgerade g = (AB) fest. Damit können wir die Ebene ε auch durch g und C, also eine Gerade g und einen nicht auf ihr liegenden Punkt C, festlegen. Ist umgekehrt eine Ebene ε durch die Gerade g und einen nicht auf g liegenden Punkt C bestimmt, so wissen wir, dass wir g durch zwei beliebige Punkte – z. B. A und B – kennzeichnen können. Dann bestimmen wir ε aber durch drei nicht kollineare Punkte A, B und C.

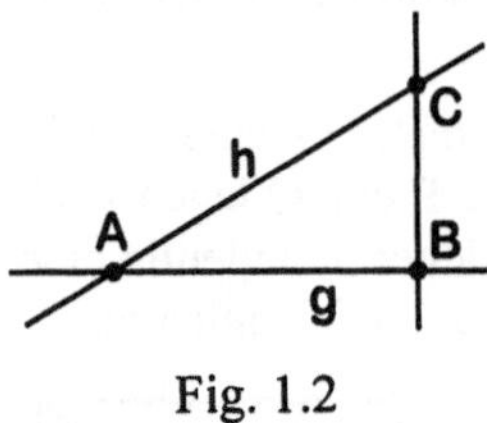

Fig. 1.2

Wenn die Ebene (ABC) = ε gegeben ist, können wir auch die beiden einander in A schneidenden Geraden g = (AB) und h = (AC) zur Kennzeichnung von ε heranziehen.

Die Festlegung einer Ebene durch zwei zueinander parallele, voneinander verschiedene Geraden schließt sich hier aber nicht ebenso zwanglos an. Um diese Festlegung auch gedanklich einzubinden, müssten wir (mit den Bezeichnungen aus Fig. 1.2) z. B. eine Gerade l mit g zusammenfallen lassen und die Gerade l dann längs der Geraden h zu sich parallel so weit verschieben, bis sie durch C geht. Diese Endlage von l sei l'. Die beiden Geraden g und l' legen dann die Ebene fest. Diese Idee des Variierens eines geometrischen Objekts realisiert auf dem Bildschirm Dynamische Geometrie-Software (künftig kurz DGS genannt). Wir werden solche Überlegungen noch oft aufgreifen.

Beispiel 1.2: Ebenen in der realen Welt

➢ Festlegung einer Ebene durch Punkte

Wir überlegen zunächst am Beispiel von Stühlen und betrachten außer der (realen) Sitzfläche (zur Ebene idealisiert) die dazu (gedachte) parallele Ebene durch die unteren (realen) Bein-Enden (als Punkte idealisiert).

Ein Melkschemel hat ein Bein. Die (gedachte, durch das untere Bein-Ende gehende) Parallelebene zur starr mit dem Bein verbundenen Sitzfläche ist im Raum auch dann beweglich, wenn der untere Endpunkt des Beines unverrückt bleibt. Diese Parallelebenen durch das untere Bein-Ende haben in jeder Lage diesen unteren Endpunkt gemeinsam.

Man kann einen normalen vierbeinigen Stuhl nach hinten kippen (er steht dann auf zwei benachbarten Beinen). Dann ist die gedachte Parallelebene zur Sitzflächen-Ebene durch die unteren Bein-Enden ebenfalls noch beweglich, und zwar drehbar um die Verbindungsgerade der unteren Endpunkte der beiden Stuhlbeine, die den Boden berühren.

Es ist aber bekannt, dass ein dreibeiniger Hocker niemals wackeln kann. Mit den drei unteren Bein-Enden bleibt außer ihrer Verbindungsebene auch die Sitzfläche selbst fest.

Ein vierbeiniger Stuhl kann (muss aber nicht) wackeln. Wenn er wackelt, kippt er zwischen zwei Lagen hin und her, bei denen immer genau drei Beine auf dem Boden stehen. In den (instabilen) Zwischenlagen berühren, wie oben beim Kippen angedeutet, zwei Bein-Enden den Boden. Jetzt sind das aber solche Bein-Enden, die einander im Viereck der Bein-Enden diagonal gegenüber liegen.

Drei Punkte legen also offensichtlich – das ist unser Ergebnis – eine Ebene fest.

➢ Festlegung einer Ebene durch einen Punkt und eine Gerade

Betrachten wir den Deckel eines Klaviers, der mit einem sog. „Klavierband" am Klavier befestigt ist, wird klar, dass eine Gerade (die Achse des Klavierbands) und ein nicht auf dieser Geraden liegender Punkt (z. B. beim Schloss des Klaviers) ebenfalls eine Ebene – hier die Ebene des Klavierdeckels – festlegen.

Wer nicht genau weiß, was ein Klavierband ist, denkt an eine Tür mit zwei (als Punkte gedachten) Scharnieren und kommt auch mit dem Tür-Beispiel wieder zu dem Ergebnis, dass drei Punkte die Ebene der Tür eindeutig festlegen.

➢ Festlegung einer Ebene durch zwei Geraden

Denkt man bei der Tür nicht an den Punkt des Schlosses, sondern an den Türrahmen, an dem das Schloss angebracht ist, so kommt man zum Ergebnis, dass zwei verschiedene, zueinander parallele Geraden ebenfalls die (Tür-)Ebene eindeutig festlegen.

Schließlich kann man anschaulich oder geometrisch noch erkennen, dass eine Ebene auch durch zwei einander schneidende Geraden g und h festgelegt ist. Man denke dabei etwa an eine Tür (Drehachse g als Gerade) und die obere Kante h des Türrahmens.

Aufgabe 1.2: Suchen Sie weitere Alltags-Beispiele für Ebenen und prüfen Sie, ob diese Beispiele ebenfalls den Festlegungen, die in Satz 1.2 genannt sind, entsprechen. Überlegen Sie jeweils, wie man zur geometrischen Ebene idealisieren muss!

1.1.2 Winkel zwischen Geraden und Ebenen

Um über solche Winkel nachdenken zu können, wollen wir erst überlegen, welche Kombinationen von Geraden und Ebenen wir untersuchen müssen. Wir brauchen eine vollständige Fallunterscheidung. Es gibt dabei folgende Fälle

- zwei Geraden (mit verschiedenen Unterfällen),
- eine Gerade und eine Ebene (mit Unterfällen),
- zwei Ebenen (wieder mit Unterfällen).

Bei zwei Geraden g und h kennen wir die Unterfälle bereits.

- ➢ Zwei einander schneidende Geraden g und h: Der Winkel ist bekannt, er kann α oder $180° - \alpha$ sein. Meist beschränken wir uns auf den Winkel, der nicht größer als 90° ist, und nennen ihn α.
- ➢ Zwei zusammenfallende Geraden: Denkt man sich, ausgehend von zwei einander schneidenden Geraden, die eine um den Schnittpunkt gedreht, bis sie mit der zweiten zusammenfällt, ist klar: Man wird, der gerade genannten Einschränkung auf Winkel bis 90° folgend, hier den Winkel 0° (und nicht 180°) zuweisen.
- ➢ Zwei zueinander parallele, zueinander punktfremde Geraden: Man wird wieder den Winkel 0° zuweisen. Durch Parallelverschiebung einer Geraden kann man die beiden letzten Fälle ineinander überführen (Stufenwinkelsatz): Bei einer Parallelverschiebung ändert sich die Richtung einer Geraden nicht. Also bleibt auch der Winkel gleich.
- ➢ Zwei zueinander windschiefe Geraden g und h: Man greift die Vorstellung der Parallelverschiebung auf. Die Gerade h kann immer auf viele Arten zu sich selbst parallel verschoben werden, bis sie g schneidet. $\bar{h}$ sei einer dieser Lagen. Den Schnittwinkel von g und $\bar{h}$ nimmt man als Winkel zwischen den Ausgangsgeraden g und h, weil h und $\bar{h}$ gleiche Richtung haben.

Auch bei einer Geraden g und einer Ebene ε machen wir wieder eine vollständige Fallunterscheidung und nutzen dabei Alltagserfahrungen bzw. Ergebnisse von Beispiel 1.3.

- ➢ g schneidet ε in S. Man betrachtet in S das **Lot** (die Normale) n auf ε. Die Ebene (gn) schneidet ε in der Geraden e. Der Winkel zwischen g und ε ist gleich dem Winkel α zwischen g und e. Er ist eindeutig bestimmt, wenn man $\alpha \leq 90°$ wählt. In (gn) liest man dann ab, dass der Winkel zwischen g und l das Maß $90° - \alpha$ hat.
- ➢ g liegt ganz in ε: Man weist den Winkel 0° zu.
- ➢ g und ε sind punktfremd: Wieder weist man den Winkel 0° zu.

Schließlich muss noch der Winkel zwischen zwei Ebenen betrachtet werden.

- ➢ Einander in einer Geraden g schneidende Ebenen: Sie gehören einem **Ebenenbüschel** mit der **Trägergeraden** g an. Um den Schnittwinkel zu bestimmen, denkt man sich in einem Punkt P von g in jeder der beiden Ebenen das Lot (die Normale) auf g gezeichnet. Der Winkel zwischen diesen Loten ist der Winkel zwischen den Ebenen (wieder nicht eindeutig; man wählt den Winkel, der nicht größer als 90° ist). Wie oben könnte man statt der Lote in den Ebenen auch mit den Loten auf die Ebenen arbeiten – mit dem gleichen Ergebnis!
- ➢ Zueinander parallelen Ebenen (**Parallelbüschel**) wird der Winkel 0° zugeordnet.

Beispiel 1.3: Zu zwei zueinander windschiefen Geraden g und h gibt es stets eindeutig eine Gerade k, die zu g und zu h senkrecht steht. Auf k kann man daher auch eindeutig den Abstand der Geraden g und h messen.

Wir gehen von g und h aus. Fig. 1.3 zeigt die gesamte Anordnung. Zunächst denken wir uns h so parallel zu sich verschoben, dass die Parallele h_1 die Gerade g in P schneidet. k_1 ist das in P eindeutige Lot auf die Ebene (gh_1). Wenn man k_1 längs g parallel zu sich selbst verschiebt, überstreicht k_1 eine Ebene κ. h durchstößt diese Ebene κ in einem Punkt Q. Die Parallele zu k_1 durch Q ist das gesuchte gemeinsame Lot **(Gemeinlot)** k der beiden zueinander windschiefen Geraden g und h – hier als Gerade aufgefasst. k schneidet g in R. Die Länge $|\overline{QR}|$ der Strecke $\overline{QR}$ ist dann der Abstand der Geraden g und h (Gemeinlot als Strecke aufgefasst).

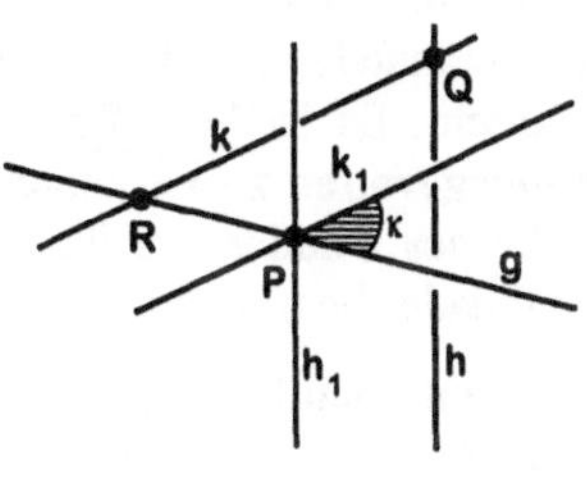

Fig. 1.3

Die Begründungen waren anschaulich klar. Man könnte aber an verschiedenen Stellen noch präzisieren. Hier soll nur noch begründet werden, weshalb die Gerade h die von k_1 beim Verschieben erzeugte Ebene in einem Punkt Q trifft. h schneidet die Ebene (gk_1) dann nicht, wenn h zu der Ebene parallel ist. Da die Richtung von h mit der von h_1 übereinstimmt und da h diese Ebene schneidet, muss aber auch h_1 diese Ebene schneiden.

Aufgabe 1.3: Begründen Sie analog noch ausführlicher als hier, weshalb in Beispiel 1.3 die Gerade k und damit auch der Abstand $|\overline{QR}|$ eindeutig bestimmt sind.

Beispiel 1.4: Die **Platonischen Körper** sind Körper, die aus nur einer Sorte regulärer n-Ecke derart zusammengesetzt sind, dass an jeder Ecke gleich viele n-Ecke zusammenstoßen und jede Ecke durch eine Bewegung in jede andere transformiert werden kann.

Nimmt man Dreiecke, so ist es möglich, dass an einer Körperecke drei, vier oder fünf gleichseitige Dreiecke zusammenstoßen. Nur zwei Dreiecke bilden keine Raumecke, und sechs gleichseitige Dreiecke füllen schon die Ebene. Analog erkennt man, dass bei Quadraten und bei regulären Fünfecken je drei in einer Raumecke zusammenstoßen können und dass reguläre Sechsecke (und höhere Eckenzahlen) nicht vorkommen können. Die genannten Körper existieren tatsächlich (was aus obigen Überlegungen nicht hervorgeht!) und haben folgende Namen:

Zahl und Art der n-Ecke	Gesamtzahl der Flächen	Name des Körpers
3 Dreiecke pro Ecke	insgesamt 4 Flächen	(reguläres) **Tetraeder**
4 Dreiecke pro Ecke	insgesamt 8 Flächen	**Oktaeder**
5 Dreiecke pro Ecke	insgesamt 20 Flächen	**Ikosaeder**
3 Quadrate pro Ecke	insgesamt 6 Flächen	**Hexaeder** (Würfel)
3 Fünfecke pro Ecke	insgesamt 12 Flächen	Pentagon-**Dodekaeder**

Aufgabe 1.4: Was könnte geschehen, wenn man nicht nur eine Sorte regulärer n-Ecke zuließe? Was, wenn man nicht jede Ecke in jede andere bewegen könnte?

1.2 Erste Folgerungen

1.2.1 Zusammenhänge bei Geraden und Ebenen

Quader sind sicher die einfachsten Körperformen. Sie haben zwölf Kanten, von denen je vier zueinander parallel sind. Die nicht zueinander parallelen Kanten sind zueinander senkrecht. Es ist kein Problem, die Kanten, die Strecken sind, in Gedanken zu ihren **Trägergeraden** zu verlängern. Entsprechend kann man die sechs rechteckigen Flächenstücke des Quaders zu ihren **Trägerebenen** ausdehnen. Von den sechs Ebenen, die so den Quader begrenzen, sind je zwei zueinander parallel.

Jetzt kann man überlegen, ob aus der Parallelität der Kanten die Parallelität der Flächen folgt, ob aus der Parallelität der Flächen die Parallelität der Kanten folgt oder ob diese Eigenschaften voneinander unabhängig sind. Um zu allgemeinen Ergebnissen zu kommen, wollen wir nicht direkt an Quadern, sondern an Ebenenbüscheln überlegen.

Satz 1.3: Seien π_1 und π_2 Ebenen eines Parallelbüschels und π eine nicht dazu parallele Ebene. Dann sind die Schnittgeraden g_1 (bzw. g_2) von π mit π_1 (bzw. π_2) zueinander parallel: Aus $\pi_1 \parallel \pi_2 \nparallel \pi$, $g_1 = \pi \cap \pi_1$ und $g_2 = \pi \cap \pi_2$ folgt, dass $g_1 \parallel g_2$ gilt. Kurz: Werden zwei zueinander parallele Ebenen von einer dritten Ebene geschnitten, so sind die zwei Schnittgeraden zueinander parallel.

Beweis: Wenn $\pi_1 = \pi_2$ ist, dann ist $g_1 = g_2$, also $g_1 \parallel g_2$. Ist dagegen $\pi_1 \cap \pi_2 = \emptyset$, so ist $g_1 \cap g_2 = \{P\}$ unmöglich. P würde mit g_1 in π_1 und mit g_2 in π_2 liegen, im Widerspruch zu $\pi_1 \cap \pi_2 = \emptyset$. Die Geraden g_1 und g_2 sind also punktfremd. g_1 und g_2 können aber nicht zueinander windschief sein, weil sie beide in π liegen. Somit gilt $g_1 \parallel g_2$. ■

Satz 1.4: Seien zwei Ebenenbüschel mit Trägergeraden $g_1 \parallel g_2$ und $g_1 \neq g_2$ gegeben. ε_1 gehört zum Büschel um g_1, ε_2 zum Büschel um g_2. Wenn ε_1 und ε_2 einander in g schneiden, dann gilt $g \parallel g_1$ ($\parallel g_2$).

Beweis: Die Ebene $(g_1 g_2) = \gamma$ ist eindeutig bestimmt und die einzige Ebene, die beiden Büscheln angehört. Wegen $\varepsilon_1 \cap \varepsilon_2 = g$ gilt $\varepsilon_1 \neq \gamma \neq \varepsilon_2$. Wir nehmen an, dass es einen Schnittpunkt P von g und g_2 gibt. Dann gilt $P \in g_2$ und $P \in \varepsilon_1$. $P \in g_2$ legt dann zusammen mit g_1 die Ebene $(Pg_1) = \gamma$ fest. Weil $P \in \varepsilon_1$ gilt, ist $(Pg_1) = \varepsilon_1$. Das ist ein Widerspruch zur Annahme, dass $\varepsilon_1 \neq \gamma$ ist. Entsprechend schließt man, dass $g \cap g_1 = \emptyset$ ist. g kann aber nicht windschief zu g_1 (g_2) sein, da beide Geraden in ε_1 (ε_2) liegen. ■

Umgekehrt kann es aber sein, dass die vier Geraden g_1, g_2, g_3 und g_4 zueinander parallel sind, dass aber unter den (bei allgemeiner Lage) sechs denkbaren Verbindungsebenen von je zwei dieser Geraden kein Paar von zueinander parallelen Ebenen enthalten ist. Die Voraussetzung, dass Ebenen zueinander parallel sind, ist also offenbar eine stärkere, weiter reichende Voraussetzung.

Wir wollen Dächer von Türmen oder Häusern als durchgehendes Paradigma[5] für unsere Überlegungen verwenden. An Dächern sollen die allgemeinen Überlegungen konkretisiert werden. Zunächst werden hier die Überlegungen zu Ebenenbüscheln auf Dächer übertragen. Dächer sind natürlich nur endlich, doch kann man in Gedanken die Kanten sofort zu ihren Trägergeraden, die ebenen Flächenstücke zu ihren Trägerebenen erweitern. Meist wird in der Sprechweise dieser Unterschied beachtet, doch wird manchmal, da kaum einmal Verwechslungsgefahr besteht, auch darauf verzichtet.

Beispiel 1.5: Ein Haus mit ***Pultdach*** entsteht aus einem (zunächst) quaderförmigen Haus, indem man das ***Flachdach*** (in einer horizontaler Ebene) in Gedanken um eine seiner Kanten dreht. Für das Dach genügt es nicht, das Dach-Rechteck zu drehen. Wir müssen vielmehr dabei die Ebene des Flachdachs als eine Ebene aus dem Ebenenbüschel deuten, dessen Trägergerade diejenige Kante des Flachdachs enthält, um die „gedreht" wurde. Wählt man in diesem Büschel eine Ebene, für die das Dachstück oberhalb des ursprünglichen Flachdachs liegt (vgl. Fig. 1.4, dort ist das ursprüngliche Flachdach noch mit dünnen Hilfslinien eingezeichnet), ist die Trägergerade des Büschels die Gerade, die die untere horizontale Dachkante, die ***Traufline*** t des Hauses, enthält. Die schräg verlaufenden Seiten (o_1 und o_2 in Fig. 1.4) des Flachdachs werden ***Ortgang*** genannt. Fig. 1.4 zeigt zudem, dass auch drei Hauswand-Rechtecke „verlängert" werden müssen.

Beispiel 1.6: Ausgehend von einem quaderförmigen Haus mit Flachdach kann man aber das Dach auch durch zwei Ebenen aus Ebenenbüscheln bilden lassen, deren Trägergeraden durch gegenüberliegende Rechtecksseiten (Trauflinien) bestimmt sind. Wenn die (neuen) Ebenen beide gleich gegen die Horizontalebene geneigt sind, dann entsteht ein ***Satteldach*** (vgl. Fig. 1.5), sonst ein ***Sheddach*** (vgl. Fig. 1.6).

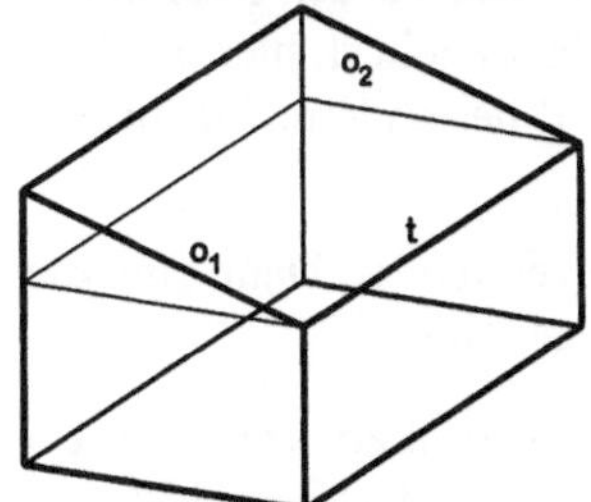

Fig. 1.4: Pultdach

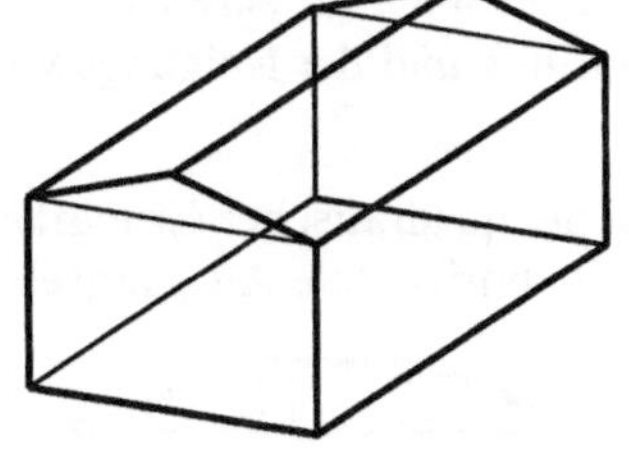

Fig. 1.5: Satteldach

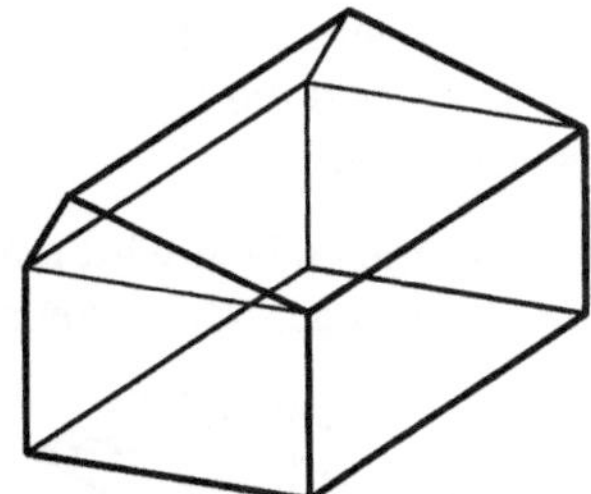

Fig. 1.6: Sheddach

Bei Sattel- und Sheddächern schneiden die beiden Dachebenen einander in einer ***Firstgeraden***, am Dach realisiert ist eine darauf liegende Strecke, der ***First*** des Dachs. In den Hauswänden, in denen keine Trauflinien liegen, entstehen ***Giebeldreiecke***. Die Wahl des Neigungswinkels bestimmt offenbar die ***Firsthöhe*** über dem ursprünglichen Flachdach, die auch ***Giebelhöhe*** genannt wird. Beim Satteldach ist das Giebeldreieck gleichschenklig. Bei einem Dach verlaufen parallel zum Ortgang ***Dachsparren*** genannte Balken, die gleich lang sind wie der Ortgang. Parallel zu den Trauflinien und zum First verlaufen meist ***Dachlatten***, die gleich lang wie die Trauflinien sind.

[5] Paradigma [griechisch/lateinisch]: Beispiel, (Denk-)Muster.

Als Anwendung von Satz 1.4 wollen wir verschiedene Dachformen betrachten. Dazu findet sich jeweils in den Spalten links eine anschauliche Zeichnung, die leicht räumlich interpretierbar ist, in der Mitte eine Zeichnung, die eine wichtige Ansicht des Hauses derart zeigt, dass das Entscheidende leicht erkennbar ist, und rechts der erklärende Text.

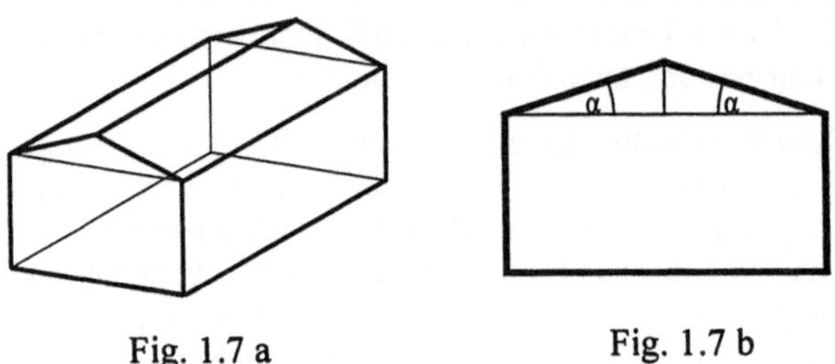

Fig. 1.7 a Fig. 1.7 b

Ausgehend von einem Haus mit Flachdach wollen wir ein Haus mit Satteldach entwickeln. Wie bereits angegeben, ist das Giebeldreieck gleichschenklig. Die Dachebenen haben den Neigungswinkel α, der First ist parallel zu den Trauflinien.

In Fig. 1.7 b sieht man die Neigungswinkel α der beiden Dachebenen des Satteldachs.

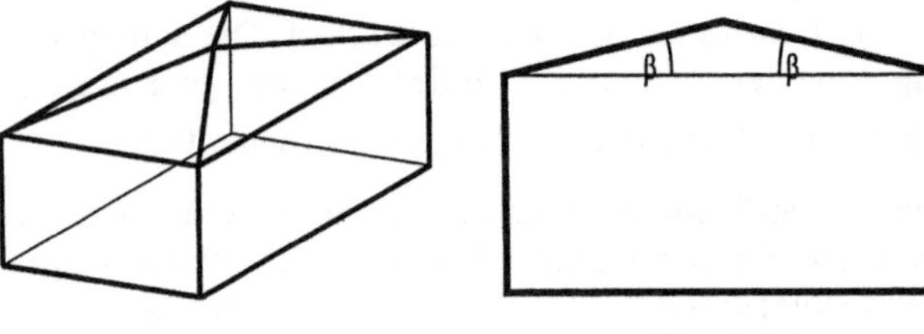

Fig. 1.8 a Fig. 1.8 b

Wenn man anschließend von den Basislinien der beiden Giebeldreiecke Ebenen, die durch den Mittelpunkt des Firsts gehen, zum Dach dazu nimmt, erhält man ein (allgemeines) ***Pyramidendach***.

Für eine rechteckige Grundfläche (vgl. Fig. 1.8) erkennt man, dass zu der Dachfläche, die die längere Trauflinie besitzt, auch der größere Neigungswinkel gehört, hier $\alpha > \beta$. In Fig. 1.8 b sind die längere Trauflinie und der Neigungswinkel β der anderen Dachfläche eingezeichnet!

Das Pyramidendach wird meist bei quadratischer Grundfläche verwendet. Dann sind die vier Dachebenen gleich gegen die horizontale Ausgangsebene geneigt.

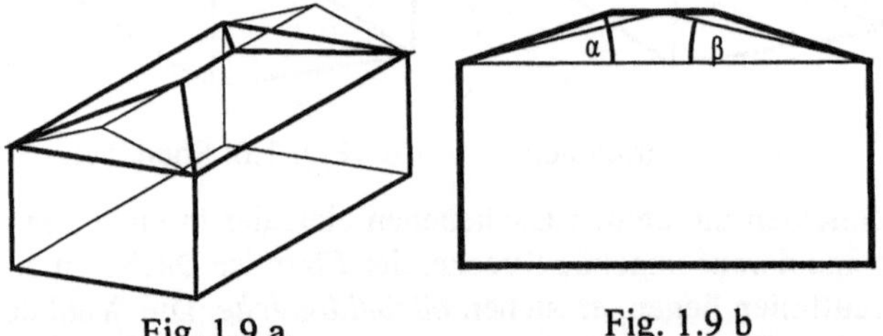

Fig. 1.9 a Fig. 1.9 b

Ergänzt man von den Basislinien der Giebeldreiecke ausgehende Ebenen, die gleich geneigt sind wie die des Satteldachs, erhält man ein (bei allen Ebenen gleich geneigtes) ***Walmdach***. β aus Fig. 1.8 b ist eingezeichnet!

Beim Walmdach müssen die vier Ebenen nicht gleich geneigt sein, doch findet man aus ästhetischen Gründen fast nur diesen (hier ausschließlich betrachteten) Sonderfall. Wäre die Grundfläche ein Quadrat, entstünde wieder ein Pyramidendach. Dies macht auch deutlich, dass man bei der Erklärung des überall gleich geneigten Walmdachs von einem Satteldach ausgehen muss, bei dem die Trauflinien die längeren Rechtecksseiten sind. Ginge man von den kürzeren Rechtecksseiten aus, würden (vgl. Abschätzung für die Neigungswinkel) die anderen (endlichen!) Dachflächen den First nicht mehr schneiden.

Beispiel 1.7: Anwendungen der Sätze 1.3 und 1.4

a) Beispiele bei einfachen Dachformen

Die Dachformen, die jetzt bekannt sind, bieten Beispiele für diese grundlegenden Sätze. Die Sätze sind anschaulich so klar, dass man sie meist überhaupt nicht erwähnt. Wir wollen dies hier zur Übung ausführlich tun, sie später aber nicht ständig zitieren. Bei den folgenden Beispielen gehen wir stets von einem rechteckigen Grundriss des Hauses aus. Bei einem Pultdach sind nach Satz 1.3 die Firstlinie und die Trauflinie zueinander parallel, weil die gegenüberliegenden Wände des Hauses in zueinander parallelen Ebenen liegen. Bei einem Satteldach und bei einem Sheddach sind nach Satz 1.4 die Firstlinie und die Trauflinien zueinander parallel, weil die Trauflinien zueinander parallel sind. Bei einem Walmdach sind nach Satz 1.4 die Firstlinie und die (längeren) Trauflinien zueinander parallel, weil diese Trauflinien zueinander parallel sind.

b) Beispiele bei Standardkörpern

Schneidet eine Ebene einen Spat[6] so, dass genau zwei Paare von Gegenflächen geschnitten werden, so sind nach Satz 1.3 die Schnittlinien in den Gegenflächen zueinander parallel. Damit sind die Gegenseiten des Vierecks zueinander parallel. Dies gilt für beide Gegenseitenpaare, es kann so kein allgemeines Viereck entstehen, sondern es entsteht ein Parallelogramm. Die Aussage, dass das Schnittviereck ein Parallelogramm (oder ein Spezialfall davon, nämlich ein Rechteck oder ein Quadrat) sein muss, gilt auch für Spezialfälle eines Spats wie Quader und Würfel. Es gibt aber – und darüber ist nichts ausgesagt – Ebenen, die einen Spat anders schneiden. Vgl. dazu Beispiel 3.5.

Beispiel 1.8: Walmdach und Richtung des Firsts

Es gibt verschiedene Überlegungen, die begründen, dass der First bei einem Walmdach in Richtung der längeren Rechtecksseiten verläuft. Eine dynamische Überlegung soll hier dargestellt werden. In Gedanken geht man von einem Pyramidendach über einem Rechteck aus, das die richtige Höhe hat oder bei dem ein Ebenenpaar den richtigen Neigungswinkel hat.

Wenn bei einem Pyramidendach die Höhe stimmt, nicht aber die Neigungswinkel, müssen die Neigungswinkel durch Verändern bei einem Ebenenpaar angeglichen werden. Wenn man (vgl. Fig. 1.9 b) den Winkel bei den Dachflächen mit der kürzeren Traufkante vergrößert, entsteht am Dach ein First parallel zu den längeren Traufkanten. Würde man den Winkel bei den Dachflächen mit den längeren Traufkanten verkleinern, würden sich diese Ebenen (nach Satz 1.4) zwar in einer Geraden schneiden – diese Gerade läge aber, da die Winkel verkleinert wurden (dynamisches Denken: Verkleinern des Winkels bewirkt eine Verkleinerung der Höhe), niedriger als die Schnittgerade der beiden anderen Dachebenen.

Wenn ein Ebenenpaar den richtigen Neigungswinkel hat, muss man analog den anderen Neigungswinkel angleichen. Das ist – wie eben überlegt – nur dann möglich, wenn der Neigungswinkel bei den Dachflächen längs der längeren Traufkanten korrekt ist.

[6] Spat: Körper mit sechs Parallelogrammen als Flächen (Flussspat). Vgl. auch S. 24.

1.2.2 Dynamisches Denken und Erzeugen neuer Gebilde

„Dynamisch Denken“ bedeutet, bestimmte geometrische Objekte in Gedanken zu variieren, zu drehen, umzuwenden, sie zu verschieben, oft auch zu verlängern usw. Dazu gehen wir zunächst von den uns bekannten Möglichkeiten aus, eine Gerade bzw. eine Ebene festzulegen. Das Umsetzen mit DGS ist fast unmittelbar möglich.

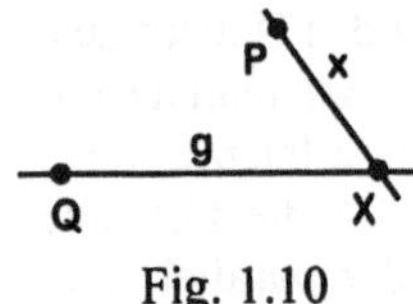

Fig. 1.10

Wir denken uns eine Ebene ε durch eine Gerade g und einen nicht auf ihr liegenden Punkt P bestimmt, kurz: ε sei bestimmt durch g und P $\notin$ g. Diese Gerade g ist, wie wir wissen, durch zwei beliebige ihrer Punkte, etwa Q und X, bestimmt. Wenn wir nun P mit X verbinden, erhalten wir eine eindeutige Verbindungsgerade x, von der wir wissen, dass sie ganz in ε liegt.

Denken wir uns, dass X (dynamisch) die ganze Gerade g durchläuft, so erhalten wir eine Schar von Geraden x, die alle in ε liegen. Alle Geraden einer Ebene ε, die durch einen Punkt P gehen, bilden ein **Geradenbüschel**, und wir sagen, dass dieses Geradenbüschel mit **Trägerpunkt (Zentrum)** P die Ebene ε **erzeugt**. Denken wir nur an die Geraden (und nicht mehr an den auf g laufenden Punkt X), so können wir unsere Überlegungen auch dadurch beschreiben, dass wir sagen, wir **drehen** in ε die Büschelgeraden um P.

Solches dynamisches Denken – man variiert eine Punktmenge systematisch – hilft bei vielen Überlegungen. Beispiel 1.9 gibt weitere Möglichkeiten, eine Ebene zu erzeugen.

Aber auch in einer Ebene kann man dynamisch Punktmengen bestimmen: Wir gehen von der Erzeugung einer Ebene ε durch Drehen einer Geraden eines Geradenbüschels mit Trägerpunkt M aus. Auf einer Büschelgeraden g halten wir einen Punkt P fest, der von M den Abstand r hat und überlegen, wo P überall hinkommt, wenn g das ganze Büschel durchläuft. M wird nicht gedreht, ist also **Fixpunkt**. Die verschiedenen Lagen des Punktes P bilden insgesamt einen Kreis um M mit Radius r. Man sagt: Der **geometrische Ort** der Punkte, die in ε von M den Abstand r haben, ist dieser **Kreis**.

Wir wollen nun das dynamische Denken auch noch auf Ebenen anwenden.

g und h seien zueinander windschiefe Geraden und es sei X $\in$ h. g und X legen eindeutig eine Ebene fest. Wenn X die Gerade h durchläuft, erhalten wir eine Schar von Ebenen, die alle g enthalten. Diese Geraden bilden ein **Ebenenbüschel** mit der gemeinsamen Geraden g als **Trägergeraden**.

Zwei Ebenen können nie nur einen Punkt gemeinsam haben. Wir können aber alle Ebenen betrachten, die als Gesamtheit nur einen einzigen Punkt M gemeinsam haben. Diese Ebenen bilden ein **Ebenenbündel** mit M als **Trägerpunkt**.

Wenn man in einer beliebigen Bündelebene einen Punkt P auszeichnet, kann man fragen, wo der Punkt überall hinkommt, wenn man die Ausgangsebene um den Trägerpunkt M in eine der anderen Ebenen bewegt. Nennen wir den Abstand von M und P den **Radius** r, so liegen alle möglichen Lagen von P auf einer **Kugel** (als Fläche, zur Unterscheidung manchmal **Sphäre** genannt) mit Mittelpunkt M. Alle Punkte der Strecken $\overline{MP}$ bilden einen Körper, der ebenfalls Kugel heißt.

Beispiel 1.9: Drei Arten der Erzeugung einer Ebene

Die Erzeugung einer Ebene ε mit Hilfe eines festen Punktes P und aller Verbindungsgeraden von P mit den Punkten einer Geraden g ($P \notin g$) ist nicht die einzige Möglichkeit, eine Ebene zu erzeugen. Wir wollen zwei weitere Möglichkeiten angeben:

Da zwei zueinander parallele Geraden g und h eine Ebene ε bestimmen, in der g und h liegen, können wir je einen Punkt $G \in g$ und einen Punkt $H \in h$ wählen. Die Verbindungsgerade l = (GH) liegt dann auch ganz in ε. Nun denken wir uns (dynamisch) eine Ausgangsgerade, etwa g, so zu sich selbst parallel verschoben, dass die Parallele g_1 stets l schneidet. Wir erhalten eine Schar von zu g und zueinander parallelen Geraden, ein **Parallelenbüschel**[7], das ebenfalls die Ebene ε erzeugt (man sagt oft auch: **aufspannt**). Entsprechend hätte man statt g auch l derart parallel verschieben können, dass die Parallele l_1 stets g (und dann automatisch auch h) schneidet. Wir hätten ein Parallelenbüschel in Richtung von l erhalten, das ebenfalls ε aufspannt.

Die dritte dynamische Art, eine Ebene zu erzeugen, geht von zwei einander senkrecht schneidenden Geraden g und l aus: Es sei $g \perp l$ und $g \cap l = \{L\}$. Wenn wir uns nun diese beiden einander schneidenden Geraden fest miteinander verbunden denken und sie um l drehen, überstreicht g ein Geradenbüschel mit Trägerpunkt L, und diese Büschelgeraden erzeugen eine Ebene λ, die **Lotebene** zu l in L. Man formuliert auch: Die Gerade l ist das **Lot** im Punkt L auf der Ebene λ. l steht in L auf allen diesen Büschelgeraden mit Trägerpunkt L senkrecht.

Lassen wir auf g einen Punkt P, der von L den Abstand r hat, mit rotieren, ist der geometrische Ort aller Lagen von P der Kreis in λ um L mit Radius r. l steht dann im Kreismittelpunkt L senkrecht auf der Kreisebene λ. Eine Gerade mit dieser Eigenschaft nennt man **Kreisachse**.

Die drei Arten der Erzeugung einer Ebene basieren also auf

- einem Punkt (als Trägerpunkt eines Geradenbüschels) mit einer Hilfsgeraden in der erzeugten Ebene,
- einem Parallelenbüschel mit einer Hilfsgeraden in der erzeugten Ebene,
- einem Geradenbüschel mit einer Hilfsgeraden senkrecht zur erzeugten Ebene.

Aufgabe 1.5: Suchen Sie Alltagsbeispiele, die als Realisierungen für die drei genannten Erzeugungsarten von Ebenen genommen werden können.

Aufgabe 1.6: Ebenenbüschel – Erzeugung und Vorkommen im Alltag.

a) Geben Sie ein Verfahren an, wie man analog zum Parallel(en)büschel von Geraden ein **Parallelbüschel von Ebenen** erzeugen kann.

b) Geben Sie Alltagsbeispiele für Ebenen an, die zu Ebenenbüscheln gehören. Es müssen mehr als zwei feste oder es müssen „bewegliche" Ebenen beteiligt sein!

Aufgabe 1.7: Geben Sie Alltagsbeispiele für Ebenenbündel an. Es müssen mindestens drei Ebenen beteiligt sein. Besser sind Beispiele mit mehr oder mit „beweglichen" (dynamisch denken, ein Trägerpunkt bleibt fest) Ebenen.

[7] hier: Parallelenbüschel *von Geraden*. Die Ergänzung lässt man meist weg. Vgl. aber Aufgabe 1.6.

Wir wollen die Idee des dynamischen Erzeugens weiter verfolgen und mit ihrer Hilfe neue geometrische Objekte erhalten.

- **Allgemeine Zylinder,** insbesondere **allgemeine Kreiszylinder**

In einer Ebene ε liegt eine Kurve c. Eine Gerade g (unendlich ausgedehnt!), die ε in einem Punkt von c schneidet, wird so zu sich parallel verschoben, dass der Durchstoßpunkt mit ε stets auf c liegt. Die Menge der Punkte, die g dabei überstreicht (die bei dieser Bewegung von g **erzeugt** wird), bildet einen **allgemeinen Zylinder** mit der **Leitkurve** c und den zu g parallelen **Erzeugenden.** Ist c ein Kreis, so erzeugt g einen **allgemeinen Kreiszylinder.** Ist g senkrecht zu ε, so handelt es sich dabei um einen **senkrechten** allgemeinen Kreiszylinder **(Drehzylinder),** sonst um einen **schiefen** allgemeinen Kreiszylinder.

- **Zylinder,** insbesondere **Kreiszylinder**

Verschiebt man statt einer Geraden eine Strecke so parallel zu sich, dass einer der beiden Endpunkte stets auf der Leitkurve c liegt, so entsteht ein **Zylinder,** wenn c speziell ein Kreis ist, ein **Kreiszylinder.** Er kann – wie oben – **gerade** (senkrecht) oder schief sein. Zylinder liegen also, im Gegensatz zu den allgemeinen Zylindern, ganz im Endlichen.

- **Allgemeine Prismen** und **Prismen**

Ist die Leitlinie c eines allgemeinen Zylinders ein geschlossenes Polygon (aus Strecken zusammengesetzt), so wird von der Geraden g ein **allgemeines Prisma** erzeugt. Eine Strecke erzeugt entsprechend ein (ganz im Endlichen liegendes) **Prisma.** Wie bei den Zylindern unterscheidet man auch hier weiter zwischen **geraden** und **schiefen Prismen.**

- **Allgemeine Kegel** und **Kegel**

Die gleichen Überlegungen wie bei Zylinder und Prisma lassen sich anstellen, wenn man die Erzeugende g nicht parallel zu sich längs c verschiebt, sondern g durch die Punkte der Leitkurve c in ε und durch den festen Punkt S ($S \notin \varepsilon$) gehen lässt. Auf diese Weise werden **allgemeine Kegel** erzeugt. Wenn c ein Kreis ist, entsteht ein **allgemeiner Kreiskegel.** Liegt S speziell auf der Achse des **Leitkreises** c, so entsteht ein **senkrechter allgemeiner Kreiskegel (allgemeiner Drehkegel),** sonst ein **schiefer** allgemeiner Kreiskegel. Ein allgemeiner Kegel ist wieder eine Fläche, die ins Unendliche reicht. Insbesondere endet die Fläche nicht an der **Spitze** S. Ähnlich wie bei den allgemeinen Zylindern beschränkt man sich auch bei den allgemeinen Kegeln oft auf das Stück, das zwischen S und c liegt und erhält so einen **Kegel.**

- **Pyramiden**

Ist c ein geschlossenes Polygon und wird g wie bei Kegeln geführt, entsteht eine (allgemeine) **Pyramide.** Bei Pyramiden ist eigentlich immer – wie bei Kegeln – die Einschränkung auf das Stück zwischen der Spitze S und dem Leitpolygon c üblich. Wenn das Leitpolygon ein Quadrat oder allgemein ein **reguläres n-Eck** (alle Seiten sind gleich lang, alle Winkel zwischen benachbarten Seiten sind gleich groß und es ist konvex) oder ein Rechteck ist oder sonst auf offensichtliche Weise einen Mittelpunkt M hat und wenn die Verbindung dieses Mittelpunkts M mit der Spitze S senkrecht auf ε steht, so spricht man von einer **geraden** oder **senkrechten Pyramide.**

Bemerkung zu den Bezeichnungen, insbesondere für die Schule

Da Kreiszylinder demnach ganz im Endlichen liegende Flächen sind, ist es nahe liegend, die Flächen des Leitkreises c (**Grundfläche**) und des dazu parallelen Kreises durch die jeweils anderen Endpunkte der parallel verschobenen Strecken (**Deckfläche**) zur Zylinderfläche dazu zu nehmen. Die so entstehende, geschlossene Fläche wird meist auch **Kreiszylinder** (oder wieder nur kurz **Zylinder**) genannt. Je nach Anwendung bezeichnet man mit Kreiszylinder bzw. Zylinder auch das Raumstück (als Punktmenge), das von dieser Fläche eingeschlossenen wird (einschließlich der Fläche). In diesem Sinn ist ein Zylinder ein Körper, der ein Volumen (und eine Oberfläche) hat. Die in der Schule übliche Bezeichnung „Zylinder" ist also nicht eindeutig. Man muss stets aus dem Zusammenhang erkennen, was gemeint ist. Diese „Freiheit" nimmt man sich aber bekanntlich schon beim Kreis, der einmal eine Linie ist, dessen Länge man berechnet, und einmal eine Fläche, deren Flächeninhalt man berechnet. Ein allgemeiner Zylinder ist eine Fläche, die nicht im Endlichen liegt und daher keinen berechenbaren Flächeninhalt hat. Leider wird auch hier oft nur von einem Zylinder gesprochen.

In der Schule verwendet man analog meist folgende Erklärung für ein **Prisma**:

Ein Prisma wird durch zwei zueinander kongruente, in zueinander parallelen Ebenen liegenden Polygone als **Grund-** und **Deckfläche** und von dem aus Parallelogrammen (beim geraden Prisma speziell: aus Rechtecken) zusammengesetzten **Mantel** begrenzt.

Leider werden die hier aufgeführten verschiedenen Bezeichnungen meist noch weniger eindeutig verwendet, als es hier dargestellt wurde. Nicht nur die Deutung als Fläche oder als Körper ist bei Zylindern und Prismen möglich und durch den Namen nicht festgelegt, oft wird auch der hier verwendete Zusatz „allgemein" weggelassen, wenn man ins Unendliche reichende Flächen (dann nicht Körper!) meint. Wir werden – mit der Bezeichnung „**Projektionszylinder**" – auf diesen Fall zurückkommen.

Kegel- und Pyramidenstümpfe

Ausgehend von der Körper-Deutung kann man bei Kegeln und Pyramiden noch weitere Überlegungen anstellen. Eine Ebene parallel zur Grundfläche, die den Körper schneidet, zerlegt diesen Körper in einen Kegel bzw. eine Pyramide – das ist der Teil, der die Spitze enthält – und einen **Kegelstumpf** bzw. einen **Pyramidenstumpf**.

Beispiel 1.10: Gerade die oben angegebnen alltagsnahe Deutung der Zylinder und Prismen als Körper lässt auch eine andere Erklärung zu, die ebenfalls dynamisch ist:
In einer Ebene ε ist eine geschlossene Kurve c (ein geschlossenes Polygon p) gegeben. g ist eine Gerade, die ε schneidet. Wenn man c (p) – gemeint ist jeder Punkt von c (p) – in Richtung von g ein Stück (mit endlicher, für alle Punkte gleicher Länge) schiebt, überstreichen die Punkte der Kurve c (p) den Mantel eines Zylinders (Prismas), die Punkte der Fläche c (p) einen Zylinder (ein Prisma) als Körper.

In der Schule verwendet man, durchaus dieser Deutung entsprechend, meist folgende Bezeichnungen: Ein Zylinder wird durch zwei zueinander kongruente, in zueinander parallelen Ebenen liegende Kreise als **Grund-** und **Deckfläche** und von dem **Mantel** begrenzt. Diese Formulierung lässt offen, ob man damit jeweils von einer (Grund- und Deckfläche einschließenden) Fläche oder von einem Körper spricht.

Wir wollen nun die Idee der dynamischen Erzeugung von Körpern umkehren: Wir gehen von bekannten Standardkörpern aus und suchen Erzeugungsarten für diese Körper.

- **Senkrechte Kreiszylinder**

Einen senkrechten Kreiszylinder kann man auf zwei Arten dynamisch erzeugen.

Rotiert ein Rechteck um eine seiner Seiten, überstreicht die Rechtecksfläche die Punkte eines senkrechten Kreiszylinders (als Körper). Das Rotieren eines Rechtecks um eine seiner Mittelparallelen erzeugt ebenfalls einen senkrechten Kreiszylinder, doch kann das nicht als neue Art anerkannt werden, da die Mittelparallele eines Rechtecks dieses Rechteck in zwei zueinander kongruente Teil-Rechtecke zerlegt. Die Rotation jedes dieser Teil-Rechtecke um eine (passend gewählte) Seite erzeugt den gleichen senkrechten Kreiszylinder.

Eine zweite Möglichkeit ist es, einen Kreis (als Fläche) ein Stück längs seiner Achse zu verschieben. Die Punkte, die die Kreispunkte (als Fläche) dabei überstreichen, bilden einen senkrechten Kreiszylinder (als Körper).

- **Spat und die Sonderfälle, insbesondere Quader und Würfel**

Verschiebt man ein Parallelogramm (als Fläche) längs einer Strecke parallel, die nicht in der Parallelogrammebene liegt und deren einer Endpunkt ein Parallelogrammeckpunkt ist, so überstreichen die Punkte des Parallelogramms einen **Spat** (ein **Parallelepiped**). Nimmt man das Parallelogramm als Fläche, wird so der Spat als Körper erzeugt. Wir wollen nun schrittweise spezialisieren: Ist das Parallelogramm ein Rechteck, entsteht auf diese Art eine Form, die man häufig bei rot-blauen Bleistift-Tinte-Radiergummis findet. Diese Form hat keinen allgemeinen Namen. Ist außerdem (im Sinne einer weiteren Spezialisierung) die Strecke, längs der verschoben wird, senkrecht zur Rechtecksebene, entsteht ein **Quader**. Ist das Ausgangsrechteck sogar ein Quadrat, so entsteht durch dieses Verschieben eine **quadratische Säule**. Ist zudem die Schiebestrecke auch noch gleich lang wie die Kante des verschobenen Quadrats, entsteht ein **Würfel**.

Leitidee bei dieser Folge von Erzeugungen war das schrittweise Spezialisieren. Natürlich kann man eine quadratische Säule auch anders erzeugen, nämlich durch Parallelverschieben eines (echten, also nicht quadratischen) Rechtecks längs einer Strecke, die in einem Rechteckseckpunkt senkrecht auf der Rechtecksebene steht und die gleich lang wie eine der beiden Rechtecksseiten ist.

- **Kugel als gedrehter Kreis**

Dreht man einen Kreis um einen beliebigen Durchmesser, entsteht eine **Kugel**. Die Erzeugung entspricht der beim Drehens eines Rechtecks um eine Mittelparallele: Auch hier würde das Drehen eines Halbkreises um den Rand-Durchmesser genügen.

Denkt man beim Kreis nur an die Linie, entsteht die Kugel als Fläche (eine Sphäre), denkt man beim Kreis an die Fläche, entsteht die Kugel als Körper.

Betrachtet man die hier aufgeführten Erzeugungen von (bekannten) Körpern, so fällt auf, dass nur Drehungen um eine Achse und Parallelverschiebungen längs einer Strecke vorkommen. Das sind offenbar die Bewegungen, die im Alltag am häufigsten auftreten.

Beispiel 1.11: Was entsteht, wenn man ein rechtwinkliges Dreieck um eine seiner Seiten rotieren lässt?

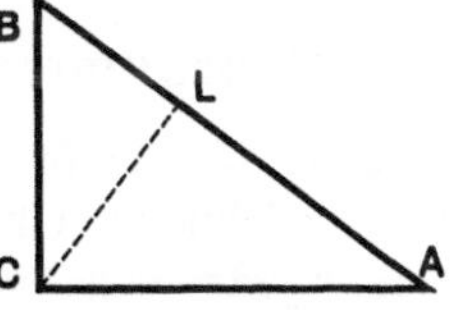

Fig. 1.11

Fig. 1.11 zeigt das rechwinklige Dreieck ABC. Es soll um die Gerade (BC) rotieren. Die Gerade (AC) steht in C senkrecht auf der Drehachse (BC), überstreicht also die Ebene ε, die in C auf (BC) senkrecht steht. Da die Strecke $\overline{AC}$ stets die gleiche Länge $r = |\overline{AC}|$ hat, bewegt sich A dabei in ε auf einem Kreis k um C mit Radius r. Damit ist klar, dass ein senkrechter Kreiskegel mit Leitlinie k und Spitze B entsteht: Die Gerade (AB) überstreicht bei dieser Drehung einen allgemeinen Kegel mit der Leitkurve k. Da k ein Kreis ist, entsteht ein allgemeiner Kreiskegel. Da B auf der Achse von k liegt, entsteht ein allgemeiner Drehkegel. Beschränkt man sich auf das Stück zwischen B und ε, bleibt ein Drehkegel.

Die Überlegungen bei Rotation um (AC) verlaufen gleich, so dass wir erkennen: Dreht man ein rechtwinkliges Dreieck um eine Kathete, entsteht ein Drehkegel.

Dreht man um (AB), denkt man sich die (oben schon gestrichelt eingezeichnete) Höhe h_c als Trennlinie, die ΔABC in ΔCAL und ΔCBL zerlegt. Bei der Drehung von ΔABC um (BC) werden ΔCAL und ΔCBL je um eine Kathete gedreht. Insgesamt entstehen also ein Körper, der aus zwei Drehkegeln mit gemeinsamer Achse und gemeinsamem Grundkreis zusammengesetzt ist, ein Doppelkegel aus im allg. verschieden hohen Einzelkegeln.

Beispiel 1.12: Was kann entstehen, wenn man ein beliebiges Dreieck um eine seiner Seiten rotieren lässt?

Sofort wird man nun die obigen Überlegungen verallgemeinern wollen: Wir denken uns die Höhe auf die Rotationsachse eingezeichnet. Stets entstehen zwei Drehkegel mit gleichem Grundkreis. Man muss aber bedenken, dass bei einem stumpfwinkligen Dreieck zwei Höhen (als Geraden) mit dem Dreieck (als Fläche) nur einen Eckpunkt gemeinsam haben. Bei der Rotation um die längste Seite ändert sich nichts an unseren Überlegungen. Bei Rotation um eine der beiden anderen Seiten entsteht ein Drehkegel, aus dem ein anderer Drehkegel mit gleichem Grundkreis „herausgenommen“ wird.

Beispiel 1.13: Was entsteht, wenn man einen Kreis um eine Gerade in der Kreisebene dreht, die den Kreis **meidet** (das bedeutet: nicht schneidet)?

Der so entstehende Körper ist aus dem Alltag bekannt. Man denkt an einen „Schwimmring“, Rettungsring, insbesondere an einen Fahrradreifen – die zugehörige Radachse als Drehachse und einen Kreis als (idealisierten) Querschnitt des Reifens. Bei der Drehung entsteht ein Kreisring, der in der Mathematik **Torus** genannt wird.

Ausblick

Dieser Ausblick soll nur andeuten, dass die Möglichkeiten, Körper zu erzeugen, noch nicht ausgeschöpft sind. Die Grundbewegungen, die wir betrachteten, waren Schieben und Drehen. Wenn man diese Bewegungen derart koppelt, dass die Schieberichtung mit der Richtung der Drehachse übereinstimmt und wenn die jeweilige Schiebestrecke proportional zum Drehwinkel ist, entsteht eine **Schraubung**, deren Ergebnis wir bei Spiralfedern und bei (manchen) Korkenziehern erkennen können.

2 Ebene Darstellung räumlicher Objekte

Ziel dieser Überlegungen ist es, ebene Bilder von räumlichen Objekten zu zeichnen. Dazu gibt es verschiedene Denkansätze, die hier nacheinander dargestellt werden.

2.1 Koordinatensystem: Die Aufbaumethode der Axonometrie

Der erste Weg heißt **Axonometrie**, und er ist zunächst ungewöhnlich: Man denkt sich das zu zeichnende Objekt im Raum in ein Koordinatensystem eingebettet und nutzt die dann für jeden Punkt vorhandenen Koordinaten, um die ebene Zeichnung zu erstellen.

2.1.1 Die Vorschrift als Rezept

Im Raum verwendet man üblicherweise **kartesische Koordinatensysteme** Uxyz. Die x-, y- und z-Achse gehen vom Ursprung U aus. Die Achsen stehen dort paarweise aufeinander senkrecht. Auf allen drei Achsen wird derselbe Maßstab (dieselbe Einheit) verwendet. Durch diese Angaben ist ein Koordinatendreibein im Raum aber noch nicht eindeutig festgelegt. Geht man von der Ebene aus, die von der x- und y-Achse aufgespannt wird, kann man die z-Achse in zwei Richtungen orientieren. Man wählt ein **Rechtsdreibein**, bei dem die z-Achse in die Richtung orientiert ist, in der sich eine (normale Rechts-) Schraube drehen würde, wenn man sie in Richtung der z-Achse legt und in der Richtung dreht, in der man die x-Achse durch 90° auf die y-Achse bewegen kann. In einem solchen Rechtsdreibein im Raum ist ein Punkt P durch seine drei Koordinaten $(x_P \mid y_P \mid z_P)$ festgelegt und umgekehrt legt ein Punkt ein eindeutiges Koordinatentripel fest. Die „Koordinatenebenen" $x = x_P$ (oder $y = y_P$ bzw. $z = z_P$) des Punktes bilden zusammen mit den Grundebenen des Koordinatensystems den eindeutigen Koordinatenquader. Auf ihm gibt es sechs (untereinander gleichwertige) Koordinatenwege von U zu dem Punkt P.

Die Idee der Analytischen Geometrie, geometrische Sachverhalte durch Koordinaten und Bedingungen für Koordinaten (Gleichungen) auszudrücken, übernehmen wir nun in die Ebene. Wir geben ein **ebenes Dreibein** $U^sx^sy^sz^s$ vor. Das sind drei durch einen Punkt U^s gehende, orientierte und je mit einem Maßstab (einer Einheit) versehene Geraden (Zahlenstrahlen, Achsen) x^s, y^s und z^s, deren Nullpunkt der gemeinsame Schnittpunkt U^s ist. Als einzige Einschränkung verlangen wir, dass keine zwei der drei Geraden zusammenfallen. Man koppelt nun das ebene Dreibein $U^sx^sy^sz^s$ mit dem oben beschriebenen räumlichen Koordinatensystem Uxyz und kommt damit zu einer Zeichenanweisung, wie man in der Ebene den Bildpunkt P^s eines Raumpunktes P erhält.

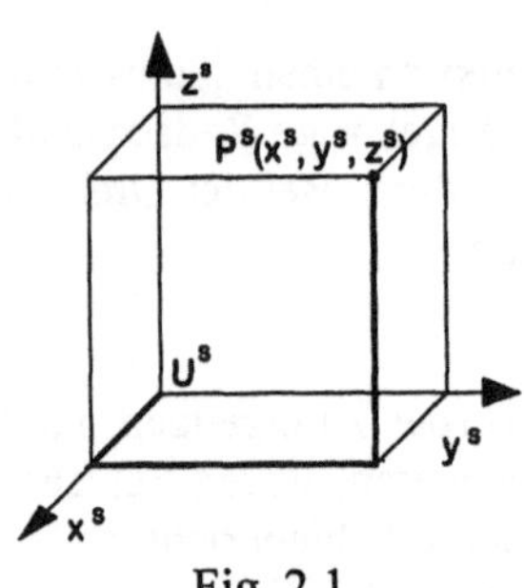

Fig. 2.1

Aufbaumethode der Axonometrie: Ein Punkt P (x | y | z) ist im Raum durch seine Koordinaten im (räumlichen) Koordinatensystem Uxyz gegeben. Gesucht ist das Bild P^s von P im ebenen Dreibein $U^sx^sy^sz^s$. Man überträgt nun <u>einen</u> der Koordinatenwege des Punktes P in das vorgegebene ebene Dreibein $U^sx^sy^sz^s$. In Fig. 2.1 ist einer dieser ebenen Wege hervorgehoben. Als Endpunkt des Weges erhält man (in der Ebene ebenfalls eindeutig) das Bild P^s des Punktes P. Da jedem Raumpunkt so eindeutig ein Punkt in der Ebene zugewiesen ist, handelt es sich um eine Abbildung.

Das Ziel der Axonometrie, ebene Bilder räumlicher Objekte zu erhalten, ist einleuchtend. Solche Darstellungen von räumlichen Objekten werden immer wieder benötigt. Wir müssen, um das Bild zu zeichnen, im Raum dem Körper ein kartesisches Koordinatensystem zuordnen. Man wird das Koordinatensystem so wählen, dass die Koordinaten einfach zu bestimmen sind. Ob das zunächst ohne jede geometrische Begründung angegebene „Rezept" zu einem anschaulichen Bild führt, kontrolliert man, indem man die so erzeugte ebene Zeichnung im Hinblick auf ihre räumliche Interpretierbarkeit überprüft.

Beispiel 2.1: Bei einem Haus ist der quaderförmige Teil 8 m breit, 14 m lang und 6 m hoch. Darüber ist ein Walmdach, das eine Firsthöhe von 4,5 m hat. Von einem Haus-Modell (Maßstab 1 : 100) soll ein axonometrisches Bild gezeichnet werden. Wir denken uns dazu das Haus so im Koordinatensystem, dass es auf der x-y-Ebene steht und dass die x-Achse eine der langen, die y-Achse eine der kurzen Seiten des Grundrechtecks enthält. Für das ebene Dreibein soll die z^s-Achse parallel zum rechten Blattrand verlaufen und nach oben orientiert sein. Der Winkel zwischen der z^s-Achse und der nach links vorne verlaufenden x^s-Achse beträgt 110°, der Winkel zwischen der z^s-Achse und der nach rechts verlaufenden y^s-Achse misst 90°. Die Einheiten e_y und e_z auf der y^s- und z^s-Achse sind je 1 cm, die Einheit e_x auf der x^s-Achse ist 0,67 cm.

Zuerst zeichnet man (auf Papier oder mit DGS) die Eckpunkte des Haus-Quaders, die auf den Koordinatenachsen liegen. Dabei besteht jeder Koordinatenweg nur aus einer einzigen Strecke. Dann kann man den Haus-Quader leicht ergänzen, indem man von den Eckpunkten auf den Achsen aus die Koordinatenwege (parallel zu den Achsen) verlängert.

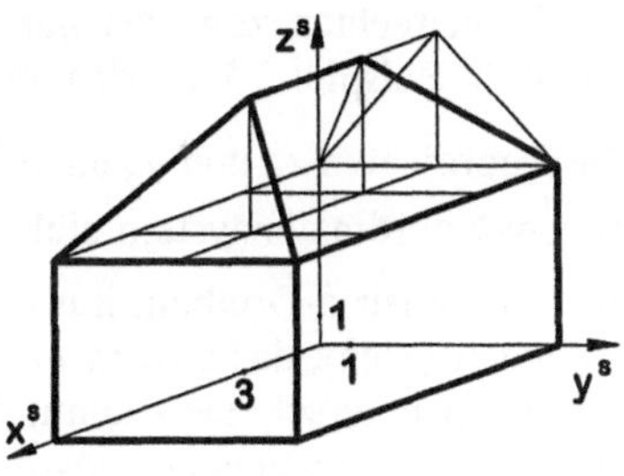

Fig. 2.2

Für das Bild des Firsts überlegen wir im Raum weiter. Hätte man ein Satteldach, könnte man leicht ein Giebeldreieck in der y-z-Ebene zeichnen (dies ist in Fig. 2.2 hilfsweise auch geschehen). Das Giebeldreieck ist gleichschenklig, weil die Dachebenen gleich geneigt sind (Basiswinkel sind gleich groß). Damit ist die Höhe des Giebeldreiecks, die 4,5 m lang sein soll, und dann das Giebeldreieck leicht einzuzeichnen. Weil bei dem Walmdach alle Dachflächen gleich geneigt sind, muss die x-Koordinate des näher bei der Koordinatenebene (y, z) gelegenen Firstendes gleich groß sein wie die y-Koordinate sämtlicher Punkte des Firsts, also ebenfalls 4 m. Die gesamte Firstlänge ist damit um insgesamt 8 m kürzer als das 14 m lange Haus. Die Firstlänge beträgt also 6 m. Mit Hilfe dieser Überlegungen (im Raum) sind die Koordinaten aller Punkte, die gezeichnet werden müssen, bekannt. Das axonometrische Bild des Hauses ist in Fig. 2.2 (für den Druck verkleinert) gezeichnet.

Aufgabe 2.1: Zeichnen Sie dasselbe Haus-Modell in gleicher und in einer anderen (gedrehten) Lage zuerst in einem ebenen Dreibein mit gleichen Winkeln der Achsen sowie den Einheiten $e_x = e_z = 1$ cm und $e_y = 0{,}5$ cm und dann in beiden Lagen in andere ebene Dreibeine, bei denen Sie die Winkel zwischen den Achsen und die Maßstabsfaktoren frei wählen können. Nur im Vergleich ist zu erkennen, welche Angaben für das Dreibein zu anschaulichen Bildern führen. Die Lösung sollte (auch) mit DGS erfolgen.

Die Abbildungsvorschrift bezieht sich ausschließlich auf Punkte. Zumindest für Geraden braucht man sinnvollerweise eine Anleitung zum Zeichnen, da man eine Gerade ja nicht Punkt für Punkt zeichnen kann. Wir haben eine wichtige Eigenschaft der Axonometrie schon in Beispiel 2.1 intuitiv verwendet: Als Bild einer Strecke (Geraden) bei einer Axonometrie haben wir eine Strecke (Gerade) angenommen.

Wir formulieren nun die wichtigen Eigenschaften der Axonometrie im

Satz 2.1: Bei der Axonometrie gilt:

a) Das Bild eines Punktes ist ein Punkt – die Axonometrie ist **punkttreu.**

b) Das Bild einer Geraden ist (i. Allg.) eine Gerade (oder im Sonderfall/Spezialfall ein Punkt) – die Axonometrie ist (i. Allg.) **geradentreu.**

c) Die Axonometrie ist **inzidenztreu.**

d) Die Axonometrie ist (i. Allg.) **parallelentreu** (oder die Geradenbilder sind Punkte).

e) Die Axonometrie ist (i. Allg.) **teilverhältnistreu** und damit insbesondere mittelpunktstreu (oder das Bild einer Strecke ist nur ein Punkt).

Beweis: a) Die Aussage ist in der Abbildungsvorschrift enthalten.

b) Wir betrachten zunächst nur Geraden in der x-y-Ebene, die durch den Ursprung U gehen. In Beispiel 2.2 werden andere Lagen von Geraden untersucht.

Die Koordinaten x_p und y_p eines Punktes P $(x_p \mid y_p \mid 0)$ auf einer solchen Geraden erfüllen im x-y-Koordinatensystem sicher die Gleichung $y = m \cdot x$ (oder $x = 0$). Betrachtet man im Axonometrie-Dreibein nur die x^s- und die y^s-Achse, bilden sie ein ebenes x^s-y^s-Koordinatensystem, das sich in zweierlei Hinsicht vom gewohnten Kartesischen Koordinatensystem unterscheiden kann: Die Achsen müssen nicht zueinander orthogonal sein, und die Einheitsstrecken müssen nicht gleich lang sein. Dennoch ist aber aufgrund der Koordinaten-Verwendung zur Abbildung unmittelbar klar, dass sich die geometrischen Sachverhalte in der x-y-Ebene im Raum über ihre Koordinaten bzw. Gleichungen auf das x^s-y^s-Koordinatensystem übertragen. Wenn ein Punkt P auf einer Geraden liegt, dann erfüllen seine Koordinaten die Gleichung $y^s = m \cdot x^s$, also eine Geradengleichung.

c) „Inzidenztreue" bedeutet, dass die Elementbeziehung bzw. Teilmengenbeziehung bei der Axonometrie erhalten bleibt. Wir haben diese Aussage für Punkte auf Geraden begründet. Für andere Figuren folgt die Aussage analog sofort aus der Gleichungsdarstellung und der Konstruktionsvorschrift mit Hilfe der Koordinaten.

d) Wir überlegen mit Geraden. Den Übergang von einer Geraden zu einer dazu parallelen werden wir in Beispiel 2.2 betrachten und so die Parallelentreue begründen.

e) Wir nutzen wieder die Koordinaten-Eigenschaften. Die Koordinaten des Mittelpunkts einer Strecke sind durch die Koordinaten der Endpunkte festgelegt. Der Bildpunkt des Mittelpunkts wird durch die Koordinaten gefunden, also muss der Mittelpunkt einer Strecke in den Mittelpunkt der Bildstrecke abgebildet werden. Dies gilt nicht (Ausartungsfall), wenn die Strecken in Punkte abgebildet werden. Entsprechend kann man argumentieren, wenn das Teilverhältnis nicht wie beim Mittelpunkt 1 : 1 ist. ■

Beispiel 2.2: Wir wollen hier ausführlich in mehreren Schritten untersuchen, was das axonometrische Bild einer Geraden g ist. Folgende Lagen werden – schrittweise verallgemeinernd bis der allgemeinste Fall behandelt ist – betrachtet:

1. Geraden in einer Koordinatenebene,
2. Geraden parallel zu einer Koordinatenebene,
3. Geraden durch den Ursprung, die nicht in einer Koordinatenebene liegen,
4. Geraden durch eine Koordinatenachse nicht parallel zu einer Koordinatenebene,
5. völlig allgemein (beliebig) liegende Geraden.

1. Die Überlegungen von der x-y-Ebene übertragen sich direkt auf die x-z-Ebene und die y-z-Ebene. Das axonometrische Bild solcher Geraden ist eine Gerade.

2. Verschiebt man g (z. B. in der x-y-Ebene) in Richtung der dritten Koordinatenachse (dann der z-Achse), so wird das Bild nach der Konstruktionsvorschrift (zum ebenen Koordinatenweg werden bei jedem Punkt die gleich großen Anteile in z^s-Richtung hinzugenommen) auch (in Richtung der z^s-Achse) parallelverschoben, es ist also als parallel verschobene Gerade wieder eine Gerade.

3. Nun betrachten wir eine Gerade g durch den Ursprung, die in keiner Koordinatenebene liegt.
   Die Figur 2.3 deutet an, dass man in jeder Koordinatenebene (dort in der x-y-Ebene, z = 0) eine Hilfsgerade $\bar{g}$ zeichnen kann und dass man im Raum die Punkte P auf der Geraden g mit Hilfe der Punkte $\bar{P}$ und der dritten Koordinate (der z-Koordinate) festlegen kann. $\bar{g}$ hat nach Fall 1 als Bild eine Gerade. Die dazu kommenden Koordinaten kann man – auch im axonometrischen Bild – einzeichnen und erkennt mit dem Strahlensatz: Das Bild einer solchen Geraden ist i. Allg. eine Gerade. Das Bild g^s von g ist im Ausartungsfall, in dem für einen Punkt $P \in g$ das Bild $P^s = U^s$ ist, nur ein Punkt.

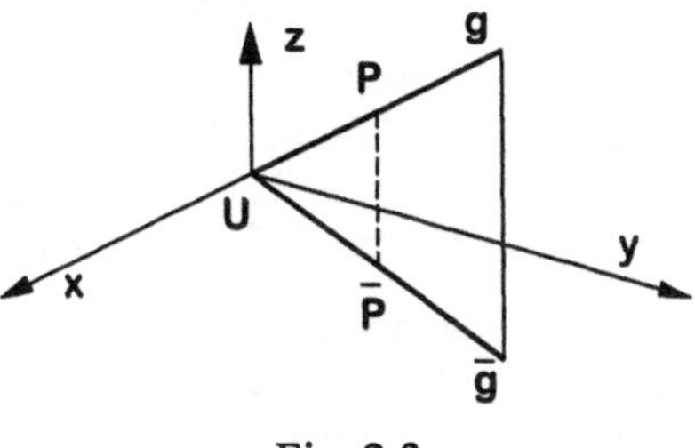

Fig. 2.3

4. Parallelverschieben einer Geraden g aus Fall 3 in Richtung der z-Achse bis zur Lage h || g entspricht bei den Punkten im Raum wie bei Fall 2 jeweils dem Addieren des gleichen Werts zur z-Koordinate. Das überträgt sich analog auf das axonometrische Bild: Das Bild von h ist eine zum Bild von g parallele Gerade (oder wie g^s ein Punkt). Analog kann man in eine andere Achsenrichtung verschieben.

5. Eine allgemein liegende Gerade g kann man aus einer Ursprungsgeraden durch maximal dreimaliges Parallelverschieben in Richtung einer Koordinatenachse erhalten. Die Überlegungen aus Fall 4 übertragen sich direkt.

Die Verwendung von Koordinaten und Gleichungen war hier ein starkes (wenn auch der sonstigen Darstellung nicht entsprechendes) Hilfsmittel. Das mag unbefriedigend sein, weil dadurch die Raumvorstellung nicht eingesetzt wird. Eine anschaulich-raumgeometrische Begründung wird aber noch folgen.

2.1.2 Variation des Axonometrie-Dreibeins

Die Abbildungsvorschrift für ein axonometrisches Bild (eine reine Handlungsanweisung) gibt (bis jetzt) an, wie das ebene Bild eines Körpers zu zeichnen ist, wenn man die Koordinaten von Punkten kennt und wenn der Körper ebenflächig bzw. geradlinig begrenzt wird. Hier soll überlegt werden, wie man das Dreibein in der Ebene wählt. Dabei sind die Winkel zwischen den Achsen und die Länge der Einheitsstrecken (fast) frei wählbar. Eine grundsätzliche Frage muss aber noch vorab geklärt werden.

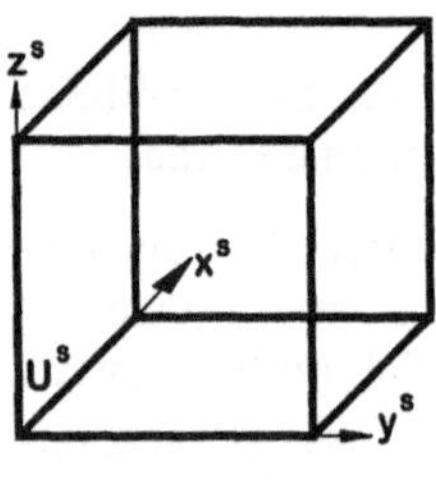

Fig. 2.4

Deutet man das in Fig. 2.4 gezeichnete Bild als Würfel, so kann man nicht entscheiden, ob er bei räumlicher Interpretation von rechts oben (**Obersicht**) oder von links unten (**Untersicht**) gesehen wird. Nur durch das ebenfalls gezeichnete Dreibein und mit einer Konvention, ähnlich der vom Rechtssystem bei räumlichen Koordinatensystemen, kann man eine eindeutige Aussage machen.

Regel: Man dreht im ebenen Dreibein die x^s-Achse durch den kleineren Winkel auf die y^s-Achse. Dreht man gegen den Uhrzeigersinn, so liegt eine Obersicht, sonst eine Untersicht vor.

Beim ebenen Dreibein dürfen keine zwei der drei Geraden zusammenfallen. Sonst hat man aber freie Wahl bei den Winkeln zwischen den drei Achsen und bei den Maßstäben (**Verkürzungen**) auf ihnen. Von manchen Dreibeinen ist bekannt, dass sie zu anschaulichen Bildern führen. Wir wollen einige solche Dreibeine angeben und Namen festlegen.

Im Prinzip kann man die drei Einheitsstrecken verschieden lang wählen, hat also drei verschiedene **Maßstäbe** oder Verkürzungen. Hat man nur zwei verschiedene Maßstäbe (weil zwei übereinstimmen), spricht man von einer **dimetrischen** Darstellung (einer **Dimetrie**). Hat man nur einen einzigen Maßstab, spricht man von einer **isometrischen** Darstellung (einer **Isometrie**). Eine Dimetrie bezüglich der zueinander orthogonalen x^s- und y^s-Achse heißt **Militärriss.** Eine Dimetrie bezüglich der zueinander orthogonalen y^s- und z^s-Achse heißt **Kavalierriss**[1]. Der Maßstab auf der jeweils dritten Achse und ihre Richtung sind dabei noch frei wählbar, doch gibt es gängige Konventionen. Fig. 2.5 a zeigt das Dreibein für einen Militärriss (mit $e_x : e_y : e_z = 1 : 1 : 1$ und $\alpha = 45°$), Fig. 2.5 b für einen Kavalierriss (mit $\alpha = 45°$ und $e_x : e_y : e_z = 0{,}5 : 1 : 1$). Wenn man im Karoraster zeichnet, verwendet man für den Kavalierriss mit $\alpha = 45°$ oft $e_x = \frac{1}{2} \cdot \sqrt{2}$, weil man so das Raster optimal nutzt.

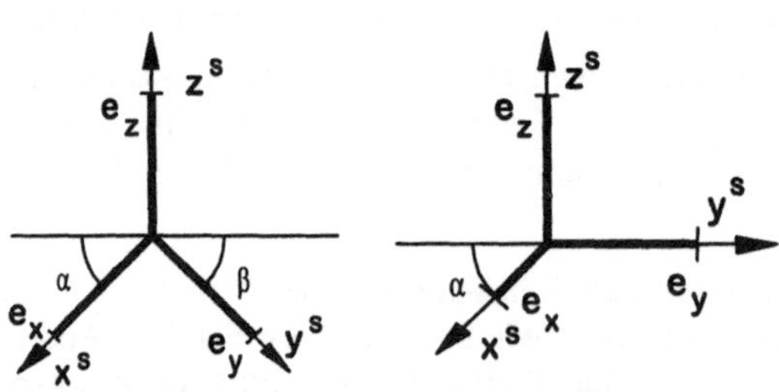

Fig. 2.5 a Fig. 2.5 b

[1] Die Namen „Militärriss“ und „Kavalierriss“ werden gelegentlich nur für Isometrien benutzt. Militärrisse wurden insbesondere beim Militär, Kavalierrisse zur Darstellung von Festungstürmen (Kavalieren) verwendet.

Aufgabe 2.2: In der Fig. 2.6 sind einige Körper (Würfelteile) in Obersicht dargestellt. Die gleichen Linien (mit anderen Strichstärken) stellen Körper in Untersicht dar. Zeichnen Sie diese Untersicht und geben Sie an, ob es sich um denselben Körper handelt.

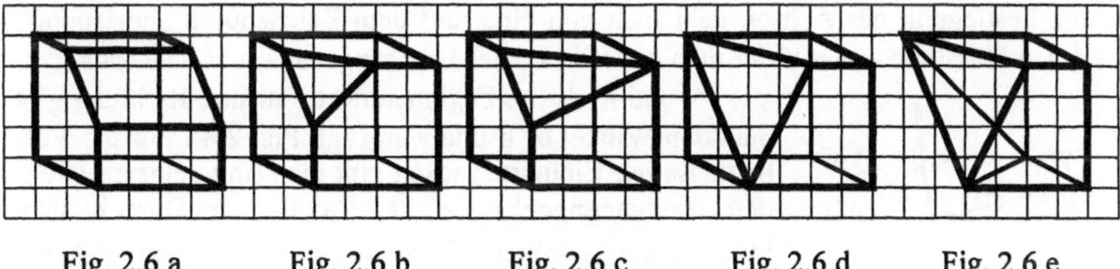

Fig. 2.6 a Fig. 2.6 b Fig. 2.6 c Fig. 2.6 d Fig. 2.6 e

Beispiel 2.3: Wenn man Freiheit bei der Wahl des Axonometrie-Dreibeins hat, dann sollte man ausprobieren, welche Angaben günstig sind. In der Fig. 2.7 sind einige Möglichkeiten bei einem Haus mit Satteldach getestet. Es handelt sich jedes Mal um dasselbe Haus, das 8 m breit, 12 m lang und ohne Dach 5 m hoch ist. Die Dachneigung misst 45°.

Hier ist die Arbeit mit DGS besonders zu empfehlen, weil die Variation der Achsen und der Einheiten dann leicht dynamisch ausgeführt werden kann.

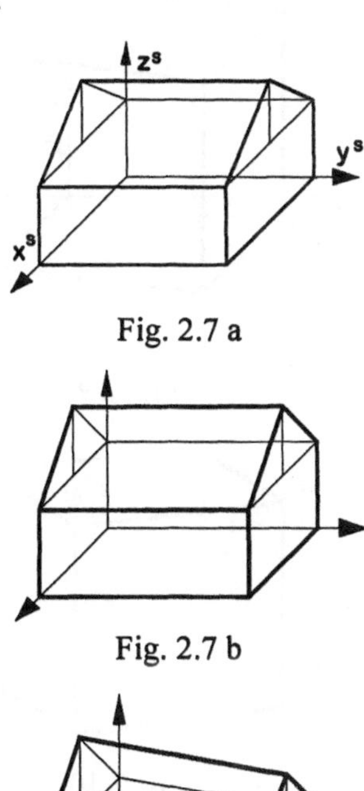

Fig. 2.7 a

Fig. 2.7 b

Fig. 2.7 a zeigt eine isometrische Darstellung. Hier ist also $e_x : e_y : e_z = 1 : 1 : 1$. Das Haus wirkt zu breit – man deutet die Grundfläche als Quadrat. Die Zeichnung ist korrekt konstruiert, aber unsere Erfahrung bei der Interpretation solcher Zeichnungen führt zu diesem Irrtum. Wenn man eine isometrische Darstellung wählt, dann sollten nicht wie hier zwei Achsen aufeinander senkrecht stehen.

Um die Abbildung anschaulicher zu machen, wird in Richtung der x-Achse verkürzt. In Fig. 2.7 b ist z. B. $e_x : e_y : e_z = 0{,}7 : 1 : 1$ gewählt. Wenn man die Figuren auf Karopapier zeichnet, erkennt man den Vorteil des Kavalierrisses schnell. Statt 0,7 wird man dort die Diagonalenlänge eines kleinen Quadrats, also $\frac{1}{2} \cdot \sqrt{2} \approx 0{,}707$, verwenden.

Hier soll abschließend mit den gleichen Verkürzungsverhältnissen noch ein Versuch mit anderen Achsenrichtungen gemacht werden. Das Ergebnis ist in Fig. 2.7 c dargestellt. Das Haus ist sehr anschaulich, aber es wirkt jetzt doch deutlich höher als breit.

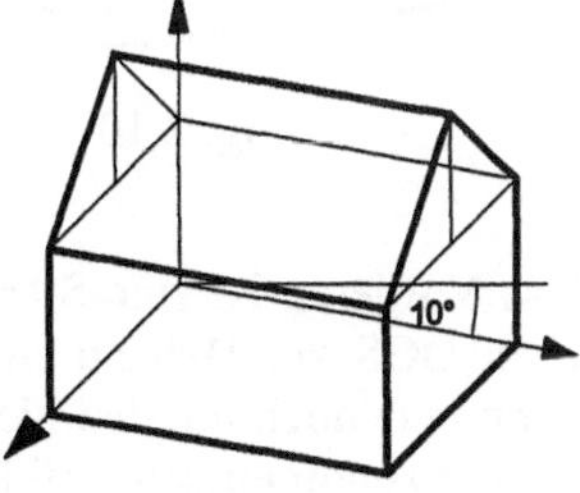

Fig. 2.7 c

Vergleicht man die Figuren, so wird man den leichten Gewinn der Anschaulichkeit kaum als ausreichend dafür einstufen, von dem Kavalierriss abzuweichen. Die Konstruktion des Bildes für Fig. 2.7 c ist auf Karopapier nämlich deutlich schwieriger. Insbesondere sind einfache Koordinaten-Zählungen auf dem Karoraster nicht mehr möglich.

Schon in Fig. 2.5 wurde zur Festlegung des axonometrischen Dreibeins eine Hilfslinie verwendet, die auf dem Zeichenblatt parallel zum unteren Blattrand verläuft. So legt man ein axonometrischen Dreibein meist fest:

Für die Festlegung der Achsen geht man von einer auf dem Zeichenblatt „horizontal“ gelegenen Hilfslinie aus, auf der man das Bild U^s des Ursprungs annimmt. Die (positive) x^s-, y^s- und z^s-Achse beginnen dort. Für ihre Richtung gibt man den Winkel α, β und γ an (vgl. Fig. 2.8). Für die Verhältnisse der Einheitsstrecken gibt man (mit selbsterklärenden Bezeichnungen) $e_x : e_y : e_z = a : b : c$ an. Dann braucht man für eine konkrete Zeichnung nur noch eine Einheitsstrecke in Originalgröße, z. B. $e_x = 1$ cm, vorzugeben.

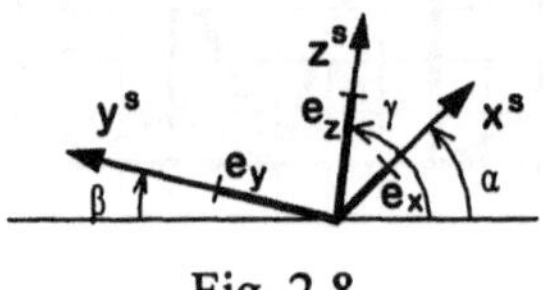

Fig. 2.8

Es ist klar, dass eine Änderung dieser Einheitsstrecke zwar die Größe der Zeichnung, nicht aber die Anschaulichkeit der Darstellung ändern würde.

In der Technik wird häufig die Dimetrie nach DIN 5, Teil 2, verwendet. Die Festlegung der Achsen ist aus Fig. 2.9 zu entnehmen. Die Winkelgrößen sind – was hier nicht begründet wird – errechnet. Die Rechnung ergibt α ≈ 7°10', β ≈ 41°25' und γ = 90°. Für die Zeichnung genügen die in der Figur angegebenen Näherungswerte.

Für die Längenverhältnisse schreibt diese DIN-Norm $e_x : e_y : e_z = 1 : 0{,}5 : 1$ vor, d. h. die Maße auf der y-Achse werden gegenüber denen auf der x- und z-Achse gerade halbiert.

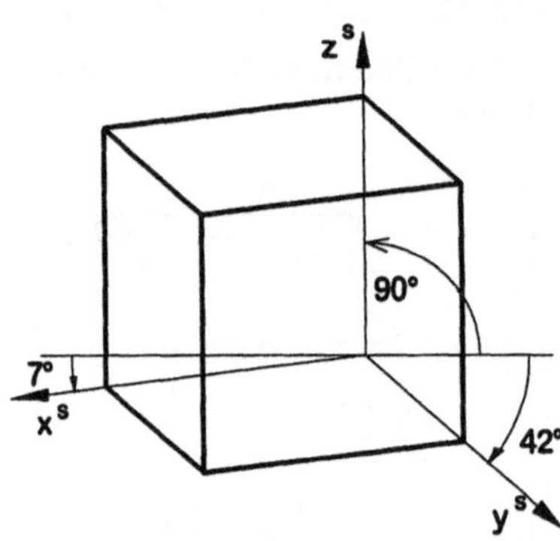

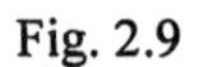

Fig. 2.9

Eine Skizze sollte jedoch die Festlegung eines frei gewählten Axonometrie-Dreibeins immer unterstützen, damit die Benennung und Orientierung der Achsen zwingend festgelegt ist. Fig. 2.10 zeigt den aus Fig. 2.9 bekannten Würfel mit einem anderen Dreibein aus anderer Richtung. Auf die Benennung der Winkel ist verzichtet.

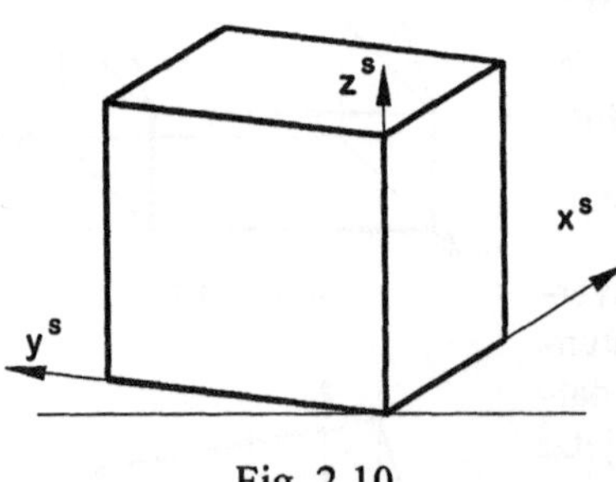

Fig. 2.10

Man sucht – das ist das Ziel – ein Axonometrie-Dreibein so, dass die Bilder anschaulich wirken. Das bedeutet, dass die Bilder unser räumliches Denken unterstützen. Um eine geeignetes Axonometrie-Dreibein zu finden, varriiert man deshalb.

Das Variieren ist eine Stärke der DGS, die hier genutzt werden kann. Obwohl die üblichen DGS zur Behandlung von Problemen der ebenen Geometrie entwickelt wurden, kann man doch mit den hier bereitgestellten Grundideen der Axonometrie auch mit DGS leicht axonometrische Bilder von räumlichen Objekten – als Testobjekt für die Tauglichkeit bestimmter Axonometrie-Angaben eignet sich besonders der Würfel – zeichnen.

Wenn die axonometrischen Bilder anschaulich wirken, so bedeutet das ja, dass die Bilder unser räumliches Denken unterstützen. Diesen Zusammenhang nutzen wir in Beispiel 2.4 und in den folgenden Aufgaben immer intensiver aus.

Beispiel 2.4: Ein Würfel steht auf einer horizontalen Ebene π. Wo trifft die Verbindungsgerade des Eckpunkts links hinten oben und des Mittelpunkts der rechten Seitenfläche die Ebene π?

Man kann die Antwort durch reines Überlegen, ohne die Unterstützung einer Figur, finden: Die Gerade trifft die Ebene π dort, wo die vordere untere Würfelkante enden würde, wenn man sie um ihre eigene Länge nach rechts verschieben würde.

Die Figur 2.11 zeigt in einem einfachen axonometrischen Bild, wie man die Verbindungsgerade g zeichnet – oder sich die Lage abstrakt überlegt. Der Mittelpunkt der rechten Seitenfläche ist als Diagonalenschnittpunkt konstruiert. Zusammen mit H kennt man zwei Punkte der Geraden g und kann damit das Bild von g zeichnen – aber noch nicht den Schnittpunkt von g mit der Ebene π.

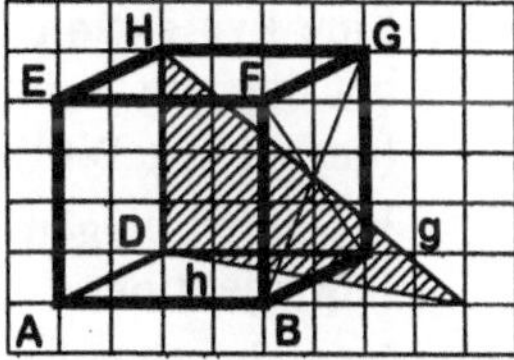

Fig. 2.11

Die Gerade g bestimmt mit $\overline{DH}$ eine Ebene ε, deren Schnittgerade h mit der Ebene π als Hilfsgerade gezeichnet wird. Man kennt zwei Punkte von h, nämlich D und den Mittelpunkt der Würfelkante $\overline{BC}$ (C nicht in der Figur benannt). Der Schnittpunkt von h (in π und in ε) und g (in ε) ist der gesuchte Schnittpunkt von g und π. Das schraffierte Dreieck ist ein so genanntes **Stützdreieck**, weil es gewissermaßen die Gerade g über der Grundebene π abstützt.

Aufgabe 2.3: In Fig. 2.12 sind an einem aus acht zueinander kongruenten Würfeln zusammengesetzten Würfel zwei ebene Sägeschnitte durch Schnittkanten (Obersicht) angedeutet. Zeichnen Sie den Körper, der übrig bleibt, wenn man diese Sägeschnitte ausführt und damit aufhört, sobald man den Teilkörper, der die Ecke vorne oben enthält, wegnehmen kann. Variieren Sie dabei das axonometrische Dreibein.

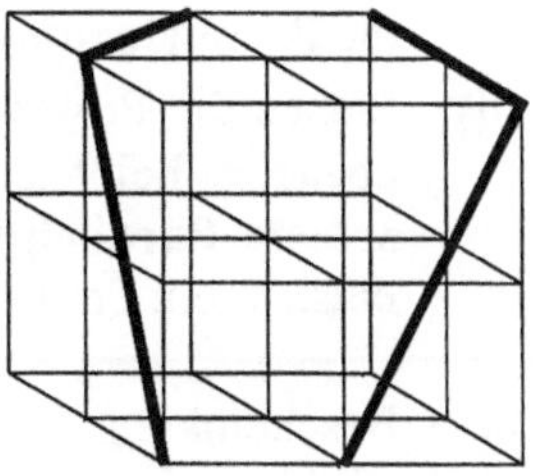

Fig. 2.12

Hinweis: Man kann im axonometrischen Bild die Schnitte der Säge-Ebenen mit den Würfelebenen konstruieren und so Schritt für Schritt feststellen, welche Stücke man dann wegnehmen kann (dies ist in der Aufgabe aber nicht gefragt) und was übrig bleibt. Man kann leicht die Vorgaben ändern und so eine Vielzahl analoger Aufgaben selbst entwerfen.

Aufgabe 2.4: Konstruktion im Kavalierriss

a) Zeichnen Sie mit $\alpha = 45°$, $\beta = 0°$, $\gamma = 90°$, $e_x : e_y : e_z = \frac{1}{2}\cdot\sqrt{2} : 1 : 1$ den Kavalierriss eines Würfels mit der Kantenlänge a = 5 cm.

b) Konstruieren Sie in diesem Kavalierriss den Schnittpunkt S der Strecke $\overline{BH}$ mit der Ebene (ACF). Hinweis: Nutzen Sie die Ebene (DBF).

c) Begründen Sie, dass BH auf (ACF) senkrecht steht. Hinweis: Nutzen Sie das Rechteck DBFH. Die Bezeichnungen sind wie in Fig. 1.1 und in Fig. 2.11 gewählt.

2.2 Eintafelprojektion

2.2.1 Projektionsarten

Das Grundproblem der folgenden Überlegungen ist wieder, Punkte des Raumes (oder von Teilen des Raumes) auf Punkte der Ebene (oder Teile davon – diese Einschränkung wird fortan nicht mehr erwähnt) abzubilden. Wir untersuchen hier aber nicht wie bei der Axonometrie ein willkürliches Verfahren (eine Zeichenanweisung), sondern wir fordern jetzt, dass eine anschaulich nachvollziehbare Abbildungsvorschrift verwendet wird.

Definition 2.1: Projektionen

a) Eine **Projektion** ist eine Abbildung des Raumes in eine Bildebene (**Tafel**) π, bei der alle Punkte (**Urpunkte** oder **Urbilder**), die den gleichen **Bildpunkt** (das gleiche **Bild**) P' haben, auf einer Geraden s_P, dem **Projektionsstrahl**, der π in P' trifft, liegen. Eine Projektion auf eine einzige Tafel heißt demnach **Eintafelprojektion.**

b) Ist π eine Ebene und O ein nicht in π liegender Punkt, so heißt die Abbildung

$$z: P \mapsto P^z \text{ mit } \{P^z\} = (OP) \cap \pi = s_P \cap \pi \text{ für } P \neq O$$

die **Zentralprojektion** aus dem Zentrum O (oft **„Auge“** oder „Augpunkt“[2] genannt) auf die **Bildebene** π. P^z heißt der **Zentralriss** von P.

c) Ist π eine Ebene, g eine nicht zu π parallele Gerade und ist die Gerade s_P die Parallele zu g durch einen Punkt P, so heißt die Abbildung

$$p: P \mapsto P^p \text{ mit } \{P^p\} = s_P \cap \pi$$

die **Parallelprojektion** in Richtung von g auf π. P^p heißt der **Parallelriss** von P.

d) Stehen die Projektionsstrahlen einer Parallelprojektion senkrecht auf der Bildebene π, heißt sie **Normalprojektion** (sie erzeugt einen **Normalriss**), sonst **schiefe Parallelprojektion.** Bei einer schiefen (**schrägen**) Parallelprojektion entsteht ein **Schrägbild** (ein **Schrägriss**).

Diese Beschränkung auf Projektionen ist verständlich, weil wir über das Sehen und Schattenbilder – in beiden Fällen sind Lichtstrahlen beteiligt, die geradlinig sind – einprägsame Beispiele aus dem Alltag für das kennen, was nun Projektion heißt.

Die Bezeichnung „Augpunkt“ wird verwendet, weil das Sehen ein anschauliches Modell für eine Zentralprojektion sein kann (wenn man genügend abstrahiert).

Für diese Abbildungen gilt dann: Der Bildpunkt P^z (der **„Zeiger“** z soll an „Zentralprojektion“ erinnern) ist der Schnittpunkt des Projektionsstrahls (OP) mit der Bildebene π. Der Bildpunkt P^p (der „Zeiger“ p soll an „Parallelprojektion“ erinnern) ist der Schnittpunkt des Projektionsstrahls s_P (er ist parallel zu s und geht durch P) mit der Bildebene π. Der Winkel α, in dem die Projektionsstrahlen auf die Bildebene treffen, kann offensichtlich $\alpha < 90°$ (mit einem Nebenwinkel $180° - \alpha > 90°$) oder $\alpha = 90°$ sein.

[2] O für „okulus“, lateinisch: Auge (vgl. Beispiel 2.7).

Beispiel 2.5: Schattenwürfe bei verschiedenen Arten der Beleuchtung sind Beispiele für Projektionen, an denen man die wesentlichen Anteile der abstrakten Definitionen leicht erkennt. Die drei genannten Fälle werden hier dargestellt.

Fig. 2.13 a veranschaulicht die Zentralprojektion. In O denkt man sich eine (punktförmige) Lichtquelle, die das (z. B. aus dünnem Blech gefertigte) Dreieck ΔABC beleuchtet. Dadurch fällt auf die Bildebene π ein Schatten in Form des Bilddreiecks $\Delta A^zB^zC^z$. Die von O ausgehenden Lichtstrahlen durch die Punkte A, B und C, die Projektionsstrahlen s_A, s_B und s_C, schneiden die Bildebene π in den Bildpunkten A^z, B^z und C^z. Man erkennt in dieser Figur schon, dass es durch O gehende Lichtstrahlen gibt, die die Bildebene π nicht schneiden. Der Fall $s \parallel \pi$ muss hier aber nicht explizit ausgeschlossen werden.

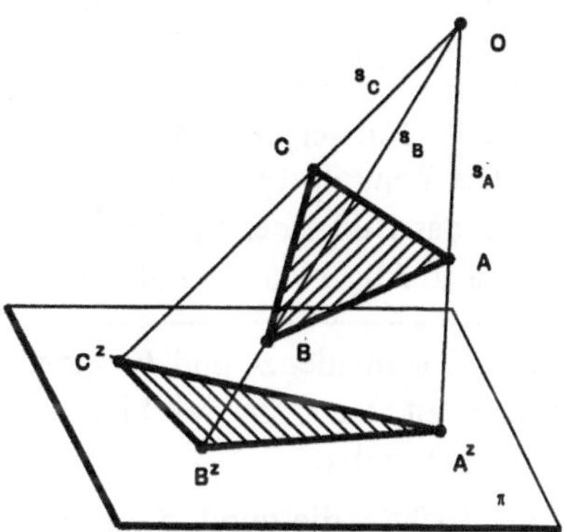

Fig. 2.13 a

Entsprechend interpretiert man Fig. 2.13 b als Parallelprojektion. Man denkt sich zu s und untereinander (näherungsweise) parallele Sonnenstrahlen s_A, s_B und s_C durch die Dreiecks-Eckpunkte A, B und C. Diese Projektionsstrahlen treffen die Bildebene π in den jeweiligen Bildpunkten A^p, B^p und C^p. Der bei der Zentralprojektion schon erwähnte Sonderfall ist hier in der Definition ausdrücklich ausgeschlossen: Der die Projektionsrichtung festlegende Strahl s darf nicht parallel zu π sein.

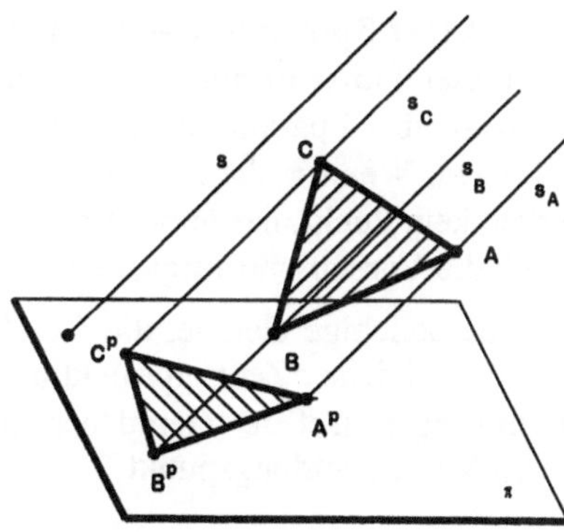

Fig. 2.13 b

Fig. 2.13 c zur Normalprojektion ist wieder als Schatten im Sonnenlicht zu interpretieren. Die Figur ist so angelegt, als ob die Sonnenstrahlen in Richtung von s vertikal auf eine horizontale Ebene π treffen und damit in den Auftreffpunkten senkrecht auf π stehen. Dies ist in Europa so nicht möglich. Dennoch kann es auch hier eine „Normalprojektion" durch Sonnenstrahlen geben. Dann kann die Bildebene allerdings nicht horizontal liegen.

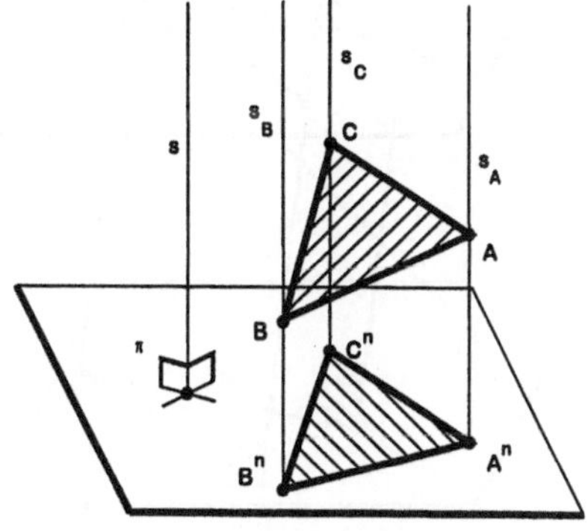

Fig. 2.13 c

Um die Figuren überschaubar zu halten, wurde hier jeweils die Abbildung eines (ebenen) Dreiecks veranschaulicht. Die Verallgemeinerung auf drei Dimensionen ist leicht möglich.

2.2.2 Zentralprojektion

Die Definition der Zentralprojektion gibt eine Abbildungsvorschrift für Punkte. Will man einen Zentralriss zeichnen oder auch einen Zentralriss räumlich interpretieren, so wird man wissen müssen, wie andere geometrische Objekte abgebildet werden. Für die wichtigsten Eigenschaften der Zentralprojektion gilt der

> **Satz 2.2:** Grundeigenschaften der Zentralprojektion
> Die Zentralprojektion ist inzidenztreu und (i. Allg.) punkt- und geradentreu, d. h. das Bild eines Punktes P ist (i. Allg.) ein Punkt P^z, das Bild einer Geraden g ist (i. Allg.) eine Gerade g^z.

Beweis: Die Inzidenz- und Punkttreue sind Bestandteil der Definition. Eine Gerade g bestimmt mit $O \notin g$ eine Verbindungsebene γ, die i. Allg. die Bildebene π in der Bildgeraden g^z schneidet. ■

Die Sonderfälle, die durch die Einschränkungen „im Allgemeinen" (i. Allg.) ausgenommen wurden, werden nun noch eigens angesprochen. Vgl. dazu Fig. 2.14.

i sei eine Gerade durch O (Projektionsstrahl). Das Bild i^z von i ist nach Definition 2.1 a ein Punkt (der **Spurpunkt** von i, d. h. der Schnittpunkt von i mit π). $i^z = i \cap \pi = \{I\}$, wenn dieser Punkt existiert. Projektionsstrahlen, die π treffen, haben einen Punkt als Bild. Wäre aber i parallel zu π, so hätte i kein Bild. Damit ist ein zweiter Sonderfall angesprochen. Wenn φ die Ebene parallel zur Ebene π durch den Punkt O ist, hat offensichtlich kein Punkt, der in der Ebene φ liegt, einen Bildpunkt. Man nennt diese Ebene φ deshalb die **Verschwindungsebene** dieser Zentralprojektion.

g sei eine beliebige Gerade, die die Verschwindungsebene φ in einem Punkt V trifft. V bekommt bei dieser Zentralprojektion keinen Bildpunkt zugewiesen. V heißt daher **Verschwindungspunkt** der Geraden g und jede Gerade, die φ schneidet, hat genau einen solchen Verschwindungspunkt.

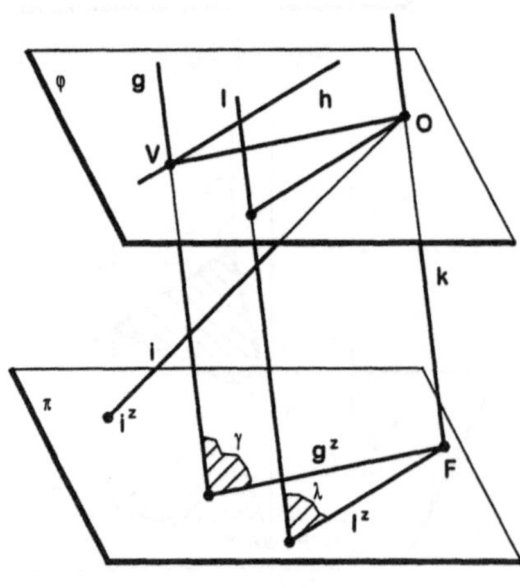

Fig. 2.14

Für die Geraden g, k und l gilt $g \parallel k \parallel l$ sowie $O \notin g$, $O \in k$ und $O \notin l$. Die Projektionsstrahlen der Punkte von g legen dann eine Projektionsebene $\gamma = (gO)$, die Projektionsstrahlen der Punkte von l legen analog eine Ebene $\lambda = (lO)$ fest. Die Bilder $g^z = \gamma \cap \pi$ und $l^z = \lambda \cap \pi$ schneiden einander (i. Allg.) in einem Punkt F (**Fluchtpunkt** der Geraden g und l), nämlich dem Spurpunkt der Schnittgeraden $k = \gamma \cap \lambda$. Man kann den Fluchtpunkt als Bild des (gemeinsamen) **Fernpunkts** der Geraden g und l (und k) auffassen. Die Fernpunkte aller Geraden liegen in einer Ebene, der **Fernebene.** Im Anschauungsraum gibt es keine Fernpunkte. Man kann statt Fernpunkt meist „Richtung" sagen.

Beispiel 2.6: Wenn man die Aussagen über Fluchtpunkte und Verschwindungspunkte aufgreift, erkennt man, dass es für den Zentralriss eines Quaders drei Möglichkeiten gibt, da die drei Richtungen der Quaderkanten drei, zwei oder nur einen nicht verschwindenden Fluchtpunkt haben können. Fig. 2.15 zeigt diese Möglichkeiten.

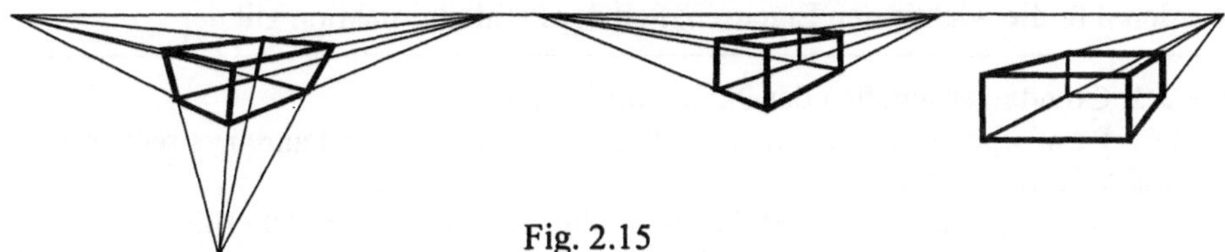

Fig. 2.15

Beispiel 2.7: Das Sehen. Kaum beim „normalen" Sehen, aber sicher, wenn man geblendet wird, erkennt man, wie das „Sehen" vor sich geht: Lichtstrahlen gehen von einer Lichtquelle geradlinig aus und treffen unser Auge. Beim Sehen formuliert man oft umgekehrt: Der Sehstrahl geht vom Auge zum Gegenstand. Für eine mathematische Präzisierung interpretieren wir die **Sehstrahlen** als Geraden(stücke), die durch einen Punkt (die Pupille des Auges – idealisiert zu O) gehen. Diese Sehstrahlen treffen dann auf der Netzhaut (real gekrümmt, dennoch idealisiert zu ε) auf. Betrachtet man etwa die Sehstrahlen, die den Umriss eines Würfels abbilden, so bilden diese Sehstrahlen insgesamt einen Kegel, den **Projektionskegel** oder **Sehkegel**. Hier wird deutlich, weshalb wir bei der Definition von allgemeinen Zylindern und Kegeln Geraden verwendet haben und bei den allgemeinen Kegeln nicht in der Spitze aufhörten.

Beispiel 2.8: Schatten. Ein anderes, vielleicht noch anschaulicheres Modell der mathematischen Definition der Zentralprojektion erhält man, wenn man Gegenstände (dreidimensional) und ihre Schatten im Lampenlicht (zweidimensional) betrachtet. Man denke im Raum an eine Straßenlampe, die einen Zaun beleuchtet, und an dessen Schatten auf dem Boden (als Bildebene). Auch das Bild des Lampenschirm-Randes einer Stehlampe, das an der Wand zu sehen ist, kann als Modell herangezogen werden.

Beispiel 2.9: Auf horizontalem Boden π stehen auf einer Geraden g drei gleich hohe Pfosten (obere Punkte O_1, O_2 und O_3). In der von den Pfosten bestimmten Ebene ε befindet sich eine (punktförmige) Lampe L. Zwei Pfostenschatten (Schatten von O_1 ist S_1, Schatten von O_2 ist S_2) sind gegeben. Der Pfostenschatten von O_3 ist zu bestimmen.

Alles spielt sich in der Ebene ε ab. In ε kann also gezeichnet werden. Fig. 2.16 zeigt den Sachverhalt. Zuerst bestimmt man als Schnittpunkt von (S_1O_1) und (S_2O_2) den Punkt L, dann mithilfe von (LO_3) auf der Grundlinie g den Schatten-Endpunkt S_3.

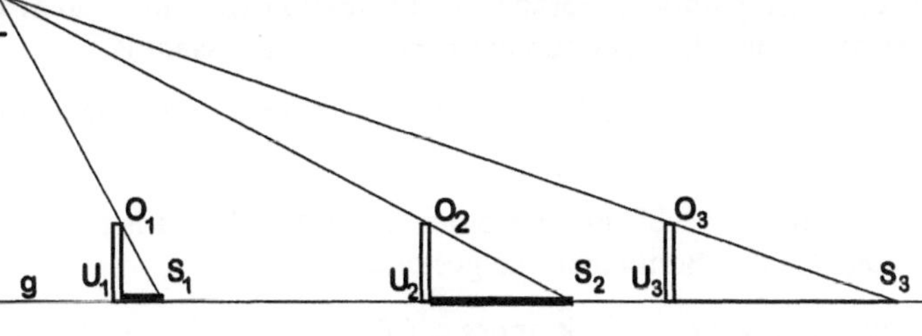

Fig. 2.16

2.2.3 (Schiefe) Parallelprojektion

Die Definition der Parallelprojektion gibt (wie die der Zentralprojektion) nur eine Abbildungsvorschrift für Punkte. Will man einen Parallelriss zeichnen oder ihn räumlich interpretieren, so wird man wieder wissen müssen, wie andere geometrische Objekte abgebildet werden. Für die wichtigsten Eigenschaften der Parallelprojektion gilt der

> **Satz 2.3:** Grundeigenschaften der Parallelprojektion
> **a)** Die Parallelprojektion ist inzidenztreu und i. Allg. geradentreu, streckentreu und teilverhältnistreu.
> **b)** Zueinander parallele Geraden haben i. Allg. zueinander parallele Bilder.

Beweis:

a) Die Inzidenztreue folgt aus der Definition. Die Abbildung erfolgt punktweise.

Eine Gerade g bestimmt (i. Allg., d. h. dann, wenn g nicht parallel zur Projektionsrichtung s ist) mit den Projektionsstrahlen ihrer Punkte eine **Projektionsebene** γ, die π in der Geraden $g^p = \gamma \cap \pi$ schneidet. Damit ist die Geradentreue allgemein begründet. Wenn dagegen $g \parallel s$ ist, dann ist $g^p = g \cap \pi = \{G\}$ ein Punkt, der **Spurpunkt** von g in π.

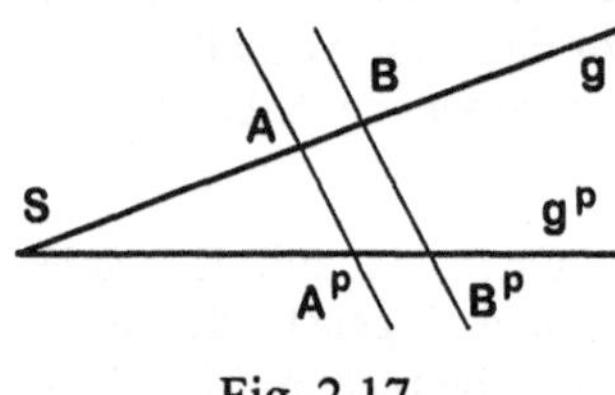

Fig. 2.17

Eine Strecke $\overline{AB}$ wird als Teilmenge einer Geraden auf eine Strecke (als Teilmenge der Bildgeraden) abgebildet. Wir nehmen für Fig. 2.17 die Projektionsebene ε von g als Zeichenebene. Das Bild der Strecke $\overline{AB}$ ist dann die Strecke $\overline{A^pB^p}$. Das Viereck AA^pB^pB ist ein Trapez, das **Projektionstrapez** dieser Strecke. In der Figur sind diese Strecken bis zu ihrem (i. Allg. existierenden) Schnittpunkt S verlängert. Es entsteht eine Strahlensatzfigur. So lassen sich Eigenschaften, die aus dem Strahlensatz folgen (z. B. die Teilverhältnistreue), auf die Parallelprojektion übertragen. Mit den Bezeichnungen der Fig. 2.17 gilt z. B. $|\overline{SA}| : |\overline{SB}| = |\overline{SA^p}| : |\overline{SB^p}|$. Wir haben damit die Strecken- und zugleich auch die Teilverhältnistreue begründet.

b) Die Parallelentreue begründet man mit einer elementaren räumlichen Überlegung für zueinander parallele Geraden a und b, indem man drei Unterfälle betrachtet.

Zueinander parallele Geraden in Projektionsrichtung haben Punkte als Bilder (dies ist der Ausartungsfall, der geometrisch nicht interessant ist).

Für den Standardfall gibt es zu zwei Geraden a und b die zugehörigen Projektionsebenen α und β.

Für $a = b$ ist $a^p = b^p$. Für $a \neq b$ mit $\alpha = \beta$ gilt ebenfalls $a^p = b^p$. Damit ist für diese beiden Unterfälle die Parallelentreue gesichert.

Falls $a \neq b$ und $\alpha \neq \beta$ gilt, muss $\alpha \parallel \beta$ sein, da es keinen gemeinsamen Punkt geben kann. Dann schneidet die Bildebene π nach Satz 1.3 die beiden zueinander parallelen Ebenen α und β in zueinander parallelen Geraden, den Bildgeraden a^p und b^p von a und b. ■

Beispiel 2.10: Ein Haus mit Flachdach wird von der Sonne beschienen. Der Schatten fällt auf den horizontalen Boden vor dem Haus. Von dieser Anordnung liegt ein Parallelriss (vgl. Fig. 2.18 a) vor, auf dem außer dem Bild des Hauses auch der Schatten $\overline{FP'}$ der linken vorderen Hauskante $\overline{FP}$ eingezeichnet ist. F stimmt also mit seinem Schattenpunkt überein, und die Punkte der Strecke $\overline{FP}$ werden auf die Punkte der gestrichelt dargestellten Strecke $\overline{FP'}$ abgebildet.

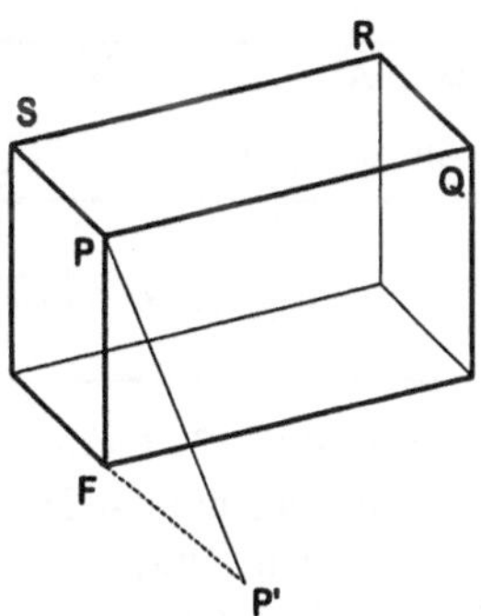

Fig. 2.18 a

Wir überlegen zuerst, wie der gesamte Haus-Schatten aussehen muss. Dazu verwenden wir die Eigenschaften der Parallelprojektion aus Satz 2.3. Wegen der Parallelentreue sind die Schatten aller vier vertikalen Hauskanten zum gegebenen Schatten parallel und sie haben je einen Endpunkt im untersten Punkt der jeweiligen Hauskante. Ferner sind die Projektionsdreiecke alle kongruent zum in Fig. 2.18 b schraffierten Dreieck FPP'. So findet man den anderen Endpunkt der jeweiligen Schatten der vertikalen Hauskanten.

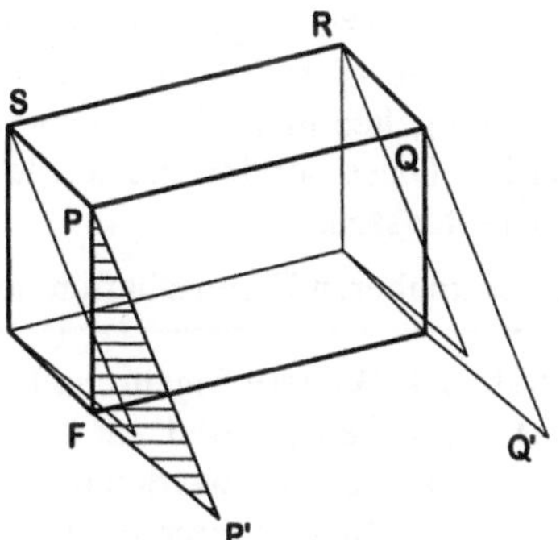

Fig. 2.18 b

Schließlich muss überlegt werden, wie der Schatten des Hauses als Körper (nicht nur der Schatten einzelner Kanten) aussieht. Da man in jedem Punkt der Hauskante $\overline{PQ}$ ein entsprechendes Projektionsdreieck anfügen könnte, ist klar, dass der Schatten der Strecke $\overline{PQ}$ die Strecke $\overline{P'Q'}$ ist. Analog überlegt man für $\overline{QR}$, $\overline{RS}$ und $\overline{SP}$. In Fig. 2.18 c ist der Teil der Schattenfläche, der sichtbar (und nicht vom Haus verdeckt) ist, schraffiert dargestellt.

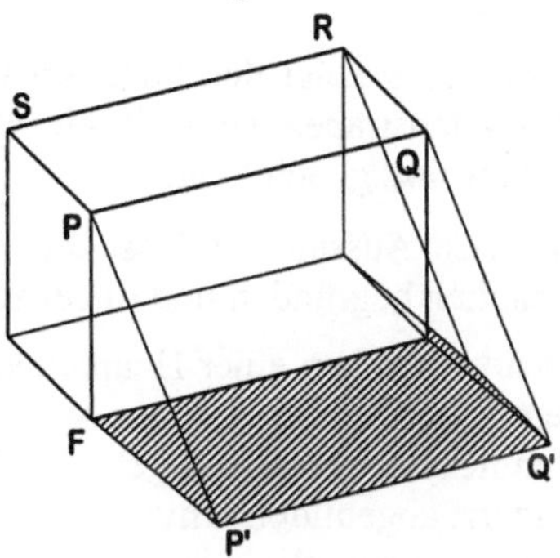

Fig. 2.18 c

Bemerkung: In Beispiel 2.10 war der Schrägriss vorgegeben. Will man bei analogen Problemen selbst zeichnen, wird man mit Mitteln der Axonometrie beginnen und dann Überlegungen zur Parallelprojektion verwenden. Eine Rechtfertigung dieser „Mischung" folgt in Satz 2.8. So löst man leicht die folgende

Aufgabe 2.5: Zeichnen Sie ein axonometrisches Bild eines Hauses mit einem Walmdach (Satteldach, Pyramidendach) und wählen Sie analog zu Beispiel 2.10 den Schatten P^s eines oben liegenden Eckpunkts P des Hausquaders. Konstruieren Sie nun jeweils mit den Grundideen der Parallelprojektion (der Inzidenztreue, der Geradentreue, der Mittelpunktstreue) den Schatten des Hauses. Überlegen Sie, welchen Punkten man nacheinander ihren Schatten zuweisen kann. Variieren Sie die Angaben so, dass das Hausdach keinen Schatten außerhalb des Quaderschattens wirft (Dach relativ flach) oder einen Schatten wirft (Dach steiler geneigt). Dabei ist DGS-Einsatz zu empfehlen.

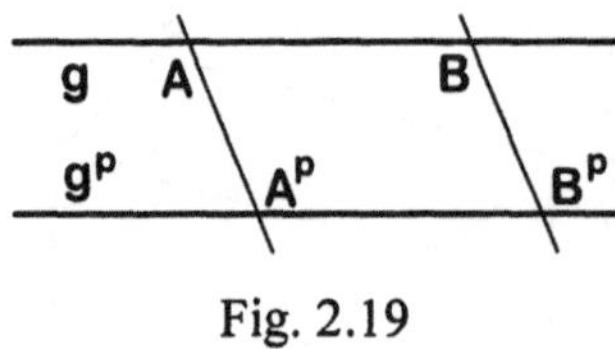

Fig. 2.19

In Fig. 2.17 existiert S dann nicht, wenn g zu g^p (allgemeiner, wenn g zur Bildebene π) parallel ist. Dann ist das Projektionstrapez AA^pB^pB speziell ein Projektionsparallelogramm, in dem die Gegenseiten zueinander kongruent sind (Fig. 2.19). Dieser Sonderfall gibt Anlass, Begriffe einzuführen, die oft hilfreich verwendet werden können.

Definition 2.2: Geraden, die bei einer Parallelprojektion parallel zur Bildebene π liegen, heißen **Hauptlinien**. Ebenen, die parallel zu der Bildebene π liegen, heißen **Hauptebenen**. Geraden, die in Richtung der Projektionsstrahlen liegen, heißen **projizierende Geraden**. Ebenen, die projizierende Geraden enthalten, heißen **projizierende Ebenen**.

Bei den Überlegungen zur Parallelprojektion muss man Projektionsstrahlen in einer Hauptebene ausschließen – das ist in Definition 2.1 b geschehen. Die üblichen Eigenschaften gelten nicht für projizierende Geraden, die auf einen einzigen Punkt abgebildet werden. Diese Sonderfälle werden, wenn nichts Gegenteiliges gesagt wird, künftig stets ausgeschlossen.

Wir formulieren Eigenschaften der Parallelprojektion für Figuren in Hauptebenen:

Satz 2.4: Weitere Eigenschaften der Parallelprojektion

a) Strecken parallel zur Bildebene (Strecken auf einer Hauptlinie bzw. in einer Hauptebene) werden unverzerrt abgebildet.

b) Beliebige Figuren in einer Hauptebene werden unverzerrt abgebildet.

Beweis:

a) Fig. 2.19 zeigt den Sachverhalt. Liegt eine Strecke auf einer Hauptlinie, entsteht als Projektionstrapez speziell ein Projektionsparallelogramm. Gegenseiten im Parallelogramm sind gleich lang.

b) Diese Aussage umfasst die Aussage aus a). Wir wollen sie in Einzelschritten anschaulich begründen und dabei zunächst an den Ergebnissen von a) anknüpfen.

Da alle Strecken einer Hauptebene unverzerrt abgebildet werden, werden Dreiecke (nach dem ersten Kongruenzsatz, weil Urbild und Bild in der Länge aller drei Seiten übereinstimmen) unverzerrt abgebildet. Mit den Dreiecken werden dann auch ihre Winkel unverzerrt abgebildet. Unverzerrt abgebildet werden aber auch alle Figuren in einer Hauptebene, die geradlinig begrenzt sind. Sie können nämlich stets in Dreiecke zerlegt werden.

Ein Kreis in einer Hauptebene wird unverzerrt abgebildet, da die Abstände der Kreispunkte vom Kreismittelpunkt (Streckenlängen) unverzerrt abgebildet werden.

Für beliebig krummlinig begrenzte Figuren betrachtet man den Projektionszylinder, der aus allen Projektionsstrahlen durch die Randpunkte der Figur besteht. Man kann dann – anschaulich gedacht – die Figurenebene samt der darin enthaltenen Figur parallel zu sich längs eines Projektionsstrahls in die Bildebene verschieben. Das Bild der Figur ist zur Figur kongruent. Diese allgemeine Überlegung umfasst die vorherigen Argumente. ■

Beispiel 2.11: Aus zwei (drei usw.) zueinander kongruenten Würfeln so zusammengesetzte Körper, dass Würfelflächen ganz aneinander stoßen, nennt man Würfelzwillinge (Würfeldrillinge usw.). Gesucht sind alle Würfelzwillinge, Würfeldrillinge und Würfelvierlinge. Zwei Körper sind voneinander verschieden, wenn man sie nicht so legen kann, dass sie durch eine Verschiebung ineinander übergehen. Fig. 2.20 zeigt diese Körper in einer Parallelprojektion, bei der eine Würfelfläche in einer Hauptebene liegt.

Dieses Beispiel hat vier wesentliche Aspekte:

- ➢ Suchen von Würfeldrillingen und -vierlingen.
- ➢ Kontrolle, ob keiner der gesuchten Körper fehlt, aber auch keiner mehrfach vorkommt.

Diese Aspekte gehören zu dem Problemfeld der „Raumvorstellung“. Es muss – im Prinzip allein in Gedanken – die Antwort auf die gestellte Frage gefunden werden. Gleichzeitig sollen aber die vorgegebenen Figuren räumlich interpretiert werden.

- ➢ Parallelrisse räumlich deuten.

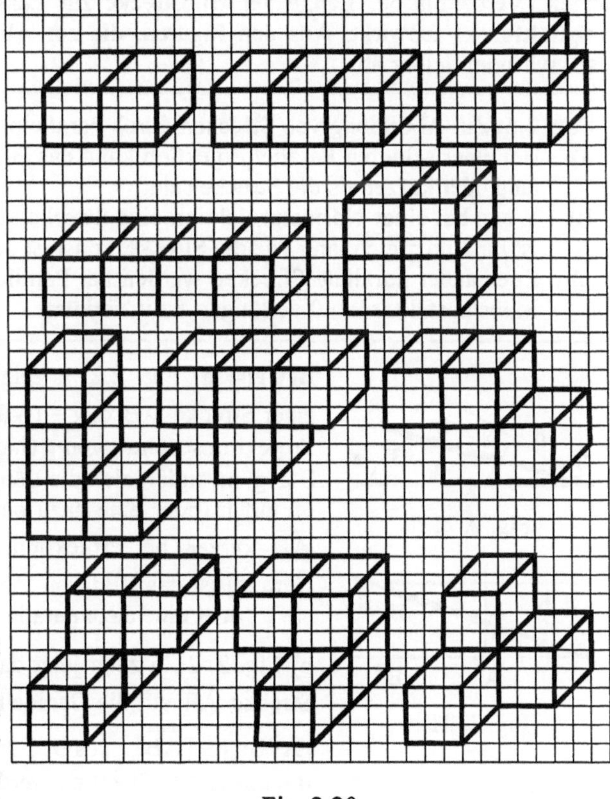

Fig. 2.20

Dass es Parallelrisse sind, steht in den Angaben. Die Figuren im Karoraster erinnern aber auch an axonometrische Bilder (Kavalierrisse). Das kann helfen, wenn man weitere Körper zeichnen will, da uns immer noch keine Anleitung zur Verfügung steht, Parallelrisse selbst zu zeichnen.

- ➢ Axonometrische Bilder als „Ersatz“ für Parallelrisse zeichnen.

Zur Raumvorstellung wird empfohlen, die Würfelvierlinge (Würfelzwillinge und -drillinge sind unproblematisch) in anderer Lage zu zeichnen. Dann beginnt die Überlegung, ob der Körper, den man sich vorstellt, in der „Liste“ in Fig. 2.20 enthalten ist.

Umgekehrt muss man überlegen, ob die Liste nicht zu viel enthält. Problematisch sind insbesondere die beiden in der letzen Figurenzeile links gezeichneten Körper. Wie kann man verbal argumentieren, um jemanden – auch sich selbst, wenn man unsicher ist – zu überzeugen, dass es zwei verschiedene Körper sind? Kommt man so nicht zum Ziel, sollte man die Körper aus Steckwürfeln bauen!

2.2.4 Normalprojektion

Die Normalprojektion ist eine spezielle Parallelprojektion. Wir untersuchen hier zunächst weitere Eigenschaften der Parallelprojektion, aber spezialisieren dann zur Normalprojektion.

Wir überlegen zuerst, wie sich die Projektionsrichtung auf das Verändern von Streckenlängen (Verhältnis der Länge der Bildstrecke zur Länge der Ausgangsstrecke, **Maßstabsfaktor** k) auswirkt. Aus den Figuren, die zur Abbildung einer Strecke gehören, lesen wir unmittelbar ab:

> **Satz 2.5:** Zur Abbildung von Strecken durch Parallelprojektion
> - **a)** Bei einer schiefen Parallelprojektion kann das Bild einer Strecke länger, gleich lang oder kürzer als die Strecke sein.
> - **b)** Wenn bei einer Normalprojektion eine Strecke auf einer Hauptlinie liegt, dann ist ihr Bild gleich lang wie die Strecke, sonst ist das Bild eine kürzere Strecke.
> - **c)** Zueinander parallele Strecken werden bei Parallelprojektion mit dem gleichen Maßstabsfaktor $k > 0$ verlängert bzw. verkürzt.

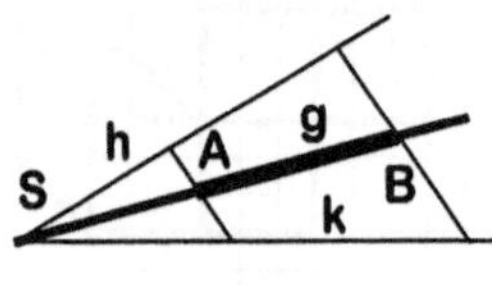

Fig. 2. 21 a

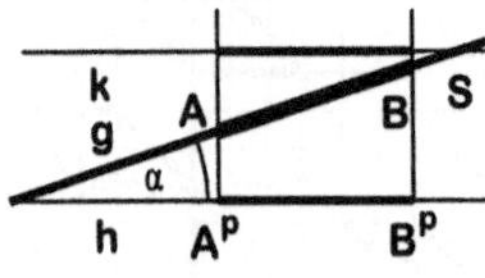

Fig. 2. 21 b

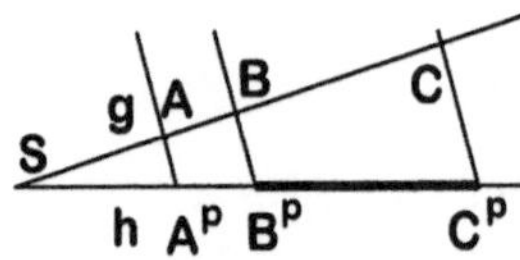

Fig. 2. 21 c

Beweis: a) Fig. 2.21 a zeigt die schiefe Parallelprojektion einer Strecke $\overline{AB} \subset g = (AB)$: Variiert die Bildgerade in der Projektionsebene γ von g (hier die Bildebene) im Büschel um $S \in g$, so ändert sich die Länge der Bildstrecke. Bei Projektion auf h (oder eine dazu parallele Gerade) ist das Bild von $\overline{AB}$ kürzer, bei Projektion auf k (oder eine dazu parallele Gerade) ist das Bild von $\overline{AB}$ länger als $\overline{AB}$, bei Projektion auf g (oder eine dazu parallele Gerade) gleich lang.

b) Fig. 2. 21 b zeigt jetzt dagegen die Normalprojektion der Strecke $\overline{AB}$ auf die Gerade h. Hier gilt, wie man sofort sieht, $|\overline{A^pB^p}| = |\overline{AB}| \cdot \cos\alpha$. Für Winkel α mit $0° \leq \alpha < 90°$ gilt $0 < \cos\alpha \leq 1$, Strecken werden also i. Allg. verkürzt und nur für $\alpha = 0°$, also wenn sie auf Hauptlinien liegen (in der Fig. 2.21 b ist das außer bei der Geraden h selbst am Beispiel der Geraden k gezeichnet), werden sie unverzerrt abgebildet.

c) Die Länge $|\overline{B^pC^p}|$ des Bilds einer Strecke $\overline{BC}$ ändert sich nicht, wenn wir die Strecke parallel zu sich selbst verschieben, da sich dabei höchstens die Längen der Parallelseiten des Projektionstrapezes BB^pC^pC ändern. Es genügt also, die Strecken $\overline{AB}$ und $\overline{AC}$ mit $B \in (AC)$ zu betrachten. Dann folgt die Behauptung, dass der Maßstabsfaktor k für zueinander parallele Strecken gleich bleibt, aus dem Strahlensatz (Fig. 2.21 c):

$$|\overline{AB}| : |\overline{AC}| = |\overline{A^pB^p}| : |\overline{A^pC^p}|, \text{ also } |\overline{A^pB^p}| : |\overline{AB}| = |\overline{A^pC^p}| : |\overline{AC}| = k. \qquad \blacksquare$$

Beispiel 2.12: Bestimmung des Erdradius' nach ERATOSTHENES[3]

Es wird berichtet[4], dass ERATOSTHENES von Kyrene[5] um 230 v. Chr. die Länge des Erdradius' berechnet hat. Die wichtigen Angaben werden meist folgendermaßen zitiert:

Am 21. Juni (Sommersonnwende) scheint die Sonne zur Zeit des Sonnenhöchststandes (modern formuliert: 12 Uhr mittags Ortszeit) in Syene[6] senkrecht in einen tiefen Brunnenschacht. An diesem Tag zur gleichen Zeit wurde in Alexandria, genau 5000 Stadien[7] nördlich von Syene, die Schattenlänge eines Stabes gemessen und daraus der Winkel bestimmt, unter dem die Sonnenstrahlen einfallen. Der Winkel wurde zu 7°12' berechnet. Daraus erhält man als Maß für den Erdradius etwa 6400 km.

Überlegt man, welche Annahmen hier versteckt sind, so erkennt man:

- Die Sonnenstrahlen treffen zueinander parallel auf die Erde (Parallelprojektion).
- Die Brunnenwand ist ein Zylinder. Die Schatten der Erzeugenden sind Punkte. Diese Strecken werden also mit Normalprojektion auf die (horizontale) Wasserfläche am Brunnenboden abgebildet.
- Der Stab (idealisiert: Strecke) in Alexandria wirft einen Schatten. Die Strecke wird also mit einer schiefen Parallelprojektion auf den (in der Nähe des Stabes horizontalen und ebenen) Erdboden abgebildet.
- Die Erde hat Kugelgestalt. Alexandria und Syene liegen auf einem Kreis, dessen Radius der Erdradius ist.

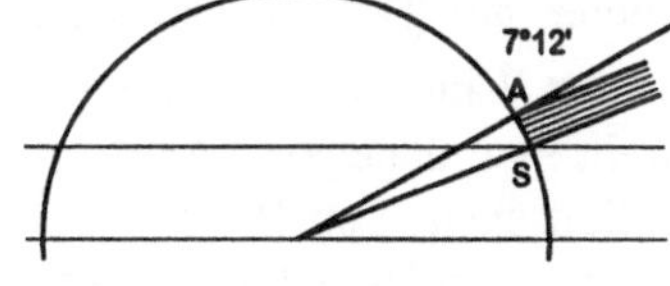

Fig. 2.22

Ist R der Radius der Erdkugel, so gilt $\dfrac{360°}{7{,}2°} = \dfrac{2 \cdot R \cdot \pi}{5000 \cdot 0{,}16\,\text{km}}$ und damit $R \approx 6366$ km.

Problematisch sind zumindest die Winkelmessung und die Umrechnung von Stadien in Kilometer. Den konkreten Ablauf kann man sich ohne moderne Hilfsmittel (Funk) kaum vorstellen. Dennoch ist der geometrische Hintergrund der Überlegungen beachtlich.

Man gibt heute meist $R \approx 6380$ km als (mittleren) Wert an. Zu Berechnungen von Längen und Winkeln mit modernen Hilfsmitteln gibt die folgende Aufgabe Gelegenheit.

Aufgabe 2.6 Sonnenstand und Schattenlänge

a) Ein Baum wirft einen 7 m langen Schatten. Die Sonnenstrahlen bilden mit dem Baumstamm einen Winkel von 30°. Wie hoch ist der Baum?

b) Bei der Überlegung von ERATOSTHENES in Beispiel 2.12 sei ein Stab der Länge 1 m verwendet worden. Wie lang war dann der Schatten?

c) Wie genau musste ERATOSTHENES den Schatten messen, um den Winkel, den die Sonnenstrahlen mit dem Schatten bilden, auf 0,1° genau zu bestimmen?

d) Kann man annehmen, dass die Messung so genau durchgeführt wurde?

---

[3] ERATOSTHENES von Kyrene, etwa 280 bis 200 v. Chr., griechischer Mathematiker (Universalgelehrter).

[4] Historisch in der hier dargestellten Form wohl nicht eindeutig belegt!

[5] Kyrene – heute Schahhat in Libyen.

[6] Syene – heute Assuan.

[7] Antike Längeneinheit. 1 Stadion entspricht 160 m.

Für das Erstellen anschaulicher Bilder ist besonders interessant, ob rechte Winkel, die an Objekten ja oft vorkommen, im Bild erhalten bleiben und wie das Bild einer Kugel ausschaut. Wir betrachten zunächst rechte Winkel und ihre Bilder. Hier gilt

> **Satz 2.6:** Bei einer Normalprojektion ist das Bild eines rechten Winkels genau dann ein rechter Winkel, wenn einer der beiden Schenkel Hauptlinie und der andere nicht projizierend ist.

Beweis: Wir denken uns ΔABC mit rechtem Winkel bei C in einer Hauptebene. Das Bild von ΔABC ist zu ΔABC kongruent. Der rechte Winkel bleibt unverzerrt.
Dreht man ΔABC um die Hypotenuse (AB) nach ΔABC_1, ist das Bild der gedrehten Höhe h_c nach Satz 2.5 b) kürzer als das Bild der Höhe h_c, also liegt das Bild C_1^p im Inneren des THALES-Kreises über dem Bild der Hypotenuse: Wenn kein Schenkel des rechten Winkels Hauptlinie ist, ist das Bild kein rechter Winkel.
Dreht man dagegen ΔABC um eine Kathete, etwa (AC), so dreht sich (BC) in der Projektionsebene von (BC). Das Maß des rechten Winkels bleibt in diesem dritten Fall unverändert, solange (BC) nicht projizierend wird. ■

Um herauszufinden, was das Bild einer Kugel bei Parallelprojektion ist, denken wir (als Gedankenstütze) durchaus im Modell des Schattens bei Sonnenlicht, formulieren aber gleich allgemein mathematisch. Es gilt

> **Satz 2.7:** Das Bild einer Kugel ist bei schiefer Parallelprojektion eine (echte) Ellipse, bei Normalprojektion ein Kreis.

Beweis: Die Projektionsstrahlen können an der Kugel vorbeigehen, die Kugel treffen oder die Kugel gerade berühren. Alle solche Berührpunkte zusammen bilden (wegen der Drehsymmetrie der Kugel, Drehachse ist der Projektionsstrahl durch den Kugelmittelpunkt) einen Kreis mit dem Mittelpunkts-Projektionsstrahl als Achse. Dieser Kreis ist der **wahre Umriss** der Kugel. Die Projektionsstrahlen des wahren Umrisses stehen auf der Kreisebene senkrecht, erzeugen also einen Drehzylinder mit dem wahren Umriss als Leitkreis. Das Bild der Kugel ist das Bild des wahren Umrisses. Es heißt **scheinbarer Umriss**. Das ist der Schnitt der Bildebene mit dem Projektionszylinder. Um zu erkennen, was der scheinbare Umriss ist, nutzen wir die Aussagen über Streckenlängen.

Bei Normalprojektion ist die Bildebene senkrecht zu den Projektionsstrahlen und daher parallel zur Ebene des wahren Umrisses. Diese Ebene ist also Hauptebene, und somit ist der scheinbare Umriss in diesem Fall ein Kreis.

Bei schiefer Parallelprojektion gibt es genau einen Kreisdurchmesser, der auf einer Hauptlinie liegt. Er liegt auf der Schnittgeraden der Kreisebene mit der Parallelebene zur Bildebene durch den Kreismittelpunkt. Dieser Kreisdurchmesser wird somit unverzerrt abgebildet. Wir betrachten nun die darauf senkrecht stehenden Kreissehnen, die alle zueinander parallel sind. Die zueinander parallelen Sehnen werden bei Parallelprojektion mit demselben Maßstabsfaktor $k > 0$ verlängert. Da für den Maßstabsfaktor $k \neq 1$ gilt, ergibt sich so eine (echte – von einem Kreis verschiedene) Ellipse. ■

Beispiel 2.13: Das Bild einer Kugel bei schiefer Parallelprojektion auf eine Ebene

Wir wollen das Bild einer Kugel bei schiefer Parallelprojektion wirklich konstruieren. Die Bildebene sei π. Die Projektionsstrahlen sind (z. B.) mit $\alpha = 30°$ gegen π geneigt. Die Ebene ν ist senkrecht auf π und enthält den Projektionsstrahl des Kugelmittelpunkts. Fig. 2.23 a zeigt den Normalriss der räumlichen Situation auf ν. Dort sehen wir α unverzerrt. Der Kugeldurchmesser, der senkrecht ν verläuft (projizierend bei Normalprojektion auf ν, auf einer Hauptlinie bei Parallelprojektion auf π) wird unverzerrt abgebildet. Der zur Projektionsrichtung senkrechte Kugeldurchmesser in ν wird auf eine Strecke auf $\nu \cap \pi$ abgebildet, deren Länge wir berechnen können. Der Figur entnehmen wir für die Länge die Gleichung $r^p = \frac{r}{\sin\alpha}$. Mit $r = a$ und $r^p = b$ nennen wir $\frac{b}{a} = \frac{1}{\sin\alpha} = k$.

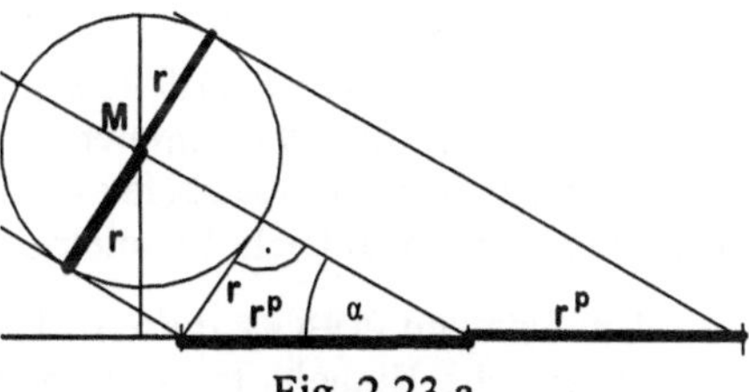

Fig. 2.23 a

Um die Gleichung dieses Kugelbildes zu finden, nutzen wir aus, dass im Raum zueinander parallele Strecken alle mit dem Maßstabsfaktor k verlängert werden. Der Ausgangskreis in Fig. 2.23 b hat im dort angegebenen Koordinatensystem die Gleichung $x^2 + y^2 = a^2$. Mit $y_p = k \cdot y$ und $x_p = x$ erhält man $b^2x^2 + a^2y^2 = a^2b^2$ als Gleichung für das Bild (wieder x und y statt x_p und y_p geschrieben). Es ist tatsächlich eine Ellipse.

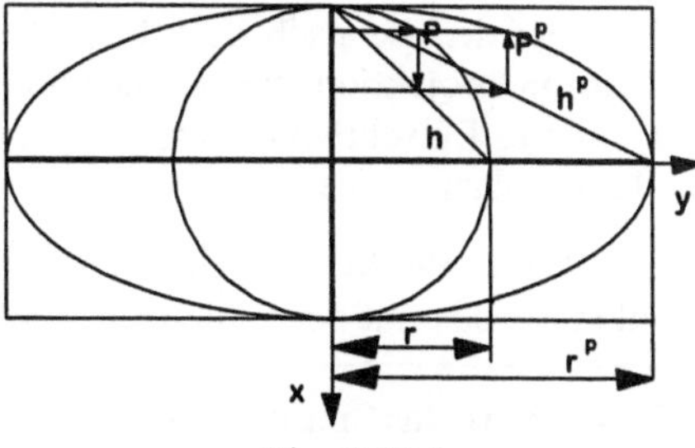

Fig. 2.23 b

Wenn gleiche Streckenverhältnisse vorkommen, kann man das immer mit Hilfe einer Strahlensatzfigur konstruktiv erfassen. Zuerst zeichnen wir in Fig. 2.23 b die Bilder der beiden Kugeldurchmesser, deren Längen r und r^p wir kennen. Die Verbindungen ihrer Endpunkte mit einem Randpunkt des Kreises sind die Hilfsgeraden h und h^p. Bis zu h werden die Längen der Sehnen, bis h^p dann die Längen ihrer Bilder abgetragen. Für einen Punkt P zeigt Fig. 2.23 b die Konstruktion des Bildpunkts: Man überträgt die Länge der Halbsehne auf h, verändert die Länge, indem man zu h^p übergeht, und überträgt diese neue Länge zurück auf die Halbsehne, von der man das Bild des Endpunkts sucht, zu P^p. So kann man punktweise die Ellipse konstruieren, die in Fig. 2.23 b eingezeichnet ist.

Aufgabe 2.7: Axonometrie ist eine formale Abbildungsvorschrift, Parallelprojektion ein anschauliches Abbildungsverfahren. Eine sachliche Verbindung gibt es bis jetzt noch nicht. Dennoch kann man bei einem Kavalierriss überlegen, ob er das Ergebnis einer Parallelprojektion (Normalprojektion) sein könnte. Ist es so?

Aufgabe 2.8: In einem Schulbuch werden ein Würfel und eine Kugel in einem Bild wie in Fig. 2.24 dargestellt. Kann es sich um eine (gemeinsame) Parallelprojektion beider Körper handeln?

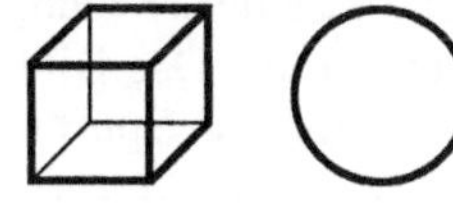
Fig. 2.24

2.2.5 Der Zusammenhang zwischen Parallelprojektion und Axonometrie

In 2.1 haben wir die Axonometrie als abstrakten Algorithmus kennen gelernt, mit dem wir leicht ebene Bilder räumlicher Objekte zeichnen konnten. Mit der Parallelprojektion kennen wir ein anschauliches Verfahren, das aber nicht zu einer Konstruktion führt. Die Eigenschaften der Abbildungsverfahren, etwa Parallelentreue und Teilverhältnistreue, stimmen aber überein. Dies ist kein Zufall. Es gilt vielmehr der (hier nicht bewiesene)

> **Satz 2.8 (Satz von POHLKE)[8]:** Das axonometrische Bild eines Objekts ist ähnlich zu einem bestimmten Parallelriss des Objekts.

Um ein axonometrisches Bild zu zeichnen, wählt man ein ebenes Dreibein, das Verhältnis $e_x : e_y : e_z$ der drei Einheitsstrecken und eine Einheitsstrecke. Der Satz von POHLKE sagt aus, dass bei richtiger Wahl der Einheitsstrecke dieses axonometrische Bild eines Gegenstands mit seinem Parallelriss in einer bestimmten Richtung übereinstimmt. Da viele Gegenstände ohnedies immer in einem Maßstab verkleinert gezeichnet werden müssen, spielt dieser Maßstabsfaktor für die Anschaulichkeit der Bilder keine Rolle. Somit können wir also leicht Parallelrisse als axonometrische Bilder konstruieren.

Nach dem Satz von POHLKE dürfen wir nämlich für ein axonometrisches Bild ein ebenes Dreibein und die Einheitsstrecken darauf fast ohne Einschränkung wählen. Wenn wir aber – besonders im Hinblick auf die Abbildung von Kugeln – eine Axonometrie haben wollen, bei der die nach dem POHLKE-Satz existierende zugehörige Parallelprojektion eine Normalprojektion ist (man nennt eine solche Axonometrie eine **normale Axonometrie**), gibt es Einschränkungen. Um zu günstigen Dreibeinen zu kommen, überlegen wir im Raum folgendermaßen:

Uxyz ist das räumliche Dreibein. X, Y und Z sind die Durchstoßpunkte der gleich benannten Achsen mit der Bildebene. ΔXYZ heißt das **Spur(punkte)dreieck**. Nun gilt

> **Satz 2.9: a)** Das Spurdreieck XYZ eines räumlichen Dreibeins Uxyz ist spitzwinklig.
> **b)** Die Normalrisse der Koordinatenachsen sind die Höhen, der Normalriss U^n des Ursprungs U ist der Höhenschnittpunkt des Spurdreiecks.

Beweis: a) Geht man im Raum von den Spurpunkten X und Y aus und dreht in Gedanken das räumliche Dreibein um (XY), so wandern U auf einem Kreis, dessen Achse (XY) ist, Z in der Ebene dieses Kreises auf einem Lot zu (XY). Z kann aber niemals ins Innere des THALES-Kreises über $\overline{XY}$ gelangen. Der Winkel bei Z ist also spitz. Analog überlegt man, wenn man X und Z bzw. Y und Z festhält, für die Winkel bei Y bzw. bei X.

b) Wir denken uns eine Parallele g zu (XY) durch Z. Die z-Achse ist senkrecht (und windschief) zu (XY) und damit senkrecht zu g. Da g in π liegt und deshalb Hauptlinie ist, muss dieser rechte Winkel (nach Satz 2.6) bei Normalprojektion unverzerrt abgebildet werden. Das Bild der z-Achse geht durch Z und ist senkrecht zu g und (XY), ist also eine Höhe im Spurpunktedreieck. Dies gilt analog auch für die x- und die y-Achse. ■

[8] K. W. POHLKE, 1810 – 1876, Landschaftsmaler, später Professor für Darstellende Geometrie in Berlin.

Beispiel 2.14 zum räumlichen Denken beim Beweis von Satz 2.9

Was geschieht im Raum, wenn man das räumliche Dreibein Uxyz um die Spurgerade (XY) in der Bildebene dreht? Kann man die Annahmen aus dem Beweis wirklich immer machen? Um das zu klären, überlegen wir in mehreren Stufen.

➢ Müssen die x-, y- und z-Achse die Bildebene π immer in einem Dreieck schneiden?

Es könnte sein, dass eine oder zwei der Achsen parallel zu π sind und es könnte sein, dass nur der Punkt U in π liegt. In allen drei Fällen gibt es kein Spurdreieck. Diese Ausartungsfälle können unberücksichtigt bleiben, denn darüber wird nichts ausgesagt.

➢ Müssen dann immer die positive x-, y- und z-Achse die Ebene π schneiden?

Das ist nicht der Fall. An den geometrischen Überlegungen ändert sich aber nichts, weil hier rein geometrisch mit Geraden, nicht mit Koordinaten überlegt wird.

➢ Wie ist die geometrische Anordnung genau, wenn ein Spurdreieck existiert?

Das Dreieck ΔXYU ist rechtwinklig mit dem rechten Winkel bei U. In diesem Dreieck ergänzen wir in Gedanken die Höhe $\overline{UH}$. (UH) steht in H senkrecht auf (XY). Damit liegt (UH) in der Ebene ν, die von den in H senkrecht auf (XY) stehenden Geraden aufgespannt wird: ν ist die Normalebene von (XY) durch H. Vgl. dazu Fig. 2.25, die die räumliche Anordnung erläutert.

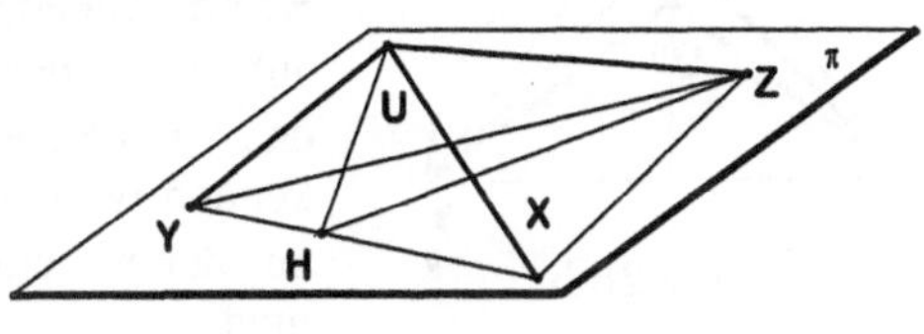

Fig. 2.25

➢ Was geschieht, wenn man die Ebene (XYU) um (XY) dreht?

Dreht man nun die Ebene (XYU) um (XY), so dreht sich (HU) in ν. Wenn die Ebene (XYU) mit π zusammenfällt (wir betrachten dies als Grenzfall und bezeichnen ihn mit dem Zeiger ^{g}), dann steht in dieser Grenzlage die gedrehte Lage der z-Achse (ZU) im in die Ebene π gedrehten Punkt U^g senkrecht auf π, Z fällt mit U^g zusammen. Z kann also bei dieser Drehung nie näher bei der Geraden (XY) liegen als diese gedrehte Lage U^g von U bzw. die dazu symmetrische auf der anderen Seite von (XY).

➢ Wo kann U bei festem X und Y liegen?

U liegt auf dem THALES-Kreis über $\overline{XY}$, weil bei U ein rechter Winkel ist. Betrachtet man nun Drehungen der Ebene (XYU) um (XY), so erzeugt dieser (THALES-)Kreis eine Kugel mit Durchmesser $\overline{XY}$, auf der alle Lagen von U liegen. Diese Kugel schneidet π wieder in einem (THALES-)Kreis mit Durchmesser $\overline{XY}$. Deshalb kann Z nicht im Inneren dieses THALES-Kreises (wohl aber im Grenzfall auf dem Rand) liegen.

➢ Der Normalriss der z-Achse ist senkrecht zu g. Warum und warum auch zu (XY)?

Es gilt g || (XY), g ist Hauptlinie. Die z-Achse ist senkrecht zu g und nicht projizierend.

Aus Satz 2.9 folgt unmittelbar eine Aussage über die Winkel zwischen den Achsen bei Normalprojektion. Es gilt

Satz 2.10: Die Normalrisse der die Bildebene schneidenden Halbachsen eines rechtwinkligen Koordinatensystems schließen miteinander stumpfe Winkel ein.

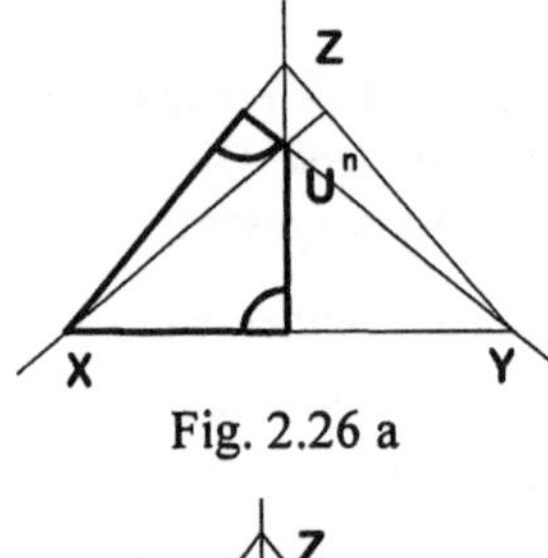

Fig. 2.26 a

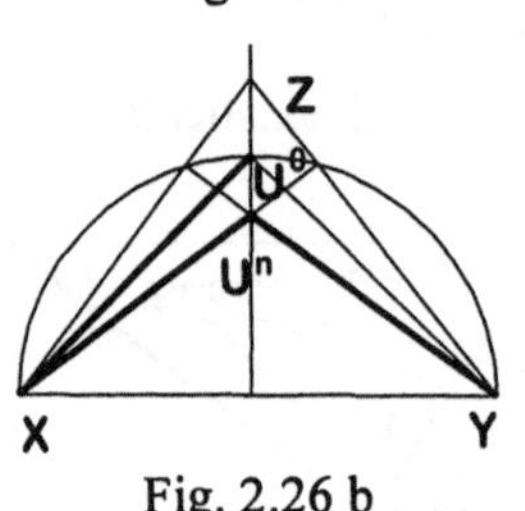

Fig. 2.26 b

Beweis: In Fig. 2.26 a ist beim Durchstoßpunkt X ein Viereck hervorgehoben, bei dem die Gegenecke von X das Bild U^n von U ist. Die zwei gekennzeichneten Winkel sind rechte Winkel, messen also je 90°. Wegen der Winkelsumme im Viereck ist damit der Winkel bei U^n stumpf, wenn der Winkel bei X spitz ist. Analog schließt man bei den anderen Winkeln. ΔXYZ ist aber spitzwinklig. ■

Um noch eine Aussage über die Verzerrungsfaktoren auf den drei Achsen zu erhalten, betrachten wir die Ebenenbüschel mit den Spurgeraden als Trägergeraden. Das (im Raum liegende, dort rechtwinklige) ΔXYU wird abgebildet auf das (in der Bildebene liegende, aber verzerrte) ΔXYU^n, das wir kennen. Wenn wir die wahren Maße von ΔXYU kennen würden, könnten wir auch die Verzerrungsfaktoren auf der x^n- und y^n- (und analog auf der z^n-)Achse bestimmen.

Diese wahre Gestalt kann man aber leicht ermitteln. $\overline{XY}$ liegt in der Bildebene, ist also unverzerrt. Bei U ist ein rechter Winkel. Wir drehen die Ebene (XYU) um (XY) als Büschelachse in die Bildebene. Die gedrehte Lage U^0 liegt auf dem THALES-Kreis über $\overline{XY}$ und auf dem Bild des Bahnkreises. Dieser ist senkrecht auf der Bildebene, wird also auf eine Strecke abgebildet. Außerdem ist $\overline{XY}$ seine Achse, die Bildstrecke ist demnach senkrecht zu $\overline{XY}$. Damit kann man U^0 ermitteln. Zusammen mit X und Y liegt das Koordinatensystem der x-y-Ebene in wahrer Gestalt vor. Man kann insbesondere die Einheitsstrecken auf den Achsen U^0X und U^0Y abtragen. Die Endpunkte der Einheitsstrecken (Einheitspunkte) kann man dann wieder auf entsprechenden (als Strecken dargestellten) Kreisen zurückdrehen und erhält so die Einheitspunkte auf der x^n- und y^n-Achse. Analog überlegt man für die Spurgerade $\overline{YZ}$ oder $\overline{XZ}$ und erhält so auch die Verzerrung auf der z^n-Achse.

Damit ist – hier allerdings nur sehr knapp – gezeigt, dass man für eine Normalaxonometrie die Koordinatenachsen nur eingeschränkt wählen kann und dass sich die Längen der Einheitsstrecken auf den Achsen der Axonometrie eindeutig bestimmen lassen: Das Koordinatendreibein darf nur stumpfe Winkel einschließen und das Spurpunktedreieck hat den Koordinatenursprung U^n als Höhenschnittpunkt. Damit liegt es bis auf eine Ähnlichkeit fest. Die Verzerrungen auf den drei Achsen lassen sich danach eindeutig konstruieren. Die Einheitspunkte sind somit – wieder bis auf eine eventuelle Ähnlichkeit – eindeutig bestimmt.

Zwar kann man das Koordinatensystem für einen Normalriss wie angegeben konstruieren, doch ist dies offensichtlich nicht so einfach wie bei den Angaben für eine beliebige Axonometrie, insbesondere wie für einen Kavalier- oder Militärriss. Es ist deshalb zweckmäßig, Standardbeispiele für Koordinatensysteme zu kennen, die zu einer Normalprojektion gehören. Zwei wichtige Beispiele sollen genannt werden.

Beispiel 2.15: Koordinatensysteme, die zu Normalprojektionen gehören.

a) Das Koordinatensystem nach DIN 5 aus Fig. 2.9 (eine spezielle Dimetrie) gehört zu einer Normalprojektion.

b) Eine Isometrie, bei der die Achsen je einen Winkel von 120° miteinander bilden, gehört zu einer Normalprojektion. Sie ist ebenfalls in DIN 5 festgelegt.

Auf eine Begründung, dass die Dimetrie nach DIN 5 zu einer Normalprojektion gehört, wollen wir hier verzichten.

Für die genannte Isometrie mit den Achsenwinkeln 120° überlegen wir folgendermaßen:

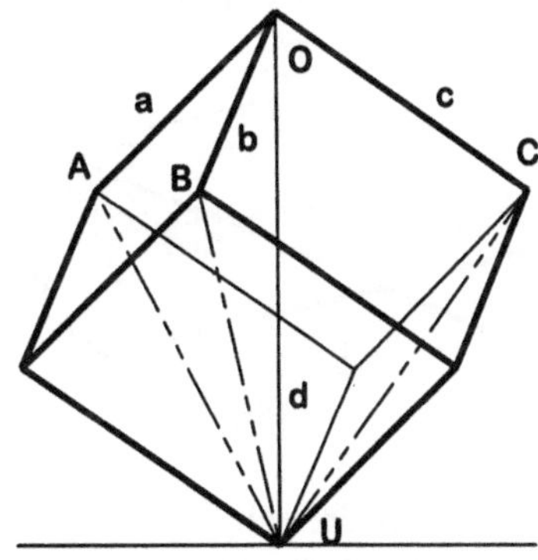

Fig. 2.27

Wir denken uns einen Würfel mit einer Normalprojektion in Richtung einer (z. B. vertikalen) Raumdiagonale d auf eine darauf senkrechte (dann horizontale) Ebene ε projiziert. Fig. 2.27 zeigt die beschriebene Anordnung in einem Bild. Von der oberen Würfelecke O gehen insgesamt drei Würfelkanten a, b und c aus, die in dieser Reihenfolge die zweiten Endpunkte A, B und C haben. Die drei Dreiecke ΔOUA, ΔOUB und ΔOUC sind zueinander kongruent. Die drei Würfelkanten a, b und c sind also gleich gegen d und damit auch gleich gegen die horizontale Bildebene ε geneigt. Aus dem Beweis von Satz 2.5 c ergibt sich dann sofort, dass die Bilder der drei Würfelkanten in ε gleich lang sind: Bezeichnet man den Neigungswinkel der Würfelkanten gegen die Bildebene ε mit α, so ist die Länge der Projektionen jeweils $|\overline{OA}| \cdot \cos\alpha$. Die Verzerrungsfaktoren auf den als Achsen genommenen Würfelkanten sind alle gleich, die hier beschriebene Normalprojektion des Würfels in Richtung der Raumdiagonalen d ist also eine Isometrie.

Nun betrachten wir das Dreieck ΔABC. Es ist offensichtlich gleichseitig. Die Dreiecksseiten sind parallel zu ε und daher Hauptlinien, werden also unverzerrt abgebildet. Das Bild von O liegt nach den vorausgegangenen Überlegungen gleich weit von den Bildern von A, B und C entfernt, muss also der Umkreismittelpunkt dieses gleichseitigen Bilddreiecks sein. Die Verbindungslinien des Umkreismittelpunkts eines gleichseitigen Dreiecks mit den Ecken schließen aber Winkel ein, die 120° messen.

Damit ist begründet, dass man einen Würfel mit einer Normalprojektion derart abbilden kann, dass eine Isometrie entsteht, bei der die Achsen Winkel von 120° einschließen. Umgekehrt kann man jedes solche Koordinatensystem (Ursprung, Einheitspunkte) als Bild eines Würfels geeigneter Größe interpretieren.

2.2.6 Kotierte Projektion

Die Parallelprojektion eines räumlichen Objekts auf eine Ebene ist sicher nicht bijektiv. Alle Punkte auf einem Projektionsstrahl haben den gleichen Bildpunkt. So ist z. B. der Normalriss eines Würfels auf eine seiner Begrenzungsebenen ein Quadrat. Hätte es sich um eine quadratische Säule mit anderer Höhe gehandelt, wäre das Bild das gleiche Quadrat gewesen. An diesem Problem lässt sich prinzipiell nichts ändern.

Aber auch dann, wenn es auf einem Projektionsstrahl nur einen einzigen Urpunkt gibt, weil z. B. eine (nicht projizierende) Ebene durch Normalprojektion auf die Bildebene abgebildet werden soll, kann man aus dem Bild eines Punktes allein nicht auf seine Lage im Raum zurück schließen, weil das Bild zu wenig Information enthält. Das gilt – eine Dimension niedriger – auch bei der Normalprojektion einer Geraden g, die die Bildebene schief trifft. Man kann als Zusatzinformation z. B. den Durchstoßpunkt S mit der Bildebene und von einem weiteren Punkt P seinen Abstand von der Bildebene angeben. In den meisten Fällen wählt man die Bildebene horizontal. Der Abstand eines Punktes von der Bildebene π ist dann anschaulich seine Höhe über (oder auch unter) der Bildebene π. Diese Situation ist in Fig. 2.28 dargestellt. Die Gerade g durchstößt die Bildebene π in S.

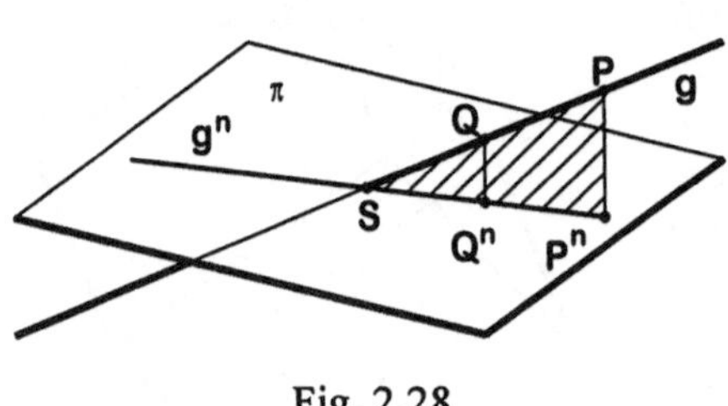

Fig. 2.28

Der Normalriss g^n mit den Bildern von S (= S^n), P und Q ist gegeben. Man kann nun also in dem Normalriss die Höhe von P über P^n angeben. Damit sind für die ganze Gerade alle Angaben vorhanden.

Das eingezeichnete ΔSP^nP bestimmt die Lage von g im Raum – das Dreieck stützt die Gerade sozusagen. Deshalb wird es wieder Stützdreieck genannt.

Dieses Stützdreieck liegt in einer projizierenden Ebene (sie steht senkrecht auf der horizontal gedachten Bildebene π). Die Fig. 2.28 zeigt deutlich, dass in dieser Ebene alle Informationen zur Abbildung von Punkten auf g ablesbar sind. So ist es auch denkbar, statt des Stützdreiecks SP^nP ein **Stütztrapez**, etwa Q^nP^nPQ, zu nehmen. Für Anwendungen ist das Dreieck meist bequemer, sofern S auf dem Zeichenblatt zugänglich ist.

Eine solche Normalprojektion einer Geraden wird nun zur **kotierten Projektion**, der Normalriss zum **kotierten Normalriss**, wenn man jedem Bildpunkt (in der Figur nicht durchgeführt) in Klammer oder auf andere eindeutige Weise seine **Höhenkote**[9] zuordnet.

In Fig. 2.28 müsste also bei P^n noch $|PP^n|$ (analog bei Q^n) angegeben sein. Wie bei einer Geraden kann man auch bei einer Ebene ε Höhenkoten einführen. Bei einer Ebene ist es besonders zweckmäßig, als eine der Angaben ihre Schnittgerade s mit der Bildebene π (die **Spur** der Geraden in π in Höhe 0) zu nehmen. Zur Spur parallel verlaufen die Schnittgeraden von ε mit Parallelebenen zur Bildebene (zu Hauptebenen), die demnach Hauptlinien sind. Man bezeichnet ihre Bilder als **Höhenlinien**. Wählt man speziell Parallelebenen mit untereinander gleichen Höhenabständen, so entsteht auf ε eine äquidistante (gleichabständige) Parallelenschar.

[9] Kote (*französisch*): Geländepunkt einer Karte, dessen Höhe genau vermessen ist.

Beispiel 2.16: Wir wollen an einem Sheddach konkret überlegen, wie die Höhenlinien verlaufen. Zur Unterstützung dieser Überlegungen kann man sich ganz auf die Vorstellung, auch auf eine Zeichnung oder auf ein aus Karton gebautes Modell beziehen. Hier ist für die Modell-Lösung formuliert. Das Modell ist 12 cm lang. Die steiler geneigte Dachfläche soll 5 cm breit und 75° gegen die Horizontalebene geneigt sein, die flacher geneigte Dachfläche soll 10 cm breit sein.

Um das Modell bauen zu können, schneidet man die Rechtecke, die die Dachflächen bilden, aus Karton aus und klebt sie mit Klebeband so zusammen, dass dort der First entsteht. Um die geforderten 75° einhalten zu können, ist es zweckmäßig, ein Giebeldreieck (oder besser zwei – beim Sheddach nicht gleichschenklig!) als Stützdreieck(e) zu nehmen. Man kann die Giebeldreiecke aus den Maßen eindeutig konstruieren. Das Ergebnis ist in Fig. 2.29 zu sehen.

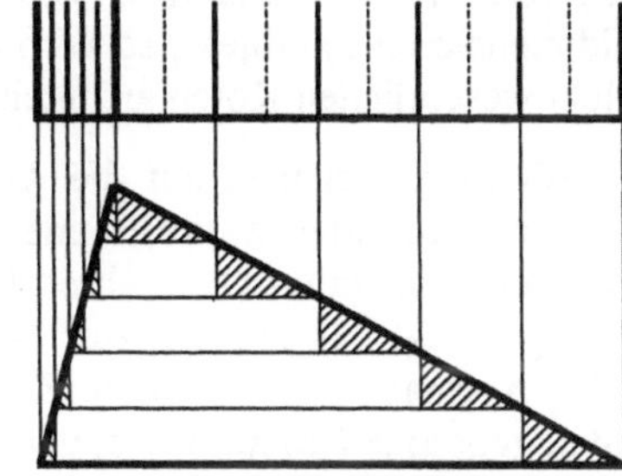

Fig. 2.29

Dort sind links noch fünf zueinander kongruente kleine schraffierte Dreiecke eingezeichnet. Sie haben alle die Höhe (cos 15°) cm und können als Stützdreiecke für 1 cm breite „Dachpappe"-Streifen gedeutet werden, die auf die steile Seite des Sheddachs geklebt werden könnten. Jede lange Randlinie dieser Rechtecksstreifen hätte – die schraffierten Stützdreiecke zeigen das – überall gleiche Höhe über der Grundebene des Dachs: Es wären zueinander parallele Höhenlinien. Dies ist (aus Platzgründen nach oben abgeschnitten – die Länge 12 cm wird nicht voll gezeichnet) in Fig. 2.29 oben dargestellt. Die dünnen Verbindungslinien deuten an, wie die Streifenränder am großen Giebeldreieck angeklebt werden.

Für die gleichen Höhenstufen sind rechts ebenfalls zueinander kongruente „Stützdreiecke" schraffiert. Die entsprechenden Höhenlinien sind nach oben übertragen. Man erkennt deutlich, dass beim flacher geneigten Dachstück die Höhenlinien zu gleichen Höhendifferenzen deutlich weiter auseinander liegen als beim steil geneigten Dachstück. Denkt man wieder an 1 cm breite „Dachpappestreifen", muss man (die gestrichelten Linien deuten das an) hier immer zwei Streifen zwischen zwei Höhenlinien verlegen.

Aufgabe 2.9: Übertragen Sie die Überlegungen aus Beispiel 2.16 auf ein Satteldach, bei dem die 5 cm breiten Dachflächen beide 60° (45°, α) gegen die Dachgrundebene geneigt sind. Zeichnen Sie für 60° und 45° je einen kotierten Normalriss (Höhenstufen von der Grundebene aus je 1 cm) des Satteldachs auf seine Grundebene. Vergleichen Sie die beiden Zeichnungen und überlegen Sie, wie die Zeichnung für $0° < \alpha < 90°$ aussähe.

Beispiel 2.17: Die aus dem Alltag bekannteste Anwendung der kotierten Projektion ist die Darstellung einer Landschaft auf einer Landkarte mit Höhenlinien. Beschränkt man sich auf einen nicht zu großen Bereich, kann man die Landkarten-Darstellung als Normalriss der Landschaftsoberfläche auf eine horizontale Ebene deuten. Punkte gleicher Höhe (z. B. immer ganze Zehnerzahlen in m) werden miteinander verbunden. Wenn diese Höhenlinien dicht beieinander liegen, verläuft der Boden steil, sind die Linien dagegen weiter auseinander, so verläuft das Gelände dort flach. Der Zusammenhang mit den vorher erwähnten Hauptlinien einer Ebene (es sind Höhenlinien) ist offensichtlich.

2.3 Zwei- und Mehrtafelprojektionen

2.3.1 Zwei Normalrisse in der Aufnahmesituation und in der Bildebene

Für eine Gerade ist die kotierte Projektion absolut ausreichend. Auch bei einer Ebene sind im Prinzip sämtliche Informationen vorhanden. Wird ein Objekt in der Ebene aber komplizierter oder handelt es sich gar um ein nicht in einer Ebene liegendes (um ein dreidimensionales) Objekt, so wird es sehr mühsam (schließlich unmöglich), alle für das Objekt wesentlichen Koten anzugeben.

Deshalb verzichtet man auf die Angabe von Höhenkoten und nimmt stattdessen einen Normalriss auf eine zweite Ebene (zweite Tafel) hinzu, die zur ersten Rissebene senkrecht steht. Im Raum (Aufnahmesituation) sind so für die Punkte einer Geraden –wird behauptet, und das muss später belegt werden – alle notwendigen Angaben in diesen beiden Normalrissen enthalten. Zwei Normalrisse auf zueinander orthogonalen Ebenen heißen **gepaarte Normalrisse**, und solche gepaarten Normalrisse betrachten wir weiter.

Bei der Lage der Ebenen, in denen die gepaarten Normalrisse liegen, ist es nahe liegend, in Gedanken ein Koordinatensystem so einzuführen, dass eine Achse in der Schnittgeraden der beiden Ebenen liegt. Diese Koordinatenachse ist beiden gepaarten Normalrissen gemeinsam, und die Koordinaten auf ihr stimmen für beide Normalrisse überein. Im Ursprung dieser Achse steht in der jeweiligen Ebene die andere Achse auf der gemeinsamen Achse senkrecht. Die Achsen wählen wir so orientiert, dass ein Rechtsdreibein entsteht. So haben wir ein Koordinatensystem ergänzt, das z. B. auch für ein axonometrisches Bild nötig wäre. Die Situation im Raum ist damit gut beschreibbar.

Für die zeichnerische Auswertung übernehmen wir die beiden Normalrisse (oder Kopien davon) in die Zeichenebene. Im Prinzip dürfen wir sie in der Zeichenebene legen, wie wir wollen. Da es aber die Konstruktionen vereinfacht, wenn die gemeinsamen Koordinaten (auf der in der Aufnahmesituation doppelt vorkommenden Achse) nur einmal mit dem Maßstab abgetragen werden müssen, legen wir sie so in die Zeichenebene, dass man die gemeinsamen Koordinaten durch Parallelen zur jeweils anderen Achse leicht zeichnen kann. In dieser Lage sagt man, die Normalrisse haben **zugeordnete Lage**, man nennt diese Risse deshalb **zugeordnete Normalrisse**.

Bei dieser Überlegung wurden die gepaarten Normalrisse einzeln ausgeschnitten und in die Bildebene gelegt. Dies ist in der Darstellenden Geometrie, in der weiterführende Konstruktionen durchgeführt werden, oft wichtig. Für einfache Anwendungen kann ein Zugang als Gedächtnisstütze hilfreich sein, den man **MONGE'sche Drehung**[10] nennt. Man denkt sich dabei die beiden Risse in der Aufnahmesituation gegeben. Der erste Riss wird – räumlich gekoppelt mit dem zweiten Riss – in die Zeichenebene gelegt. Dann wird der zweite Riss um die Schnittgerade der beiden Rissebenen durch 90° in die Zeichenebene gedreht (umgeklappt). Wir werden diese Drehung im nächsten Abschnitt konkret für Überlegungen nutzen. Der Vorteil dieser Überlegung ist die Anschaulichkeit – wenn man sich die Transformation in die Zeichenebene vorstellen kann. Der Nachteil ist, dass die beiden Risse einen festen Abstand voneinander haben, der auch dann nicht verändert werden kann, wenn die beiden Risse einander in der Bildebene überlappen.

[10] GASPARD MONGE, 1746 – 1818, französischer Mathematiker, Begründer der Darstellenden Geometrie.

Ohne die Begriffe zu kennen, wurden bei Beispiel 2.16 und Aufgabe 2.9 schon gepaarte Normalrisse verwendet. Die kotierte Projektion eines Dachs auf die Dachgrundebene ist ein Normalriss und die Stützdreiecke liegen in dazu senkrechten Ebenen. Auch eine Zuordnung zwischen den beiden Normalrissen wurde dort schon angedeutet, weil durch dünne Linien angegeben war, wie sich die Höhenlinien vom Stützdreieck auf die Dachebenen übertragen. Aber diese Zuordnung war nicht in der Form, wie sie die MONGE'sche Drehung vorschreiben würde. Dennoch waren es durchaus zugeordnete Normalrisse, weil alle konstruktiven Hilfsmittel nutzbar waren. Wegen der Anschaulichkeit der MONGE'schen Drehungen werden wir künftig zugeordnete Normalrisse aber meist in der Lage verwenden, die auch zu einer MONGE'schen Drehung gehört.

Im Alltag werden MONGE'sche Drehungen oft genutzt, weil dieser Gedanke sozusagen „selbsterklärend" ist. Dies soll an einigen Beispielen deutlich gemacht werden.

Beispiel 2.18: Alltagsbeispiele für MONGE'sche Drehungen
a) Gebäudepläne werden meist am Eingang eines großen Gebäudes so angebracht, dass der Besucher den an der Wand angebrachten Plan mit der Wand in Gedanken nach vorne drehen und auf den Boden legen müsste, um den verkleinerten Grundriss des Hauses in richtiger Lage vor sich zu haben. Der Standpunkt des Besuchers ist in der Regel eingezeichnet.
b) Stadtpläne werden, etwa am Ausgang von Bahnhöfen, meist ebenso angebracht wie die Gebäudepläne. Diese Anordnung erleichtert es den Besuchern, sich in der Stadt zurechtzufinden. Der Standort ist bei solchen Plänen oft etwa in der Mitte, um die ganze Umgebung des Bahnhofs darzustellen.
Ein Problem bei dieser Art der Darstellung ist aber, dass dabei oft gegen die Landkarten- (und Stadtplan-)Konvention, die Nordrichtung genau nach oben zu orientieren, verstoßen wird. Deshalb findet man auf solchen Plänen oft einen „Norden"-Pfeil, der dann (dementsprechend) meist schräg verläuft.
c) Figur 2.30 zeigt eine Auswahl von Verkehrszeichen, die nicht rein aus dem Gedächtnis mit Bedeutung versehen werden müssen, sondern bei denen eine MONGE'sche Drehung zu einer klaren geometrischen Aussage führt. Es sind dies die Verkehrszeichen

Fahrbahnverengung

Sackgasse

rechts abbiegen

Vorfahrt

abknickende Vorfahrt

Fig. 2.30

Aufgabe 2.10: Kreuzung mit „abknickender Vorfahrt"
An einer Straßenkreuzung (vgl. Fig. 2.31 a) sehen Sie bei A das Verkehrsschild „abknickende Vorfahrt" so, wie es in Fig. 2.31 b dargestellt ist. Wie sieht man an den Ecken B, C und D das entsprechende Verkehrsschild?

Hinweis: Man findet die Antwort leicht, wenn man in Gedanken zwei geeignete MONGE'sche Drehungen koppelt.

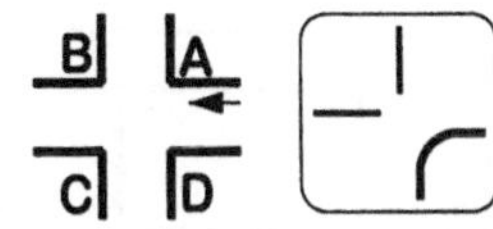

Fig. 2.31 a Fig. 2.31 b

2.3.2 Beispiel für eine Zwei- und eine Dreitafelprojektion

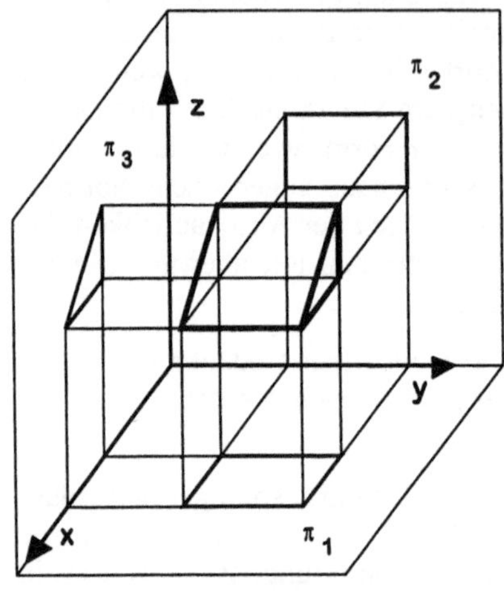

Fig. 2.32

Ein Objekt – zum Beispiel eine Dreikantsäule – wird wie bei der Axonometrie in ein räumliches Koordinatensystem eingebettet. Diese Situation ist in Fig. 2.32 im axonometrischen Bild dargestellt. Der Axonometrie-Zeiger (Exponent s oder p) ist zur Vereinfachung weggelassen.

Zunächst betrachten wir die y-Achse und die Normalprojektionen in die x-y-Ebene π_1 und in die y-z-Ebene π_2. Das sind gepaarte Normalrisse, weil diese Ebenen aufeinander senkrecht stehen. Der Zusammenhang zwischen den Rissen, bei denen die Rissebenen eine gemeinsame Koordinatenachse haben, ist in der Fig. 2.32 erkennbar.

Die Normalrisse in π_1 und π_2 in Fig. 2.32 wären auch Rechtecke, wenn der Körper ein Quader wäre. Erst der Normalriss in die Ebene π_3 macht den Unterschied deutlich. Wir werden auf diesen Umstand noch zurückkommen.

Diese Überlegungen sind Anlass für die

Definition 2.3: Der Normalriss in der x-y-Ebene, der **Grundrissebene** π_1, heißt **Grundriss**. Der Normalriss in der y-z-Ebene, der **Aufrissebene** π_2, heißt **Aufriss**. Der Normalriss in der x-z-Ebene, der **Kreuzrissebene** π_3, heißt **Kreuzriss**. Man bezeichnet die Bildpunkte eines Punktes P statt mit Projektionszeigern 1, 2 oder 3 im Grundriss mit P', im Aufriss mit P" und im Kreuzriss mit P"'.

Diese Risse sind in Fig. 2.32 im axonometrischen Bild der Raumanordnung (in „Aufnahmesituation") gezeichnet. Wirklich hilfreich für Konstruktionen sind sie erst, wenn man diese Risse in zugeordneter Lage in der Ebene zeichnet, in der dann weiter konstruiert werden kann.

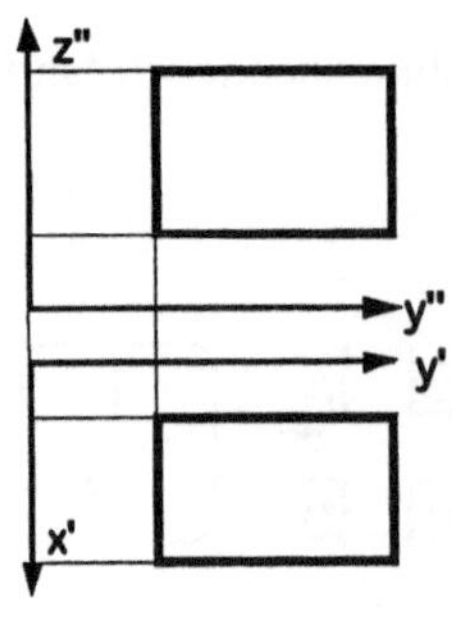

Fig. 2.33

Oft nimmt man zunächst einmal nur zwei solche Normalrisse und spricht dann von einer **Zweitafelprojektion**. Am häufigsten verwendet man Grund- und Aufriss. Fig. 2.33 zeigt diese beiden Risse in zugeordneter Lage. Die y'- und die y"-Achse sind derart parallel zueinander gezeichnet, dass die gemeinsamen y-Koordinatenwerte genau senkrecht übereinander liegen. Frei wählbar ist der Abstand, den die y'- und die y"-Achse voneinander haben.

Analog könnte man statt Grund- und Aufriss auch Grund- und Kreuzriss oder Auf- und Kreuzriss auswählen und in zugeordneter Lage verwenden.

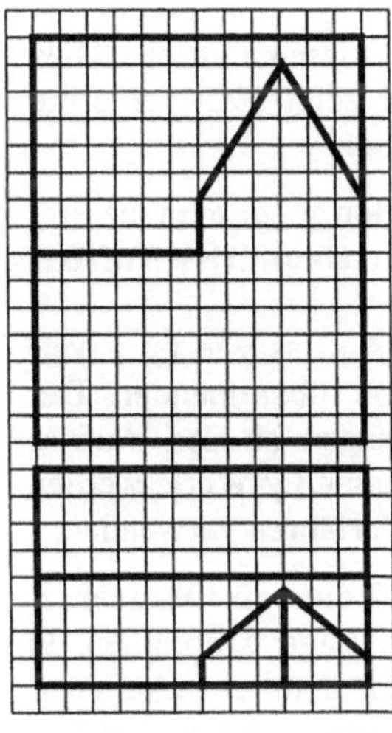

Fig. 2.34

Beispiel 2.19: Dieses Beispiel soll zeigen, dass man mit den Angaben aus einem Grund- und Aufriss ein axonometrisches Bild zeichnen kann.

Fig. 2.34 zeigt den Grund- und Aufriss eines Hauses. Alle Maße sind über das Karoraster abzulesen. Einheit sei 1 cm (das sind 2 Karolängen).

Fig. 2.35 zeigt das axonometrische Dreibein, das auf Karopapier übertragen werden kann und soll. Nur durch das selbstständige Zeichnen sind die Gedankengänge nachvollziehbar! Im Text kann nur auf die wichtigsten Aspekte eingegangen werden. Die Achsenrichtungen ergeben sich aus dem Karoraster (auf die Spitzen achten!). Die Einheiten lassen sich dann mit Hilfe des Karorasters leicht übertragen.

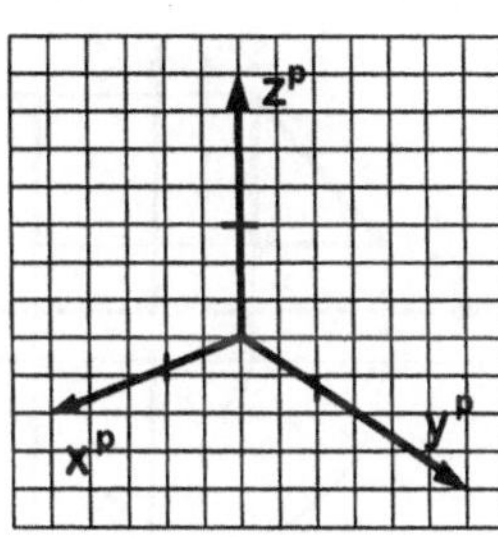

Fig. 2.35

Fig. 2.36 zeigt schließlich das fertige axonometrische Bild. Es entstand in der nun angegebenen Reihenfolge und mit den folgenden Überlegungen:

Zuerst wurde der Grundquader mit Hilfe der Koordinaten gezeichnet. Das ist das klassische Vorgehen für ein axonometrisches Bild. Dann wurde das Satteldach analog ergänzt.

Danach wurde die Front des Dachaufsatzes (Gaube) gezeichnet. Die Koordinaten aller vorkommenden Punkte kann man aus dem Grund- und Aufriss übernehmen. Man kann aber, und das erleichtert oft das Zeichnen, wegen des Satzes von POHLKE auch die Parallelentreue der Parallelprojektion nutzen.

Nun kann man die Darstellungen mittels Grund- und Aufriss (in Fig. 2.34) und als axonometrisches Bild (in Fig. 2.36) vergleichen.

Grund- und Aufriss sind zum Entnehmen der Maße wesentlich günstiger, das axonometrische Bild dagegen ist sofort anschaulich. Das ist hier bei dem nicht ganz einfachen Dachaufsatz besonders hilfreich

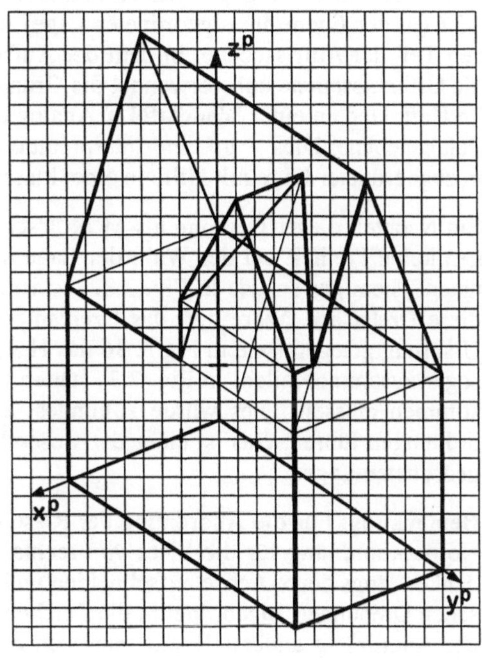

Fig. 2.36

Auch mit diesem **Grundriss-Aufriss-Verfahren** sind – wie bei Fig. 2.32 bereits erwähnt – nicht alle Angaben über ein Objekt sicher aus den beiden Rissen ablesbar. Dies belegt Fig. 2.37, die den Grund- und Aufriss einer Dreikantsäule zeigt. Erst der dritte Riss macht deutlich, dass es sich nicht um einen Quader handeln kann.

Das Hinzunehmen des Kreuzrisses führt zu einer **Dreitafelprojektion**. Legt man die drei Risse in zugeordneter Lage in die Bildebene, spricht man vom **Grundriss-Aufriss-Kreuzriss-Verfahren.**

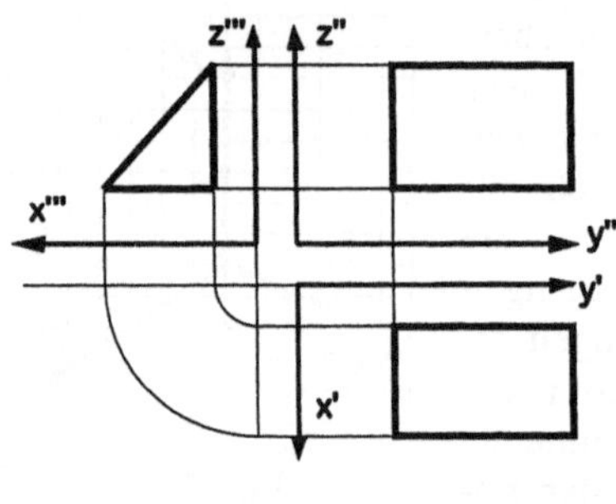

Fig. 2.37

Man zeichnet Grund- und Aufriss wie im Zweitafelverfahren aus Fig. 2.33 übereinander. Der Kreuzriss wird dann sozusagen an den Aufriss „angebunden". Die gemeinsamen y-Werte werden wie im Grundriss-Aufriss-Verfahren verwendet.

Analog werden in Fig. 2.37 die gemeinsamen z-Werte in der zugeordneten Lage genommen. In Fig. 2.37 ist aber außerdem deutlich erkennbar, wie die gemeinsamen x-Werte vom Grundriss in den Kreuzriss (bzw. umgekehrt) übertragen werden können. Die Werte werden in den Rissebenen – wie in der axonometrischen Darstellung in Fig. 2.32 – zunächst bis zur Achse verlängert und dann mit Viertelkreisen übertragen.

Die Anordnung der gepaarten Nomalrisse im Raum (Aufnahmesituation) und in Fig. 2.37 (in der Ebene in zugeordneter Lage) legt nun folgende Deutung nahe: Man dreht den Teil der Aufrissebene, in dem der Aufriss liegt, um die Schnittgerade (y-Achse) in die Grundrissebene und verwendet die Grundrissebene als Zeichenebene (so die Deutung im Heft. Und an einer Wandtafel?). Analog dreht man den Teil der Kreuzrissebene in die Zeichenebene. Dies wäre eine Interpretation der Anordnung der gepaarten Normalrisse in zugeordneter Lage mit Hilfe je einer klassischen MONGE'schen Drehung.

Ein Nachteil dieser Deutung als MONGE'sche Drehung ist, dass man bei diesen Drehungen keine Freiheit bei der Wahl der Lage der y'- bzw. y''-Achse hat. Liegt das Koordinatensystem gar so wie in Fig. 2.32, so ist (für Grund- und Aufriss) die y-Achse selbst diese Drehachse. Wäre dort das Dreikantprisma parallel verschoben mit einer Ecke im Ursprung gelegen (wie in Fig. 2.36 das Haus), würden Kanten des Grund- und Aufrisses sogar zusammenfallen: In Fig. 2.34 hätten Grund- und Aufriss in einer Strecke übereinstimmen müssen. Dies würde zumindest auf recht unanschauliche Grund-Aufriss-Anordnungen führen. Das ist einer der wesentlichen Gründe für die freie Wahl bei der zugeordneten Lage.

Bemerkung: Für die Anordnung der Risse gibt es Normen. Fig. 2.37 zeigt die deutsche Norm-Anordnung für die Sicht von rechts. Ausgehend von Fig. 2.32 kann man in Gedanken längs der x-Achse aufschneiden und die drei gepaarten Normalrisse mit MONGE'schen Drehungen zugeordnet in die Zeichenebene drehen. Z. B. in den USA ist die Norm der Anordnung anders! Denkt man sich das Objekt aus Fig. 2.32 in einen Glaswürfel (drei Ebenen sind schon da) eingeschlossen und projiziert auf die drei anderen Ebenen, kann man dort analog aufschneiden und kommt zur in den USA üblichen Anordnung.

Man beschränkt sich oft auf die Angabe des Grund- und Aufrisses eines Körpers, wenn damit der Körper eindeutig festgelegt ist. Dies ist sicher dann der Fall, wenn wir uns den Körper aufgrund seines Namens ohnedies vorstellen können. Ist dies nicht der Fall, dann reichen zwei Risse oft nicht aus. Meist kann aber ein dritter Riss helfen, nicht vorgegebene Größen mit Hilfe der Zeichnung zu bestimmen.

Beispiel 2.20: In Fig. 2.38 sind zunächst der Grund- und Aufriss eines Hauses mit Satteldach gegeben. Man muss den Kreuzriss ergänzen, wenn man den Neigungswinkel der Dachflächen gegen die Horizontalebene bestimmen will.

Rechts in Fig. 2.38 sind – mit Koordinatensystemen und Punkte-Bezeichnungen – der Grund- und der Aufriss zu sehen. Im Grundriss kann man die Länge und Breite des Hauses direkt ablesen. Im Aufriss sind die Länge (übereinstimmend mit der im Grundriss) und die Höhe des Hausquaders sowie die Höhe des Satteldachs erkennbar. Den Neigungswinkel α der Dachfläche kann man im Giebeldreieck erkennen, das man dafür aber erst in einem Kreuzriss ergänzen muss.

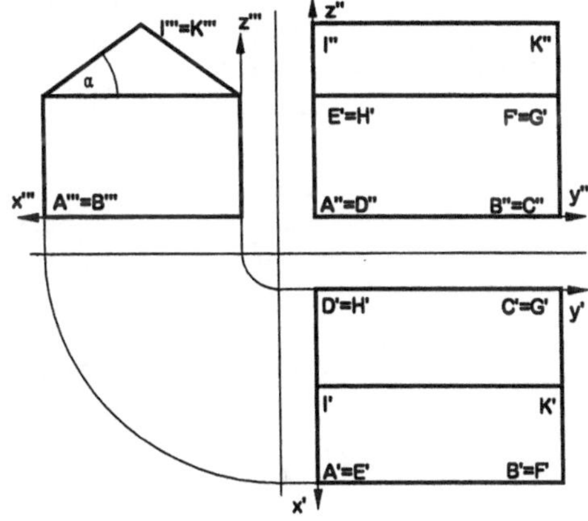

Fig. 2.38

Dies erfolgt in Fig. 2.38 nach der Idee aus Fig. 2.37: Im Grundriss kann man die x- und y-Koordinaten, im Aufriss die y- und z-Koordinaten der benannten Punkte abmessen. Für den Kreuzriss braucht man die x- und die z-Koordinate. Die z-Koordinate überträgt man – analog zur Fig. 2.37 – vom Aufriss. Die x-Koordinate kann man mit dem Maßstab übertragen. Fig. 2.38 zeigt als Alternative eine einfache Konstruktion. Man geht (für A' und D' dargestellt) zunächst y'-Achsen-parallel zu einer Aufriss-Kreuzriss-Trennlinie, dann auf einem Viertelkreis zur Grundriss-Aufriss-Trennlinie und dann z'''-Achsen-parallel zum Kreuzriss. Im Giebeldreieck misst (oder errechnet) man $\alpha \approx 36°28'$.

Beispiel 2.21: Fig. 2.39 stellt eine bekannte Aufgabe, die mit unserer Riss-Darstellung zusammenhängt. Es wird ein Blech mit drei Durchbrüchen gezeigt und nach einem Körper gefragt, der (in geeigneter Lage) jeden der drei Durchbrüche genau ausfüllt. Die drei Durchbrüche sind aber nicht von links nach rechts Grund-, Auf- und Kreuzriss, sondern nur jeweils deren Umrisse.

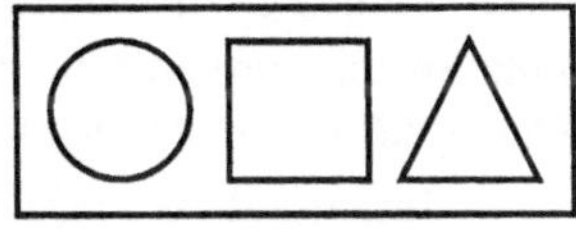
Fig. 2.39

Viele Körper erfüllen diese Bedingungen. Einen kann man aus einem Flaschenkork herstellen: Zunächst schneidet man vom Kork einen Zylinder ab, dessen Höhe gleich dem Durchmesser ist. Dann schneidet man von einem Durchmesser d der Deckfläche aus ebenflächig zu den Endpunkten des auf d senkrecht stehenden Durchmessers der Grundfläche zwei Stücke ab. Wie wäre das Quadrat in Fig. 2.39 zum Aufriss zu ergänzen?

2.3.3 Allgemeine Seitenrisse zur Bestimmung wahrer Längen

Das Grundproblem ist mit einer einfachen Aufgabe beschrieben: Eine Strecke $\overline{PQ}$ in allgemeiner Lage (nicht Hauptlinie) ist im Grund- und Aufriss (allgemein: in einem Paar gepaarter Normalrisse) gegeben. Wie lang ist die Strecke im Raum – wie groß ist ihre **wahre Länge**?

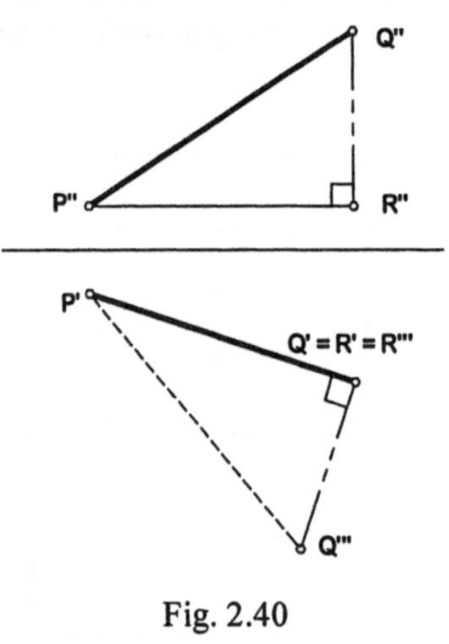

Fig. 2.40

Hier müssen wir das Versprechen einlösen, dass mit zwei gepaarten Normalrissen alle Angaben für die Punkte auf einer Geraden bestimmt sind. Wir müssen nun den Abstand der beiden Punkte angeben können.

Es ist offensichtlich, dass auch ein Kreuzriss hier nicht weiterhelfen würde. Man braucht vielmehr eine Normalprojektion der Strecke auf eine Ebene π_3, bezüglich der die Strecke $\overline{PQ}$ Hauptlinie ist. Für die Zeichnung ist es am einfachsten, wenn man die Ebene π_3 projizierend zu einem der schon vorhandenen Risse und durch die Strecke $\overline{PQ}$ wählt. Wir nutzen dann in dieser Projektionsebene ein geeignetes Stützdreieck ΔPQR, das wir in wahrer Größe darstellen können.

In Fig. 2.40 ist die neue Rissebene π_3 **erstprojizierend** (bezüglich der Grundrissebene π_1 projizierend) gewählt. Da $\overline{PQ}$ in π_3 liegt, ist in π_3 die wahre Länge abzulesen. Wir denken uns ein bei R rechtwinkliges Stützdreieck für die Strecke $\overline{PQ}$ mit einer MONGE'-schen Drehung von π_3 um (PR) parallel zu der Grundrissebene (Zeichenebene) gedreht.

Aus der Zeichnung (und der dazugehörigen räumlichen Überlegung) ist sofort ablesbar, dass man die im Aufriss in wahrer Länge ablesbare Höhendifferenz zwischen P und Q (gestrichelt gezeichnet) in den neuen, **Seitenriss** genannten, Normalriss übertragen muss (auch dort gestrichelt gezeichnet), um dort das Stützdreieck unverzerrt zu zeichnen und damit auch $\overline{PQ}$ in wahrer Länge abzulesen. Insbesondere ist der rechte Winkel des Stützdreiecks unverzerrt im Aufriss und im neuen Seitenriss zu sehen. Dies ergibt die Konstruktion (als Algorithmus formuliert):

1. Im Grundriss in Q' das Lot auf (P'Q') zeichnen.
2. Auf diesem Lot die Höhendifferenz aus dem Aufriss (hier gestrichelt, $|\overline{Q''R''}|$) abtragen. Endpunkt ist Q''' (die Projektionen auf die Seitenrissebene werden, wenn keine Verwechslung mit dem Kreuzriss zu befürchten ist, auch mit ''' bezeichnet). $|\overline{P'''Q'''}|$ ist die wahre Länge der Strecke $\overline{PQ}$. Sie ist in Fig. 2.40 lang gestrichelt eingezeichnet (da hier P' = P''' ist).

Man überlegt leicht, dass man analog auch eine **zweitprojizierende** Ebene (bezüglich π_2 projizierend) hätte wählen können.

Beispiel 2.22: Ein Turm mit quadratischer Dachfläche (Quadrat-Kantenlänge a = 6 m) erhält ein h = 8 m hohes Pyramidendach. In Fig. 2.41 ist ein Schrägbild, in Fig. 2.42 ist der Grund- und Aufriss des Dachs in geeignetem Maßstab gezeichnet. Gesucht ist die wahre Länge k einer Kante des Pyramidendachs.

Die Länge von k ist einfach berechenbar. In Fig. 2.41 erkennt man das rechtwinklige Dreieck ΔSMC, in dem $|\overline{MC}| = \frac{d}{2}$ mit $d = a \cdot \sqrt{2}$ und $|\overline{MS}| = h$ gilt. Daraus errechnet sich k ≈ 9,06 m.

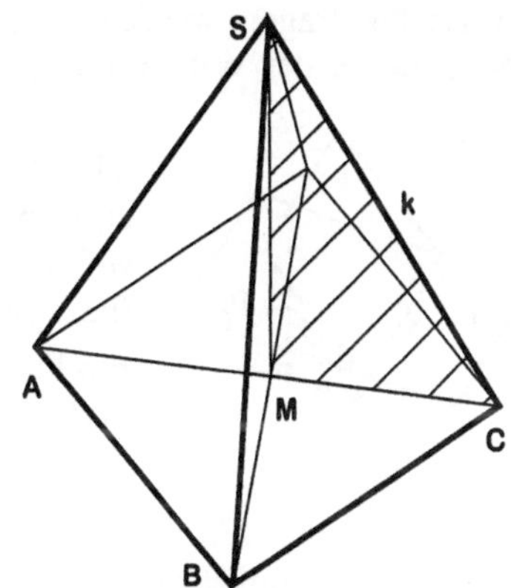

Fig. 2.41

Diese Figur gibt aber auch den entscheidenden Hinweis, wie man mit Hilfe eines Stützdreiecks die Länge von k konstruieren kann. Dazu geht man aus vom in Fig. 2.42 dargestellten Grundriss.

Man denkt sich die Pyramide auf der Grundrissebene π_1 stehend. Eine Grundkante sei parallel zur Aufrissebene π_2. Ist M der Mittelpunkt der Grundfläche (die restlichen Bezeichnungen entnimmt man Fig. 2.42), so kann man durch M, S und C eine erstprojizierende Hilfsebene π_3 legen. In ihr liegt das (schon für die Berechnung genutzte) Stützdreieck ΔMSC (das dann mit seinem Normalriss auf π_3 identisch ist – man kann gedanklich zwischen Seitenriss und Stützdreieck wechseln). ΔMSC dreht man um (MC) in die Grundrissebene. Da M und C in der Grundrissebene liegen, bleiben diese Punkte (die mit M' und C' zusammenfallen) bei der Drehung fest. Der rechte Winkel bei M ist nach der Drehung unverzerrt zu sehen, die gedrehte Lage S''' von S liegt also auf dem Lot auf C'M'. Aus dem Aufriss übernimmt man die Länge von h und überträgt sie nach $|\overline{S'S'''}|$. Damit ist im (schraffierten) Dreieck S'C'S''' die Länge k der Pyramidenkante abzulesen.

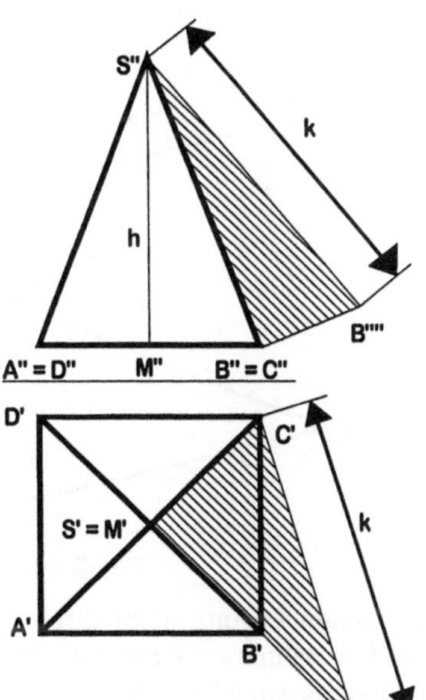

Fig. 2.42

Diese Konstruktion schließt fast unmittelbar an die Rechnung an. Als Alternative kann man auch folgendermaßen überlegen: Man nimmt statt einer erstprojizierenden Ebene eine zweitprojizierende Ebene, nämlich die rechte Dachfläche des Pyramidendachs (vgl. mit dem Aufriss in Fig. 2.42). Die Hälfte dieser Dachfläche kann als Stützdreieck der Kante des Pyramidendachs gedeutet werden. Im Aufriss erkennt man die Konstruktion. Bei C'' ist wieder ein rechter Winkel, und es ist $|\overline{B''B''''}| = \frac{a}{2}$.

2.3.4 Paralleldrehen einer Ebene

Das letzte hier noch zu lösende Problem bleibt, die wahre Größe eines Winkels zu bestimmen. Da wir wissen, dass aus einer Hauptebene alle Maße unverzerrt auf einen Normalriss übertragen werden, kann man dieses Problem dadurch lösen, dass man die Ebene, in der der Winkel liegt, parallel zu einer Bildebene (Grund- oder Aufrissebene) dreht. Wir formulieren für die Grundrissebene π_1:

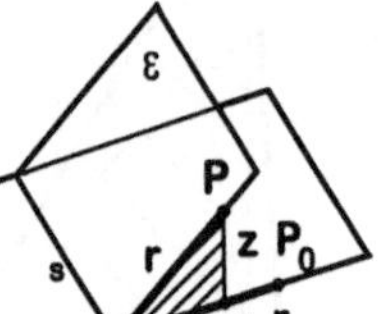

Fig. 2.43

Die räumliche Überlegung (in der „Aufnahmesituation") ist einfach. Man dreht die Ebene ε, in der die Figur liegt, deren wahre Gestalt man konstruieren will, um eine 1. Hauptlinie (bezüglich π_1), z. B. um die Spur s von ε in π_1, in die Ebene π_1. Ein Punkt P bewegt sich dabei auf einem Kreis mit Mittelpunkt F, dessen Achse die Drehachse s ist. Von P senkrecht zu s (auf einer **Fall-Linie**) erkennt man den Abstand $r = |\overline{PF}|$, den P von der Drehachse hat. r sucht man in wahrer Größe.

Nach dem Drehen ist r in wahrer Länge ablesbar. Im Aufriss erkennt man die Höhe z von P unverzerrt. Hat der Grundriss von $\overline{PF}$, also $\overline{P'F}$, die Länge u, so sind alle wichtigen Maße im rechtwinkligen Stützdreieck mit den Katheten u und z sowie der Hypotenuse r zu finden.

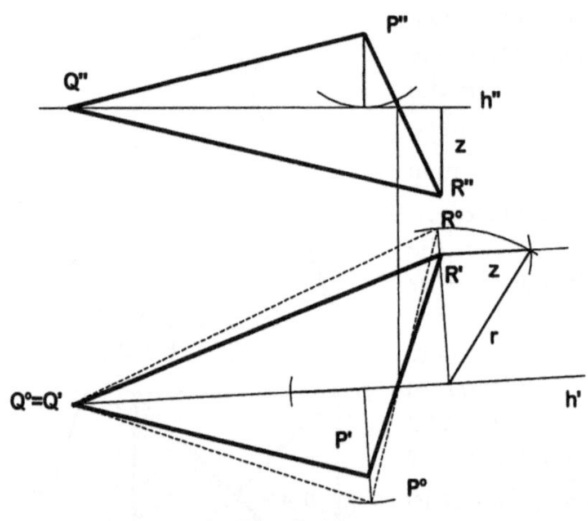

Fig. 2.44

In Fig. 2.44 ist das Paralleldrehen am Beispiel des Dreiecks PQR dargestellt.

Man zeichnet eine 1. Hauptlinie h durch Q. Ihren Aufriss kann man sofort einzeichnen, den Grundriss erhält man mit Hilfe des Schnittpunktes von h mit (PR).

Es gibt zwei unterschiedliche Verfahren zur Konstruktion von Stützdreiecken.

Das Stützdreieck von P wird bei der ersten Lösung nicht direkt eingezeichnet. Man nutzt den rechten Winkel, den man für den Bahnkreis-Grundriss des Punktes P ohnedies braucht. z wird vom Aufriss in den Grundriss auf h' übertragen. Der Abstand u ist im Grundriss schon eingezeichnet. Als Hypotenuse erhält man r. Dieser Radius r wird auf dem Grundriss des **Bahnkreises** vom Mittelpunkt aus abgetragen. So erhält man die gedrehte Lage P°.

Anschaulicher ist die zweite Lösung, die für die gedrehte Lage R° von R verwendet wird. Hier ist wirklich das Stützdreieck konstruiert, das in die Bildebene gedreht ist. r wird auf die Spur der Bahnkreisebene von R gedreht. So erhält man R°. Da um h gedreht wurde, ist Q' = Q°. Damit hat man die gedrehte Lage, also die wahre Gestalt des Dreiecks PQR. Sie ist in Fig. 2.44 als P°Q°R° gestrichelt eingezeichnet.

Bemerkung: Für den Punkt R ist in der Fig. 2.44 die Stützdreieck-Konstruktion durchgeführt, die in 2.3.3 allgemein erklärt wurde. Die Strecken der Länge z bzw. r sind benannt. Diese Konstruktion ist anschaulich, braucht aber mehr Linien als unbedingt notwendig. Es gibt eine Stechzirkelkonstruktion, die völlig ohne Linien auskommt. Um sie zu erklären, sind für diese Kurzkonstruktion bei der Drehung von P in der Figur einige Linien eingezeichnet. Man überlegt leicht, dass sich hinter dieser verkürzten Konstruktion ebenfalls der Gedanke des Stützdreiecks verbirgt, dass es aber nicht gezeichnet wird. Ob sich der Aufwand des Einübens für die geringe Ersparnis lohnt, ist fraglich.

Beispiel 2.23: In Fig. 2.45 ist ein Würfel in Grund- und Aufriss gezeichnet. Auf der im Grund- und Aufriss sichtbaren Würfelfläche soll ein reguläres Achteck eingezeichnet werden, von dem vier Seiten auf Quadratseiten liegen.

Man erkennt sofort, dass der Würfel so steht, dass eine Raumdiagonale vertikal ist. Die eine Würfelfläche, die im Grund- und Aufriss sichtbar ist, liegt im Grundriss vorne, im Aufriss oben. In ihr soll das Achteck gezeichnet werden.

Das Bild dieses Quadrates kann man im Grundriss (ohne Stützdreieck) sofort um die auf einer 1. Hauptlinie liegende Diagonale parallel zur Grundrissebene drehen, weil man die Gestalt – ein Quadrat – kennt. Dies wird im Grundriss durchgeführt. Im Aufriss ist eingezeichnet, wie man die wahre Gestalt dieses Quadrats mit Hilfe eines Stützdreiecks ermitteln könnte. Die zu übertragende Strecke s ist bemaßt, die wahre Länge der Quadratseite gestrichelt gezeichnet.

In das Quadrat im Grundriss zeichnet man dann das gesuchte reguläre Achteck mit Hilfe seiner Diagonalen ein. Sie schließen mit den Quadratdiagonalen Winkel von 22,5° ein. Aus der gedrehten Lage transformiert man das Achteck zurück in die Würfelfläche im Grundriss. Das Ergebnis ist dort schraffiert. Schließlich überträgt man die Eckpunkte des Achtecks und damit das Achteck aus dem Grundriss in den Aufriss. Das Ergebnis ist im Aufriss ebenfalls schraffiert.

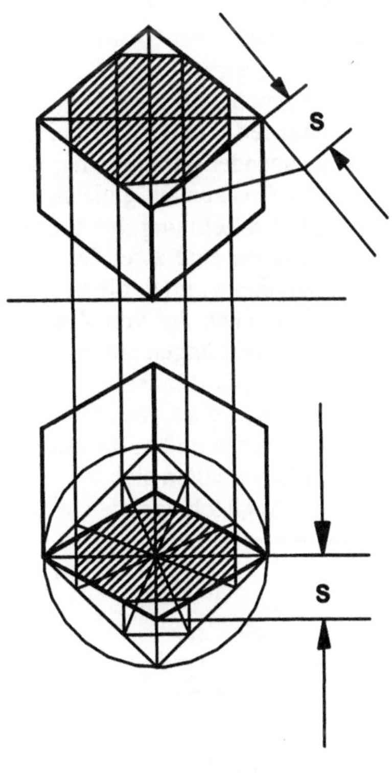

Fig. 2.45

Aufgabe 2.11: Ein Dreieck ist festgelegt durch die Eckpunkte mit den Koordinaten A (3 | 1 | 3), B (1 | 4 | 1) und C (6 | 7 | 5).

a) Zeichen Sie das Dreieck in Grund- und Aufriss (Einheit 1 cm).

b) Bestimmen Sie die wahre Gestalt des Dreiecks durch Paralleldrehen der Dreiecksebene.

c) Geben Sie den Radius der größten Kugel an, die durch einen Durchbruch mit der Form des Dreiecks ΔABC passen würde.

3 Skizzieren, Konstruieren, Berechnen und Bauen

3.1 Grundideen beim Zeichnen

3.1.1 Grundideen beim Zeichnen axonometrischer Bilder

Will man axonometrische Bilder zeichnen, braucht man die Koordinaten der Punkte. An realen Objekten (Häusern usw.) kann man aber nur bestimmte Längen messen. So kann man bei einer gebauten quadratischen Pyramide z. B. die Länge des Grundquadrats, nicht aber die Höhe messen. Hier sollen – meist ohne Beweise – wichtige Hilfsmittel zum Skizzieren, Konstruieren, Berechnen und Bauen zusammengestellt werden.

Da die axonometrischen Bilder ähnlich zu Schrägrissen sind, ist der Theorie-Hintergrund der Überlegungen die Ähnlichkeitsgeometrie. Dort braucht man zuallererst die Strahlensätze und darüber hinaus liefert insbesondere die Trigonometrie diesen Hintergrund.

Satz 3.1: Die Strahlensätze

a) **Der 1. Strahlensatz**
Gegeben sind zwei Geraden g und h eines Büschels mit Zentrum Z und zwei Geraden u und v, die beide g und h in zwei Punkten schneiden. Wenn u und v zueinander parallel sind, so verhalten sich die Längen der von Z aus gemessenen Strecken auf g gleich wie die entsprechenden Längen auf h.

b) **Die Umkehrung des 1. Strahlensatzes**
Gegeben sind zwei Geraden g und h eines Büschels mit Zentrum Z und zwei Geraden u und v, die beide g und h in zwei Punkten schneiden. Wenn sich dann die Längen der von Z aus gemessenen Strecken auf g gleich wie die entsprechenden Längen auf h verhalten, sind u und v zueinander parallel.

c) **Der 2. Strahlensatz**
Gegeben sind zwei Geraden g und h eines Büschels mit Zentrum Z und zwei Geraden u und v, die beide g und h in zwei Punkten schneiden. Wenn $u \parallel v$ ist, dann verhalten sich die Längen der von Z aus gemessenen Strecken auf g (und auf h) gleich wie die entsprechenden Längen auf den beiden Parallelen.

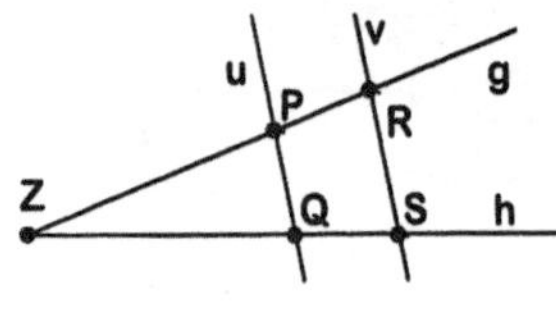

Fig. 3.1

Fig. 3.1 zeigt die in den Strahlensätzen verwendete Anordnung der Punkte, Strecken und Geraden. Auf einen Beweis, der mit Hilfe einer zentrischen Streckung geführt werden könnte, wollen wir hier verzichten.

Die etwas ungewohnte Formulierung ist gewählt, um darzustellen, dass beide Sätze mit einer Beschreibung der Anordnung beginnen. Danach folgt, wie in fast allen mathematischen Sätzen, eine Wenn-Dann-Aussage. Tauscht man diese beiden Bestandteile aus, kommt man formal zur Umkehrung des Satzes. Beim ersten Strahlensatz ist die Umkehrung richtig, beim zweiten Strahlensatz wäre sie falsch.

Leicht kann man durch Rechnung beweisen, dass man beim ersten Strahlensatz die Strecken nicht vom Punkt Z (Scheitel) aus messen muss. Wir werden in Anwendungen bei Bedarf sofort die allgemeine Form verwenden und auch mit $|\overline{PR}|$ bzw. $|\overline{QS}|$ arbeiten.

Beispiel 3.1: Über einem Turm mit quadratischer Deckfläche (Kante a = 10 m) wird ein Pyramidendach (Gesamthöhe h = 10 m) aufgebaut, dessen Grundfläche ein reguläres Achteck ist. Vier Seiten dieses Achtecks liegen auf den Quadratseiten. Zu der darüber errichteten Achteckspyramide als Dach kommen ebene Übergangsstücke (bis zur Höhe b = 3 m) zu den Ecken des Deckquadrats des Turmes, da das Dach sonst seine Funktion, den Turm vor Wasser zu schützen, nicht erfüllen könnte. Hier soll schrittweise die Entstehung eines axonometrischen Bildes erklärt werden.

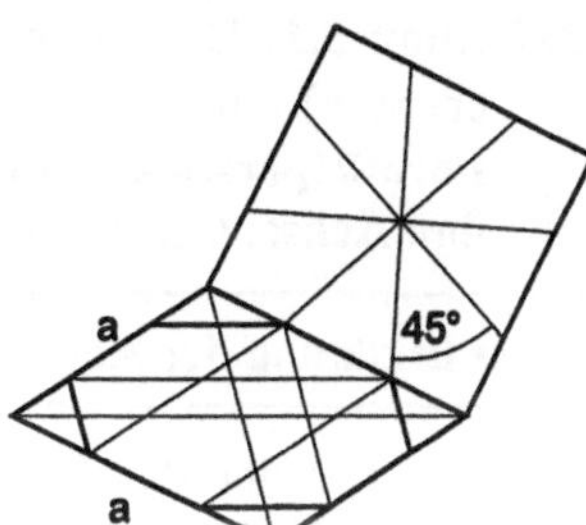

Fig. 3.2 a

Die erste Frage ist schon, wie man einen Schrägriss des (regulären) Achtecks zeichnen kann. Fig. 3.2 a gibt eine Anleitung, die für viele andere Beispiele ebenfalls nutzbar ist. Die Grundidee ist, dass wir die Teilverhältnistreue der Axonometrie nutzen. Wir verwenden, dass jede Seite der Parallelogramms – als Bild einer Seite eines Quadrats – im gleichen Verhältnis geteilt werden muss wie beim ursprünglichen Quadrat. Da es bei den ganzen Überlegungen auf die wahren Maße nicht ankommt – die Figuren sind ähnlich, Teilverhältnisse beziehen sich auf Ähnlichkeiten – können wir ein beliebig großes Quadrat zeichnen. Wir wählen es so, dass eine seiner Seiten mit einer Parallelogrammseite identisch ist. In dieses Quadrat wird die Winkel-Einteilung eines regulären Achtecks eingezeichnet. Damit haben wir automatisch die angrenzende Parallelogrammseite im richtigen Teilverhältnis geteilt. Dann überträgt man das Teilverhältnis mit Hilfe des Strahlensatzes (in Fig. 3.2 a sind die Parallelen zu beiden Diagonalen eingezeichnet) von einer Parallelogrammseite auf eine Nachbarseite. Gegenseitenpaare sind – samt Teilpunkten – zueinander kongruent.

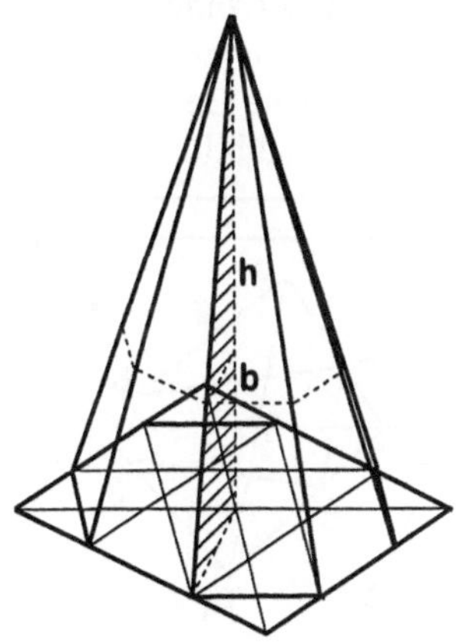

Fig. 3.2 b

Leicht ist es dann (in Fig. 3.2 b), über diesem axonometrischen Bild eines regulären Achtecks ein Pyramidendach der Gesamthöhe h zu zeichnen. In der Höhe b sollen die Übergangsstücke beginnen. Deshalb ist in dieser Höhe als Hilfe ein Achteck eingezeichnet. Zur Konstruktion verwendet man die (schraffierte) Strahlensatzfigur bzw. den Gedanken, dass die beiden Achtecke wie bei einer Zentralprojektion mit Zentrum in der Pyramidenspitze liegen. Dies ist (der Übersichtlichkeit wegen erst in Fig. 3.2 c) mit den Bezeichnungen s und t für die Seiten der Achtecke angedeutet.

Fig. 3.2 c zeigt schließlich die so insgesamt entstehende Dachform. Gestrichelt sind Hilfslinien eingezeichnet, die die Deutung erleichtern (zum Achteck in der Höhe b und zum Erkennen des Ergänzungskörpers vorne rechts), die aber keine Kanten am Dach sind.

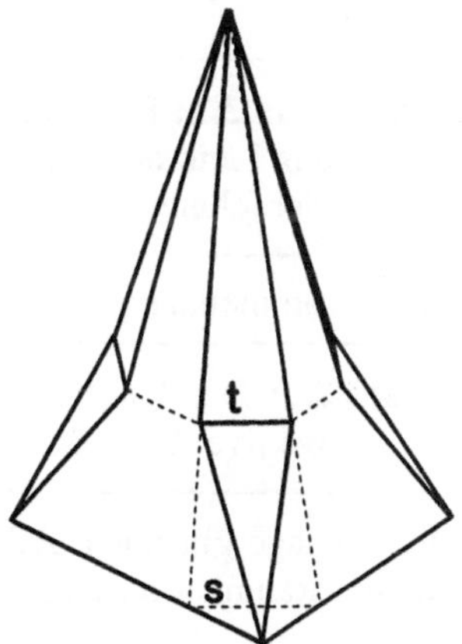

Fig. 3.2 c

3.1.2 Parallelprojektion ebener Objekte: Perspektive Affinitäten

Sucht man Parallelrisse von Körpern, bildet man oft nach und nach ebene Teile seiner Oberfläche ab. Wir untersuchen diese Einschränkung der Parallelprojektion weiter.

Definition 3.1: Die Einschränkung einer Parallelprojektion (**Richtung** l und Bildebene π) auf eine (nicht zu π parallele und nicht projizierende) Ebene ε heißt **Parallelperspektivität** oder **(räumliche) perspektive Affinität**[1]. $g = \pi \cap \varepsilon$ ist ihre **Achse**. Oft spricht man kurz von einer (räumlichen) **Achsenaffinität.**

Aus der Erklärung der Abbildung folgt unmittelbar die Gültigkeit von

Satz 3.2: Für eine Parallelperspektivität (Ebene ε, Bildebene π mit Richtung l) gilt

a) Jedem Punkt $P \in \varepsilon$ ist umkehrbar eindeutig ein Punkt $P_1 \in \pi$ zugeordnet. Genau die Punkte auf der Achse $g = \pi \cap \varepsilon$ sind Fixpunkte.

b) Die Verbindungsgerade einander zugeordneter Punkte ist zu l parallel.

c) Jede Gerade in ε ist einer Geraden in π umkehrbar eindeutig zugeordnet. Zugeordnete Geraden schneiden einander auf g oder sind zu g parallel.

d) Die Abbildung ist parallelen- und teilverhältnistreu.

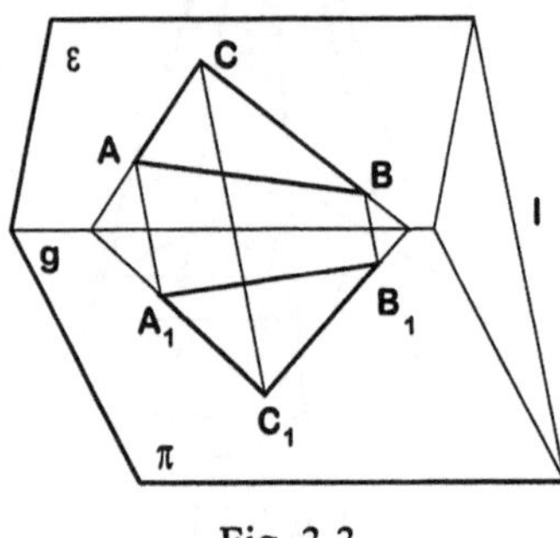

Fig. 3.3

Etwas tiefer liegt die (hier nicht bewiesene) Aussage, dass diese vier Eigenschaften auch für eine Parallelperspektivität (im Raum) kennzeichnend sind. Wir wollen aber anders weiter überlegen.

Die Eigenschaften a) bis d) bleiben bei einer Parallelprojektion der in Fig. 3.3 gezeigten Anordnung alle erhalten: Fig. 3.3, die den räumlichen Sachverhalt darstellen soll, ist ja nach dem Satz von POHLKE als ein Parallelriss deutbar. Daher können wir auch in der Ebene diese Beziehung nutzen, wenn wir dort eine Achse und eine Richtung vorgeben:

Definition 3.2: Eine Abbildung einer Ebene auf sich mit einer Achse a, einer Richtung l und den Eigenschaften a) bis d) heißt eine **(ebene) perspektive Affinität** oder (ebene) **Achsenaffinität** mit der Fixpunktgeraden als **Achse.**

Den Zusammenhang zwischen Raumanordnung und ebener Anordnung formuliert

Satz 3.3: Der Parallelriss einer Parallelperspektivität ist i. Allg. eine (ebene) perspektive Affinität.

Die Aussage gilt nur i. Allg. Weder ε, π noch l (vgl. Fig. 3.3) dürfen bei dieser Projektion der Raumanordnung in eine Ebene projizierend sein.

---

[1] affinitas (lat.): Verwandtschaft.

Beispiel 3.2: Von einem Würfel der Kantenlänge a werden an allen Ecken durch je einen ebenen Schnitt (nicht reguläre) Tetraeder derart abgeschnitten, dass die Würfelflächen zu regulären Achtecken werden. Von dem so entstehenden Körper ist ein Kavalierriss zu zeichnen.

Ein reguläres Achteck in einem Quadrat konstruiert man über den Mittelpunktswinkel ($\alpha = 45°$) oder über die in Fig. 3.4 eingezeichneten Viertelkreise. Als Seitenlänge s des regulären Achtecks ergibt sich $s = 2 \cdot \frac{a}{2} \cdot \tan 22{,}5°$.

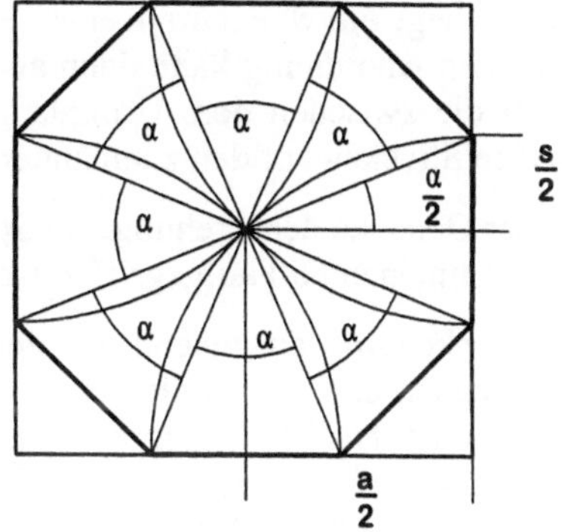

Fig. 3.4

In Fig. 3.4 sind damit die Seitenverhältnisse konstruiert. Wegen der Teilverhältnistreue der Parallelprojektion können diese Seitenverhältnisse in jedes Schrägbild übernommen werden.

Hier aber soll noch angedeutet werden, wie man mehr im Schrägbild konstruieren als mit Hilfe der Maße zeichnen kann:

Zuerst soll der Körper in einer Parallelprojektion, die einen Kavalierriss liefert (einer Kavalierprojektion), dargestellt werden.

Die Vorderfläche kann unverzerrt aus Fig. 3.4 übernommen werden. Für die Ergänzung auf den beiden anderen sichtbaren Seiten kann man auf verschiedene Arten überlegen:

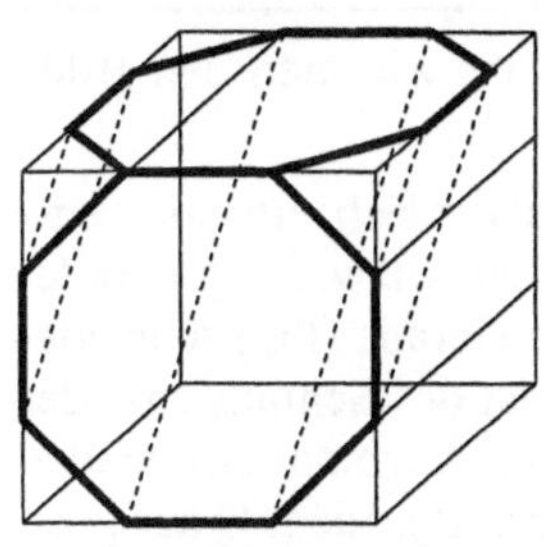

Fig. 3.5 a

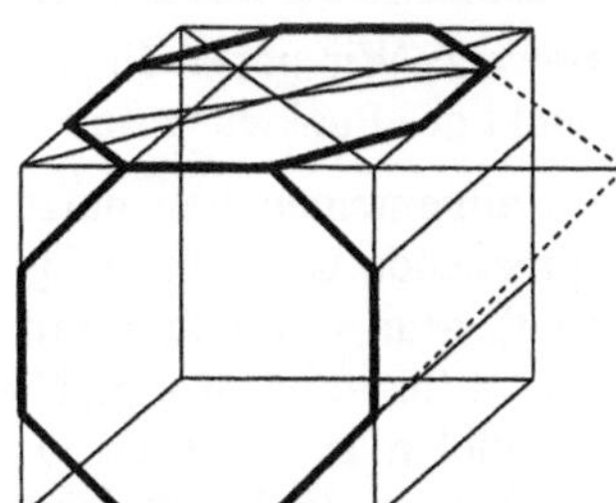

Fig. 3.5 b

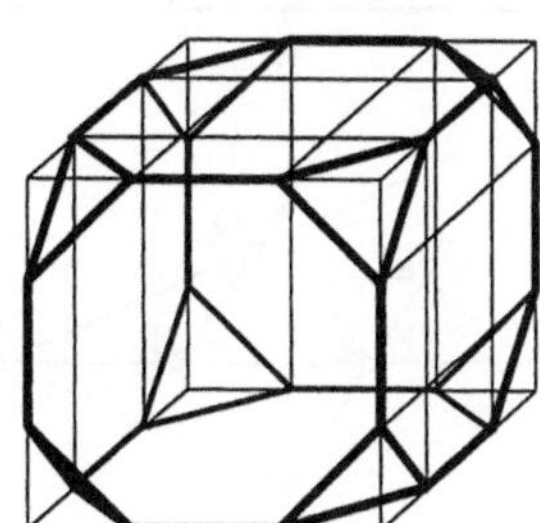

Fig. 3.5 c

- Deckfläche mit einer MONGE'schen Drehung in die Vorderfläche drehen.
  In Fig. 3.5 a sind die Verbindungslinien zweier Punkte eingezeichnet. Deutungen mit einer Parallelprojektion bzw. der damit zusammenhängenden perspektiven Affinität sind möglich. Wir werden die eingezeichneten Strecken auch noch als so genannte Drehsehnen einer Drehung der Deckfläche in die Frontfläche deuten.
- In Fig. 3.5 b wird angedeutet, dass sich zugeordnete Achtecksseiten auf der Achse der perspektiven Affinität – hier der Würfelkante vorne oben – schneiden.
- In Fig. 3.5 c werden durch Parallelen Teilverhältnisse übertragen (Teilverhältnistreue der perspektiven Affinität bzw. der Parallelprojektion).

Aufgabe 3.1: Zeichnen Sie analog einen Militärriss, wenn der Würfel so abgeschnitten wird, dass auf den Würfelflächen nur noch Quadrate übrig bleiben.

Wir betrachten den Fall, dass zwei ebene Figuren in ε bzw. π durch eine Drehung um die Schnittgerade g der beiden Ebenen ineinander übergeführt werden können. Die Bahnen der Punkte bei dieser Drehung sind Kreise. Die Sehnen, die die Ausgangslage und die Endlage zweier zugeordneter Punkte miteinander verbinden, sind alle zueinander parallel. Es liegt ein Spezialfall einer Parallelperspektivität vor. Die Parallelprojektion der gesamten Anordnung kann dann auch als eine Achsenaffinität interpretiert werden. Man nennt die zwischen dem Urpunkt und dem Bildpunkt dieser Parallelperspektivität liegenden Strecken auf den zueinander parallelen Projektionsstrahlen auch „**Drehsehnen**".

Dieser Gedanke der Drehung (im Spezialfall zueinander kongruenter Figuren) kann auch im allgemeinen Fall aufgegriffen werden.

Wir denken uns, ausgehend von der in Fig. 3.3 dargestellten Situation, die eine der beiden Ebenen um die Schnittgerade g in die andere Ebene gedreht. Da sich beim Drehen die Längen der Figuren in den einzelnen Ebenen nicht verändern, sind i. Allg. die Verbindungsgeraden entsprechender Punkte nach der Umkehrung des ersten Strahlensatzes zueinander parallel. Da auch die anderen Eigenschaften der Parallelperspektivität gelten, liegt so eine Achsenaffinität vor, die nicht als Parallelprojektion einer Parallelperspektivität gedeutet werden kann, die aber für die geometrische Analyse und für Konstruktionen gut geeignet ist. Wir formulieren sofort

Satz 3.4: Eine Achsenaffinität ist festgelegt durch die Achse g und ein (nicht auf g liegendes) zugeordnetes Punktepaar P und P'. Die Verbindungsgerade (PP') legt die **Affinitätsrichtung** fest.

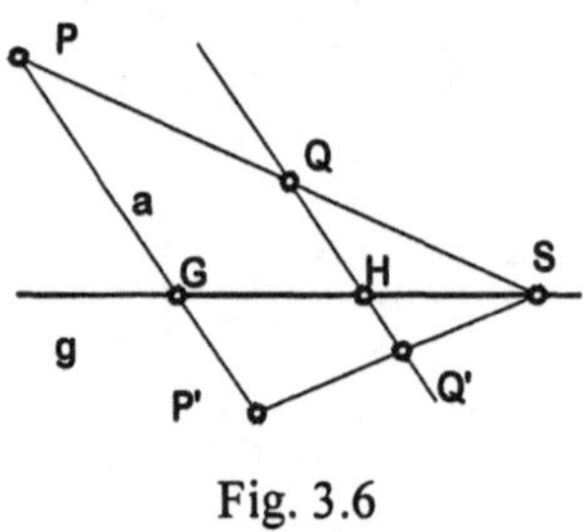

Fig. 3.6

Beweis: Wir geben (in Fig. 3.6) an, wie man den Bildpunkt des Punktes Q findet.

Im allgemeinen Fall nutzt man, dass sich einander entsprechende Geraden auf g schneiden (bzw. zu g parallel sind). Man verbindet P mit Q. Die Gerade (PQ) schneidet g in S (bzw. ist zu g parallel). Q' ist der Schnittpunkt der Parallelen zu a durch Q und der Verbindungsgeraden (P'S) (bzw. der Parallelen zu g durch P'). Liegt Q auf g, so ist Q' = Q. Liegt Q auf (PP'), verschiebt man Q parallel zu g, überlegt wie oben und verschiebt zurück. ■

Satz 3.5: Bei einer Achsenaffinität (Achse g, zugeordnetes Punktepaar P und P') und $(PP') \cap g = \{G\}$ ist $|\overline{PG}| : |\overline{GP'}| = |k|$ konstant. Wir wählen $k > 0$, wenn P und P' in derselben Halbebene von g liegen, sonst $k < 0$. k heißt **Affinitätsmaßstab**.

Beweis: Wir wählen P und den Bildpunkt P' fest (als Referenzpaar) und folgern für einen beliebigen Punkt Q und sein Bild O', indem wir den Punkt S konstruieren und mit S als Zentrum den 2. Strahlensatz anwenden. Dann gilt $|\overline{PG}| : |\overline{QH}| = |\overline{SG}| : |\overline{SH}|$ und (vgl. Fig. 3.6) $|\overline{P'G}| : |\overline{Q'H}| = |\overline{SG}| : |\overline{SH}|$. Daraus folgt, dass $|\overline{PG}| : |\overline{QH}| = |\overline{P'G}| : |\overline{Q'H}|$ bzw. $|\overline{PG}| : |\overline{GP'}| = |\overline{QH}| : |\overline{HQ'}| = |k|$ gilt. Hier ist schließlich $k < 0$. ■

Beispiel 3.3: Wir stellen uns vor, dass durch ein Fenster (reguläres Sechseck, 1 m Kantenlänge, die horizontal liegende Kante $\overline{PQ}$ ist 2 m über dem Boden) in einer Wand Sonnenlicht auf den Fußboden fällt. Der Lichtstrahl durch P soll 1,5 m vor der Wand und 1 m rechts von P auf dem Boden auftreffen. Wie sieht der beleuchtete Teil auf dem Boden aus?

Die Parallelprojektion durch Sonnenstrahlen erfüllt alle Bedingungen einer Parallelperspektivität. Zum Zeichnen wählen wir einen geeigneten Maßstab und die Fensterwand als Zeichenebene. Dort zeichnen wir zuerst das Fenster. Wir denken uns dann die Bodenebene in die Wandebene gedreht. Der beleuchtete Teil ist somit achsenaffin zum Fenster.

Wir beginnen (vgl. Fig. 3.7) also mit g, P und Q. Danach wird nach oben das reguläre Sechseck mit der Kante $\overline{PQ}$ gezeichnet. Danach können wir auf dem (gedrehten) Boden den Punkt P' zeichnen, denn er soll genau vor (gedreht: unter) Q im Abstand 1,5 m von der Wand liegen.

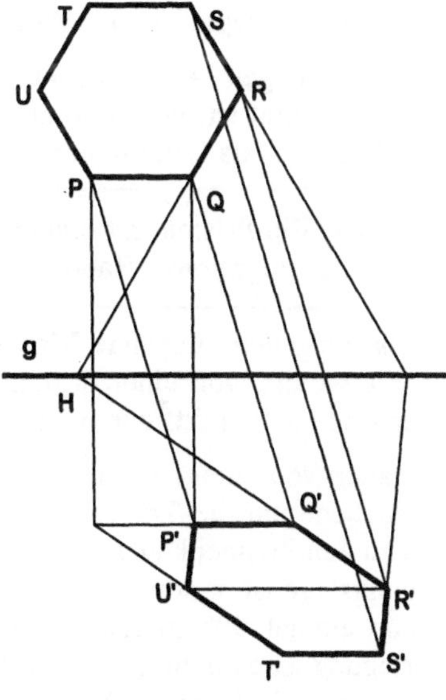

Fig. 3.7

Mit der Geraden (PP') liegt die Richtung der Affinitätsstrahlen (die Affinitätsrichtung) fest. Q' liegt dann auf dem Affinitätsstrahl durch Q. Weil (PQ) parallel zu g ist, muss auch (P'Q') parallel zu g sein. Damit erhält man Q'. (QR) schneidet dagegen g in H. Also muss auch (Q'R') g in H schneiden. R' liegt außerdem auf dem Affinitätsstrahl durch R. So erhält man R'. Analog wird S' über den Schnittpunkt der Trägergeraden (RS) mit der Achse g konstruiert.

Zur Konstruktion von T' und U' kann man gleich vorgehen. Eine andere Möglichkeit ist es, die Parallelentreue und Teilverhältnistreue der Achsenaffinität zu nutzen. (S'T') ist parallel zu (P'Q') und gleich lang wie die entsprechenden Strecken. Analog kann man für die Gerade (T'U') bzw. für die Strecke $\overline{T'U'}$ überlegen – oder man nutzt, wie in Fig. 3.7, die Parallelentreue für die Diagonale $\overline{U'R'} \parallel \overline{P'Q'}$.

Bemerkungen: Diese Überlegungen schlossen sich hier ausschließlich an die Achsenaffinität an. Man erkennt aber, dass die Höhe des Fensters über dem Boden ohne Bedeutung für die Gestalt des Bildes ist. Man hätte die Strecken $\overline{PQ}$ und $\overline{P'Q'}$ senkrecht zu g oder in Richtung der Affinitätsstrahlen fast beliebig verschieben können. Nur für den Sonderfall, dass eine oder gar beide Strecke(n) auf der Achse gelegen hätte(n), hätte die Konstruktion versagt.

Der Affinitätsfaktor k wurde nicht verwendet. Man könnte aber über den Strahlensatz auch k für die Konstruktion verwenden. Vgl. in Fig. 3.7 die Abbildung von Q und R und die dazu passende Strahlensatzfigur mit Scheitel H.

3.1.3 Ebene Schnitte von Prismen

Für das Zeichnen sind die Parallelperspektivitäten im Raum (und die daraus resultierenden Achsenaffinitäten in der Ebene) deshalb von Bedeutung, weil bei der Parallelprojektion Projektionsprismen entstehen. Für Prismen gilt

> **Satz 3.6:** Zwei ebene Schnitte eines Prismas (Polygone) sind i. Allg. perspektiv affin.

Beweis: Man deutet die Kanten des Prismas als Projektionsstrahlen. Sind dann die Ausgangsebene und die Bildebene zueinander parallel, sind Polygon und Bild zueinander kongruent (als Trivialfall, deshalb die Formulierung „i. Allg."). Sind diese Ebenen nicht zueinander parallel, sind die Prismenkanten als Projektionsstrahlen einer Parallelprojektion deutbar, es liegt also eine Parallelperspektivität vor. ∎

Für Anwendungen bei Gebäuden sind gerade Prismen, deren Leitpolygon ein Rechteck oder ein Quadrat ist, von besonderer Bedeutung. Wir wollen hier etwas allgemeiner ein Parallelogramm als Leitpolygon wählen und formulieren

> **Satz 3.7:** Ein Prisma mit einem Parallelogramm als Leitlinie hat als ebene Schnitte Parallelogramme, Rauten und Rechtecke.

Beweis: Gegenüberliegende Flächen des Prismas liegen in zueinander parallelen Ebenen. Sie werden von einer dritten Ebene in zueinander parallelen Geraden geschnitten. Daher sind die Schnittfiguren zumindest Parallelogramme.

Wir halten von einem Schnittparallelogramm die längere Diagonale fest und drehen die Schnittebene um die Trägergerade dieser Diagonale. Drehen wir die Ebene nahezu parallel zu den Prismenkanten, wird der Winkel gegenüber der Diagonale nahezu 0°. In der Ausgangslage ist er stumpf. Dazwischen muss er (da die Änderung stetig verläuft) mindestens einmal 90° messen. Dann ist das Parallelogramm ein Rechteck. Bei dieser Überlegung ist es ohne Bedeutung, ob die Parallelogrammebene senkrecht auf den Prismenkanten steht (gerades Prisma) oder nicht (schiefes Prisma).

Wir wählen nun ein Parallelogramm, dessen Ebene (und damit auch dessen Diagonalen) nicht senkrecht auf den Kanten des Prismas steht. Für die längere Diagonale e (Endpunkte A und C) betrachten wir die Symmetrieebene σ (im Mittelpunkt M von $\overline{AC}$ senkrecht auf e). σ schneidet die beiden zu e punktfremden Prismenkanten in zwei Punkten P und Q. Wäre nämlich σ parallel zu diesen Kanten, wäre e senkrecht dazu, was wir ausgeschlossen haben. P und Q liegen auf σ, sind also von den Diagonalenendpunkten A und C gleich weit entfernt. Das Viereck APCQ hat demnach gleich lange Seiten. Da sich die Diagonalen in M schneiden, ist das Viereck eben, also ist es eine Raute. ∎

Wir haben nachgewiesen, dass man Parallelogrammwinkel und Diagonalwinkel erreichen kann, die je für sich 90° messen. Anschaulich erwartet man, dass man beide Bedingungen zugleich erreichen kann, dass als Schnittfigur also ein Quadrat entsteht. Dies ist mit unseren Mitteln nicht allgemein nachweisbar. Es gibt aber Sonderfälle, in denen man zeigen kann, dass quadratische Schnitte vorkommen. Im Beispiel 3.4 soll das für ein gerades Prisma mit einem Rechteck als Leitlinie untersucht werden.

Beispiel 3.4: Schnitte eines geraden Rechtecksprismas

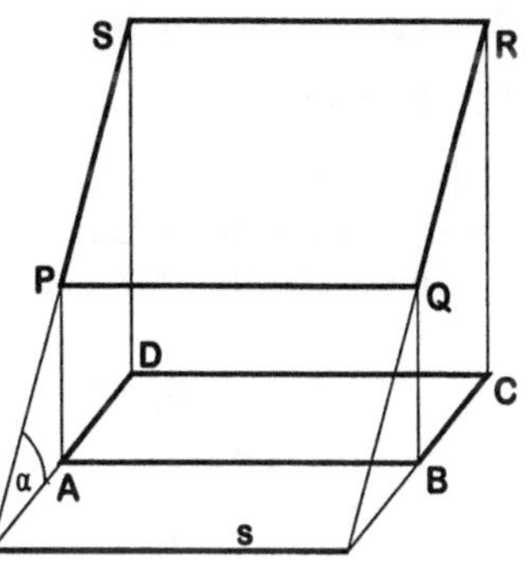

Fig. 3.8 zeigt ein gerades Prisma mit dem Rechteck ABCD als Leitpolygon. Dass es einen ebenen Schnitt PQRS gibt, der ein Quadrat ist, kann man mit Kenntnissen über die Normalprojektion begründen:

ABCD ist deutbar als Normalriss des Quadrats PQRS. Nach Satz 2.6 muss eine Quadratseite Hauptlinie sein. Nach Satz 2.5 b muss dies das Urbild der längeren Rechtecksseite sein. Der Verkürzungsfaktor k ist dann nach Satz 2.5 b als $\cos\alpha = |\overline{AD}| : |\overline{AB}|$ festgelegt.

Fig. 3.8

Dass ein beliebiger ebener Schnitt ein Parallelogramm ist und dass bei einem Rauten-Schnitt keine Diagonale Hauptlinie sein darf, folgt aus den vorangegangenen Überlegungen.

Man kann Fig. 3.8 aber auch anders interpretieren, nämlich als eine schiefe Parallelprojektion des Rechtecks ABCD auf die Ebene (PQRS). Die Projektionsstrahlen stehen dabei senkrecht auf der Rechtecks-Ebene. Diese Umkehr der Rolle von Bild und Urbild ist bei jeder Parallelperspektivität möglich, da sie eine bijektive Abbildung ist.

Beispiel 3.5: Welche Figuren kommen als ebene Schnitte eines Würfels vor?

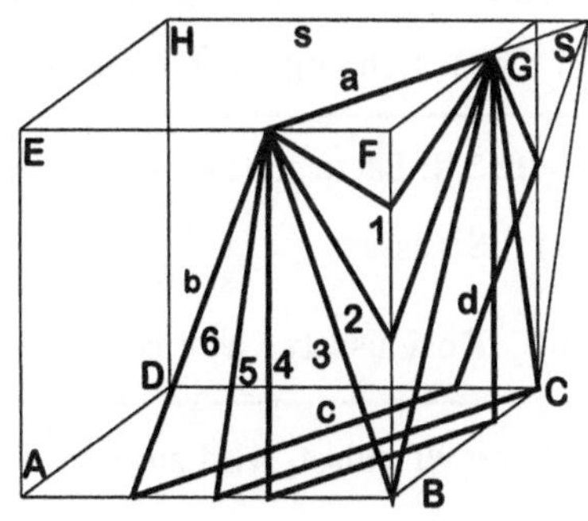

Ein Würfel ist ein gerades quadratisches Prisma, aber die endliche Höhe bringt neue Fragen.

Schneidet man parallel zu einer Würfelfläche, erhält man Quadrate als Schnittfiguren. Rechtecke erhalten wir, wenn wir die Quadrat-Schnittebene um eine der Quadratseiten drehen. So weit überlegen wir analog zum Prisma. Dies ist jetzt aber nicht mehr die einzige Art, ein Rechteck auszuschneiden!

Fig. 3.9

Ein Dreieck entsteht als Schnittfigur in den Fällen, in denen die Schnittebene genau drei von einer Ecke ausgehende Würfelkanten trifft. Das ist in Fig. 3.9 in Lage 1 dargestellt. In Gedanken wird nun die Ebene ε um die Dreiecksseite a gedreht. Bis zur Lage 3 (Ecke B) bleiben die Schnittfiguren Dreiecke, dann erhält man Trapeze (Grund- und Deckfläche des Würfels sind zueinander parallel). Die Lage 4 ist ein Rechteck, da ε parallel zu $\overline{BF}$ ist. Zum Zeichnen beginnt man mit den beiden zueinander parallelen Strecken in der Grund- und Deckfläche und verbindet dann deren Endpunkte. Die Lage 5 (Ecke C) ist eine Grenzlage. Sie liefert S in der hinteren Würfelebene. Beim Weiterdrehen trifft ε die Würfelkante $\overline{CD}$ in einem inneren Punkt: Bis zu einer weiteren Grenzlage (Ecke A) entstehen Fünfecke. Zum Skizzieren der Lage 6 zeichnet man b und c und nutzt S oder d || b. Weitere Lagen erhält man mit analogen Überlegungen. Offen ist, ob es noch andere Schnittfiguren gibt, wenn man die Strecke a variiert.

Zur allgemeinen Antwort auf die Frage nach allen denkbaren Schnittfiguren vgl. Anhang 2.

3.2 Grundideen beim Berechnen

3.2.1 Hilfsmittel zu Berechnungen bei axonometrischen Bildern

Gegeben sind zwei bei C bzw. C' rechtwinklige Dreiecke ABC bzw. A'B'C', die den Winkel α gemeinsam haben. Dann kann man die beiden Dreiecke in die in der Figur gezeichnete Strahlensatz-Lage bringen. Nach dem 1. und dem 2. Strahlensatz gilt dann:

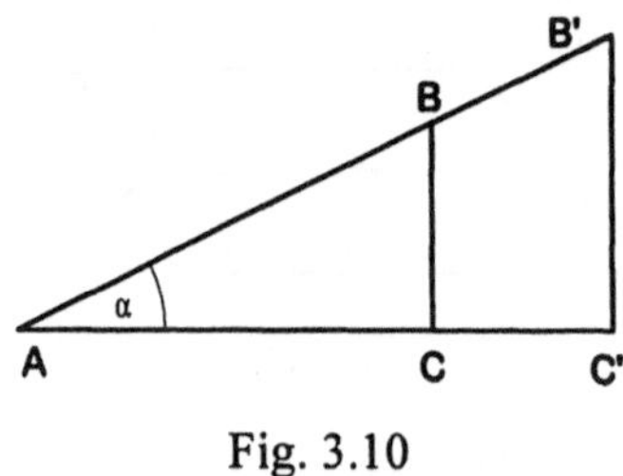

Fig. 3.10

$$\frac{|\overline{BC}|}{|\overline{AB}|}=\frac{|\overline{B'C'}|}{|\overline{AB'}|}=\sin\alpha\,,\qquad \frac{|\overline{AC}|}{|\overline{AB}|}=\frac{|\overline{AC'}|}{|\overline{AB'}|}=\cos\alpha\,,$$

$$\frac{|\overline{BC}|}{|\overline{AC}|}=\frac{|\overline{B'C'}|}{|\overline{AC'}|}=\tan\alpha\,,\qquad \frac{|\overline{AC}|}{|\overline{BC}|}=\frac{|\overline{AC'}|}{|\overline{B'C'}|}=\cot\alpha\,.$$

Dies ist die Definition der Trigonometrischen Funktionen am rechtwinkligen Dreieck. Um von den Bezeichnungen der Dreiecksecken unabhängig zu sein, formuliert man meist mit allgemeinen Begriffen des rechtwinkligen Dreiecks und sagt – anschaulich, leicht zu merken, aber nicht sehr exakt: Im rechtwinkligen Dreieck gilt[3]

$$\text{Sinus} = \frac{\text{Gegenkathete}}{\text{Hypotenuse}},\qquad \text{Kosinus} = \frac{\text{Ankathete}}{\text{Hypotenuse}},\qquad \text{Tangens} = \frac{\text{Gegenkathete}}{\text{Ankathete}}.$$

Aus diesen Bezeichnungen ergibt sich auch, dass stets $\sin^2\alpha + \cos^2\alpha = 1$ gilt.

Für die Berechnungen an Dreiecken (mit Standardbezeichnungen) gelten folgende Sätze:

Satz 3.8: Sätze zur Dreiecksberechnung

a) Sinussatz $\quad \dfrac{a}{\sin\alpha} = \dfrac{b}{\sin\beta} = \dfrac{c}{\sin\gamma}$

b) Kosinussatz $\quad a^2 = b^2 + c^2 - 2 \cdot b \cdot c \cdot \cos\alpha \quad$ und analog für b^2 und c^2.

Falls $\gamma = 90°$ misst, wird aus dem Kosinussatz für c^2 der bekannte Satz des PYTHAGORAS.

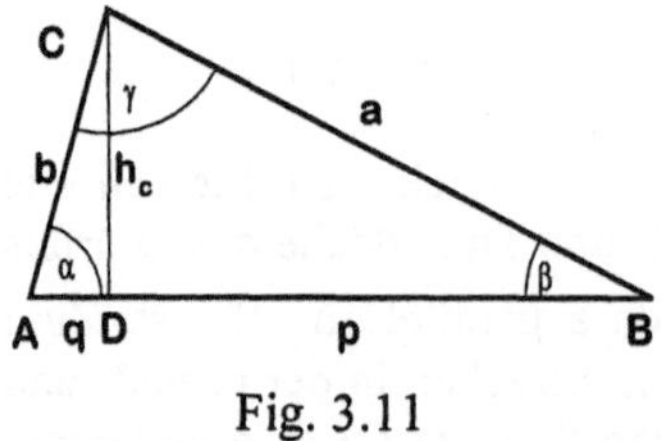

Fig. 3.11

Beweise: Mit den Bezeichnungen von Fig. 3.11 gilt $\sin\alpha = \frac{h_c}{b}$ und $\sin\beta = \frac{h_c}{a}$. Eliminieren von h_c ergibt den ersten Teil des Sinussatzes. Teil zwei folgt analog.
Aus $p = c - q$, $q = b \cdot \cos\alpha$ und $h_c = b \cdot \sin\alpha$ folgt aus dem Satz des PYTHAGORAS für ΔBDC:
$a^2 = p^2 + h_c^2 = (c - b \cdot \cos\alpha)^2 + (b \cdot \sin\alpha)^2$ und somit
$a^2 = c^2 - 2 \cdot bc \cdot \cos\alpha + b^2 \cdot \cos^2\alpha + b^2 \cdot \sin^2\alpha = b^2 + c^2 - 2 \cdot bc \cdot \cos\alpha$. ■

Bemerkung: Hier beschränken sich Definitionen und Beweise auf spitze Winkel – beim Kosinussatz zudem auf a^2. Die Verallgemeinerungen der Definitionen ergeben sich am Einheitskreis, die Beweise müssen leicht modifiziert bzw. ergänzt werden.

[3] Hier soll nur an die bekannten Definitionen erinnert werden!

Beispiel 3.6: Fig. 3.12 zeigt (in einer Freihandskizze, wie es – als Aufforderung, selbst so zu zeichnen – von nun an immer wieder einmal vorkommen wird, die aber nicht genau maßstäblich ist) ein Satteldach, auf dem eine so genannte Schleppgaube als Dachausbau angebracht ist. Das Satteldach ist 18 m lang, 12 m breit und mit 45° gegen die Horizontale geneigt. Die vertikale Wand der Schleppgaube sitzt mittig auf der Traufline auf. Sie ist 2 m hoch und 12 m breit. Die Dachfläche der Schleppgaube ist 30° gegen die Horizontale geneigt. Wie erhöht sich das Volumen des Satteldachs, wenn auf beiden Seiten eine solche Schleppgaube angebracht wird? Wie ändert sich die mit Dachplatten einzudeckende Fläche?

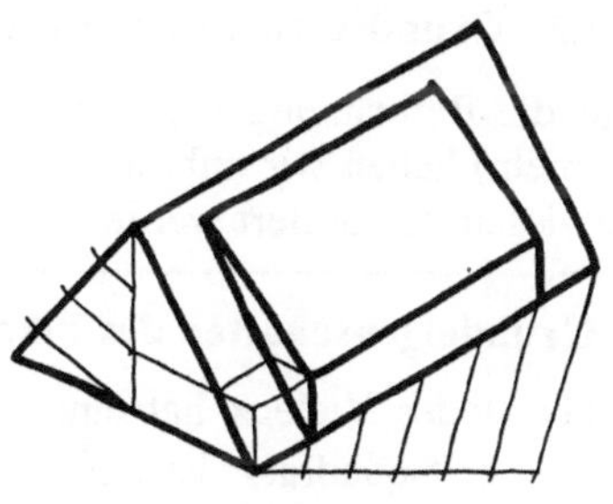

Fig. 3.12

Wir berechnen das Volumen, das durch eine Gaube dazu kommt. Es ist das Volumen eines Dreikantprismas, dessen Höhe h = 12 m misst. Von der dreieckigen Grundfläche kennen wir mit den Bezeichnungen von Fig. 3.13 die Seite c. Sie ist 2 m lang. Von dem Dreieck kennen wir außerdem die zwei dieser Seite anliegenden Winkel. Da das Satteldach gegen die Horizontale mit 45° geneigt ist, misst der untere Innenwinkel des Dreiecks $\alpha = 90° - 45° = 45°$. Die in Fig. 3.13 angedeutete Hilfslinie durch B lässt erkennen, dass mit $\varphi = 30°$ der obere Innenwinkel $\beta = 90° + \varphi = 120°$ misst. Wir errechnen zuerst $\gamma = 180° - \alpha - \beta = 15°$ und dann mit Hilfe des Sinussatzes z. B. die Länge von a als $a = \frac{c \cdot \sin\alpha}{\sin\gamma}$, in Zahlen $a \approx 5{,}46$ m. Analog errechnet sich $b \approx 6{,}69$ m. Um den Flächeninhalt des Dreiecks berechnen zu können, brauchen wir noch die Länge der Höhe h_c. Sie errechnet sich als $h_c = a \cdot \cos\varphi = b \cdot \cos(90° - \alpha) \approx 4{,}73$ m über die Kosinus-Definition. Damit ist $V_G = 0{,}5 \cdot c \cdot h_c \cdot h \approx 56{,}78\ \text{m}^3$ das Volumen <u>einer</u> Gaube.

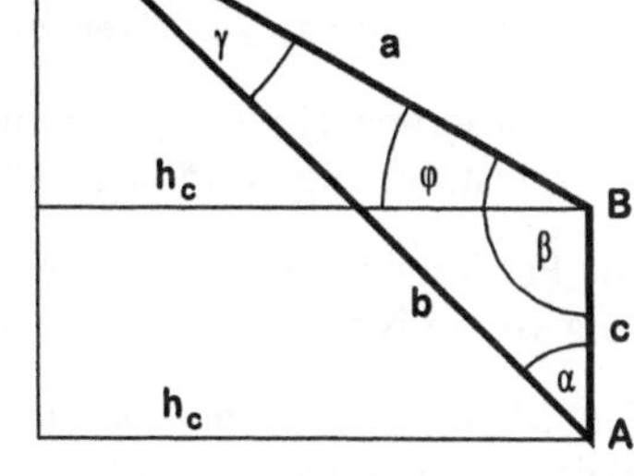

Fig. 3.13

Durch eine Gaube fällt die Fläche $A_1 = b \cdot h$ weg, dafür kommt die Fläche $A_2 = a \cdot h$ dazu. Insgesamt wird pro Gaube die einzudeckende Fläche um $A = A_1 - A_2 = (b - a) \cdot h \approx 14{,}76\ \text{m}^2$ kleiner. Wieder ist die Zahl für zwei Gauben zu verdoppeln.

Aufgabe 3.2: Skizzieren Sie in einer Freihandzeichnung das Satteldach. Ergänzen Sie – Hilfslinien in Fig. 3.12 geben Anleitung zur Teilung mit Hilfe des Strahlensatzes – die Schleppgaube. Da auf beiden Dachflächen eine solche Schleppgaube angebracht sein soll, ist die Gaube auf der anderen Seite zu ergänzen, sofern sie dort sichtbar ist.

Aufgabe 3.3: Führen Sie den Beweis für den Sinus- und Kosinussatz für den nicht ausgeführten Fall, dass $90° < \alpha < 180°$ gilt.

Aufgabe 3.4: Berechnen Sie die Länge der Diagonalen eines regelmäßigen Fünfecks.

3.2.2 Grundsätzliches zu Berechnungen bei Flächeninhalten

Für die Berechnung von Flächeninhalten (bzw. für die Herleitung von Flächeninhaltsformeln) haben wir unbewusst schon Annahmen gemacht, die hier als grundlegend (unbewiesen) formuliert werden sollen:

Grundeigenschaften des Flächeninhalts (von Vielecken und anderen Figuren):

(1) Jedes Vieleck hat einen positiven Flächeninhalt. Der Flächeninhalt des „Einheitsquadrats" ist 1 e^2.

(2) Zueinander kongruente Figuren haben denselben Flächeninhalt.

(3) Besteht eine Figur aus zwei Teilfiguren, die keine inneren Punkte gemeinsam haben, so ist der Flächeninhalt der Gesamtfigur gleich der Summe der Flächeninhalte der beiden Teilfiguren.

(4) Zerlegungsgleiche Figuren sind flächeninhaltsgleich.

(5) Ergänzungsgleiche Figuren sind flächeninhaltsgleich.

Die Forderung (1) enthält im ersten Teil unser eigentliches Anliegen, jedem Polygon einen Flächeninhalt zuweisen zu können. Der zweite Teil gibt nur eine Flächeneinheit an.

Die Forderung (2) entspricht unserer Vorstellung, dass bei Kongruenz nicht nur die Übereinstimmung von Längen- und Winkelmaßen, sondern auch beim Flächenmaß gilt.

Die Forderung (3) sichert eine Art „Additivität", die wir bei Streckenlängen (beim Umfang von Polygonen) analog kennen.

Ein Mangel dieser anschaulichen Erklärung ist aber, dass die Begriffe „zerlegungsgleich" und „ergänzungsgleich" aus den Forderungen (4) und (5) noch nicht exakt definiert sind. Kurz – durch die folgenden Beispiele präzisiert – formulieren wir die

Definition 3.3: Zwei Polygone heißen **zerlegungsgleich**, wenn sie sich in die gleiche Zahl von Dreiecken zerlegen lassen, die keinen inneren Punkt gemeinsam haben und wenn es zu jedem Dreieck der Zerlegung des einen Polynoms genau ein dazu kongruentes Dreieck der Zerlegung des anderen Polynoms gibt.

Für die Anwendungen ist es nicht notwendig, immer nach zueinander kongruenten Dreiecken zu suchen. Es genügt auch, Polygone als Zerlegungsteile zu nehmen, weil man zueinander kongruente Polygone durch das Hinzufügen jeweils entsprechender Diagonalen immer in zueinander kongruente Dreiecke (weiter) zerlegen kann.

Ohne Beweis soll die für Anwendungen interessante Umkehrung von Forderung (4) angegeben werden. Es gilt der in Spezialfällen fast zu vermutende, allgemein aber eher erstaunliche

Satz 3.9: Wenn zwei geradlinig berandete Figuren (Polygone) flächeninhaltsgleich sind, dann sind sie auch zerlegungsgleich.

Beispiel 3.7: Flächeninhalt eines Parallelogramms

Wenn bekannt ist, dass man den Flächeninhalt eines Rechtecks (vereinfacht formuliert) als Produkt der beiden Seitenlängen berechnen kann, dann führt folgende Überlegung zu einer Formel zur Berechnung des Flächeninhaltes eines Parallelogramms:

Um den Flächeninhalt des Parallelogramms ABCD zu bestimmen, fällt man von der Ecke C das Lot auf die Gegenseite. Lotfußpunkt ist E. Das (in Fig. 3.14 schraffierte) rechtwinklige Dreieck EBC schneidet man nun vom Parallelogramm ab und setzt es mit der Hypotenuse an $\overline{AD}$ an. So entsteht das Rechteck FECD, das den gleichen Flächeninhalt hat wie das Ausgangs-Parallelogramm ABCD. Der Flächeninhalt des Parallelogramms berechnet sich also als Produkt aus der Länge einer Seite (da $|\overline{AB}| = |\overline{FE}|$ gilt) mit der Länge der zugehörigen Höhe (hier also mit $|\overline{EC}|$).

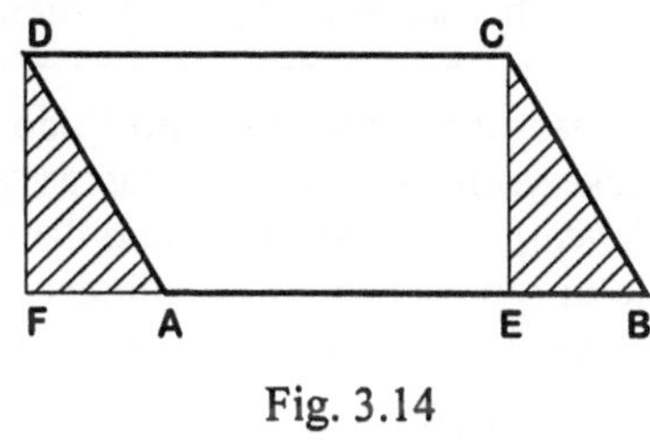

Fig. 3.14

Die Begründung für diese Überlegung folgt daraus, dass das Parallelogramm ABCD und das Rechteck FECD zerlegungs- und damit flächeninhaltsgleich sind. Das Parallelogramm wird zerlegt in ΔEBC und das Trapez AECD. Das Rechteck wird zerlegt in ΔFAD und das Trapez AECD. Die beiden Dreiecke sind zueinander kongruent, da sie in der Hypotenuse, dem bei A bzw. B anliegenden Winkel und dem rechten Winkel übereinstimmen; daher sind diese Dreiecke auch flächeninhaltsgleich.

Wir werden bei den Überlegungen zur Ergänzungsgleichheit sehen, dass dies zur Begründung der Parallelogramm-Formel nicht ausreicht!

Beispiel 3.8: Der Satz des PYTHAGORAS

Fig. 3.15 zeigt ein rechtwinkliges Dreieck, bei dem über jeder Seite nach außen ein Quadrat gezeichnet ist – die klassische „PYTHAGORAS-Figur".

Das größere Kathetenquadrat wird folgendermaßen zerlegt: Durch den Diagonalenschnittpunkt dieses Quadrats zeichnet man eine Parallele zur Hypotenuse und die dazu senkrechte Strecke.

Diese vier Teile und das kleinere Kathetenquadrat finden sich – durch gleiche Schraffur gekennzeichnet – im Hypotenusenquadrat wieder. Das Hypotenusenquadrat wird also in die vier Vierecke aus dem großen Kathetenquadrat und in das kleine Kathetenquadrat zerlegt und ist daher flächengleich zu diesen beiden Quadraten.

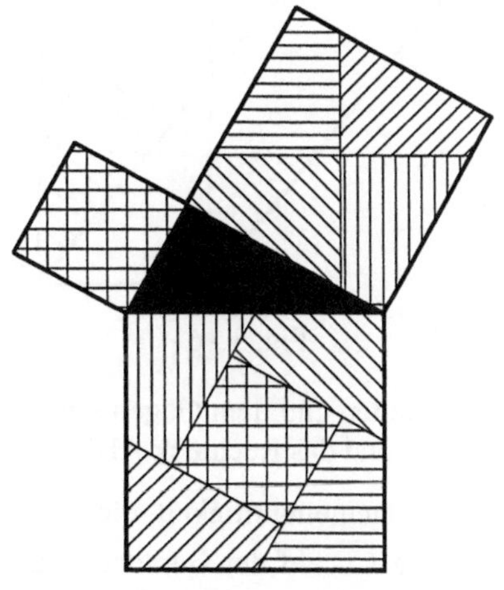
Fig. 3.15

Aufgabe 3.5: Diese Überlegungen („Schaufelradbeweis") sind richtig, aber noch kein vollständiger Beweis für den Satz des PYTHAGORAS. Überlegen Sie, wo Lücken sind.

Wir wollen nun auf die Forderung (5) eingehen.

Definition 3.4: Zwei Polygone heißen **ergänzungsgleich**, wenn sie durch paarweises Hinzufügen (derart, dass keine inneren Punkte gemeinsam sind) von zueinander kongruenten Polygonen (Dreiecken usw.) zu zerlegungsgleichen Flächenstücken ergänzt werden können.

Hier ist interessant, dass am Ende der Ergänzung nicht zueinander kongruente Flächenstücke vorliegen müssen. Das ist leicht einzusehen, da zerlegungsgleiche Flächenstücke flächeninhaltsgleich sind, und darauf bezieht sich die Aussage von Forderung (5). Sind – wie in sehr vielen Anwendungen – die Flächen sogar zueinander kongruent, so sind sie trivialerweise zerlegungsgleich – es braucht keine Zerlegung mehr.

Mit dieser Definition folgt die Aussage von Forderung (5) unmittelbar aus der in Forderung (3) geforderten Additivität. Da die bei der Ergänzungsgleichheit hinzu genommenen („addierten") Flächen wegen der Kongruenz gleich sind und da die Ergebnisse gleichen Flächeninhalt haben, müssen auch die Ausgangsflächen gleichen Flächeninhalt haben.

Wir wollen auf die Berechnung des Flächeninhalts eines Parallelogramms und auf die Lücke zurückkommen, auf die in Beispiel 3.7 hingewiesen wurde. Wollte man bei dem Parallelogramm ABCD aus Fig. 3.16 den „Zerlegungsbeweis" aus Fig. 3.14 führen, würde man scheitern, weil die Höhe von C auf die Gegenseite (als Strecke) diese Gegenseite nicht mehr in einem inneren Punkt trifft. Die Überlegungen aus Beispiel 3.7 sind also richtig, decken aber nicht alle Fälle ab.

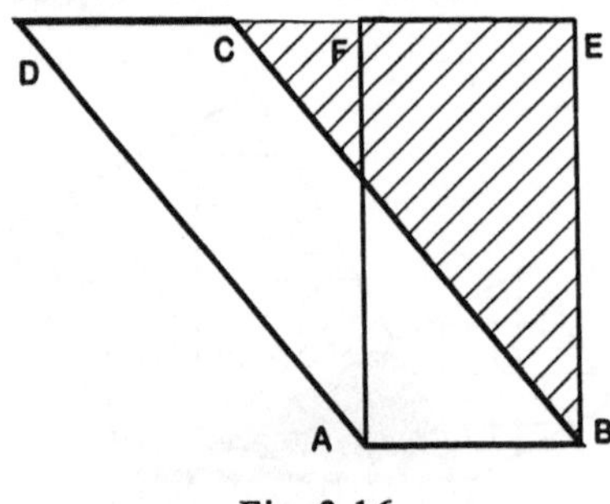

Fig. 3.16

Wir zeigen nun allgemein gültig (für jede beliebige Form eines Parallelogramms, vgl. Fig. 3.16) mit Hilfe der Ergänzungsgleichheit, dass das Rechteck ABEF flächeninhaltsgleich mit dem Parallelogramm ABCD ist.

An das Rechteck ABEF wird – so die Ergänzung des Rechtecks – das Dreieck AFD angefügt. An das Parallelogramm ABCD wird das Dreieck BEC angefügt. Als Gesamtfigur entsteht in beiden Fällen das Viereck ABED. Da die Dreiecke BEC und AFD zueinander kongruent sind (sie stimmen in zwei Seiten und dem Gegenwinkel der größeren Seite überein), sind das Parallelogramm ABCD und das Rechteck ABEF flächeninhaltsgleich.

Die Allgemeingültigkeit dieser Argumentation begründet man dynamisch: Wenn die Strecke $\overline{CD}$ auf der Geraden (CD) „wandert", kann man für jede Lage wirklich „buchstabengetreu" gleich überlegen.

Analog kann man – ausgehend von Quadrat und Rechteck – für alle gängigen Polygone (außer den hier besprochenen Parallelogrammen für Dreiecke, Trapeze, Drachenvierecke, reguläre Sechsecke usw.) Flächeninhaltsformeln herleiten.

Beispiel 3.9: Ergänzungsbeweis für den Satz des PYTHAGORAS

Man geht (in Gedanken) von einem rechtwinkligen Dreieck Δ mit den Katheten der Länge a und b und der Hypotenuse der Länge c aus. Wir verwenden mehrere solche Dreiecke.

In Fig. 3.17 a werden zwei Quadrate mit den Seitenlängen a bzw. b durch vier solche Dreiecke Δ zu einer Gesamtfigur G_1 ergänzt. In Fig. 3.17 b wird ein Quadrat mit der Seitenlänge c durch vier solche rechtwinkligen Dreiecke Δ zu einer Gesamtfigur G_2 ergänzt.

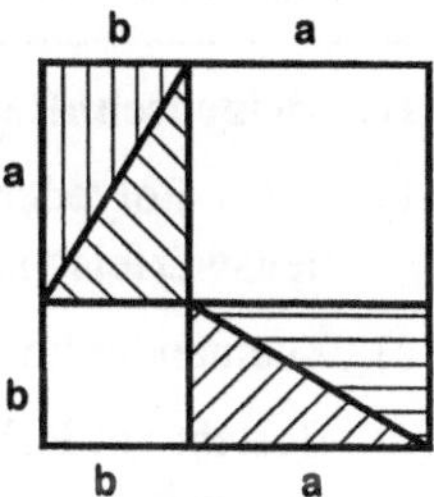

Fig. 3.17 a

Zwei zueinander kongruente rechtwinklige Dreiecke lassen sich an der Hypotenuse so zusammenlegen, dass ein Viereck entsteht. Zwei der Vierecks-Winkel sind die rechten Winkel der Dreiecke. Die beiden anderen ergeben sich durch Aneinanderlegen der anderen Dreieckswinkel, die (Winkelsumme 180° im Dreieck) zusammen 90° messen. Also sind alle vier Winkel rechte Winkel, es liegt ein Rechteck vor. Auf diese Weise ist gesichert, dass G_1 in Fig. 3.17 a ein Quadrat mit der Kantenlänge a + b ist.

In Fig. 3.17 b stoßen in jeder Ecke des Quadrats der Kantenlänge c drei Winkel aneinander – zwei voneinander verschiedene Winkel der Dreiecke und der rechte Winkel des Quadrats. Die Strecken der Länge a und b, die dort aneinander stoßen, schließen, weil die Summe der Winkelmaße in einem Dreieck 180° ist, einen gestreckten Winkel ein – sie liegen also auf einer Geraden. Folglich ist G_2 ein Quadrat mit der Kantenlänge a + b.

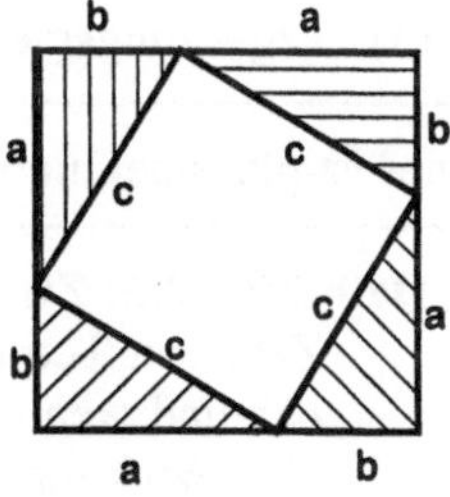

Fig. 3.17 b

Damit sind G_1 und G_2 zueinander kongruent, also sicher flächeninhaltsgleich. Deshalb sind auch die beiden Kathetenquadrate flächeninhaltsgleich dem Hypotenusenquadrat.

Bemerkung: In Beispiel 3.8 wurde ein **Zerlegungsbeweis**, in Beispiel 3.9 ein **Ergänzungsbeweis** für den Satz des PYTHAGORAS angegeben. Die zum Zerlegungsbeweis gehörige Fig. 3.15 zeigt die typische PYTHAGORAS-Figur. Das ist sicher ein Vorteil gegenüber den Figuren 3.17, aus denen man die Aussage des Satzes am rechtwinkligen Dreieck nicht so deutlich ablesen kann. Beim Zerlegungsbeweis wurde ein Kathetenquadrat zerlegt und aus den Zerlegungsteilen und dem anderen Kathetenquadrat wurde – quasi wie bei einem Puzzle – das Hypotenusenquadrat zusammengesetzt. Das Problem dieses Beweises ist dann zu begründen, dass sich das Puzzle wirklich schließt. Dies ist wesentlich schwieriger als der hier geführte Beweis, dass bei der Ergänzung der Kathetenquadrate bzw. des Hypotenusenquadrats je durch vier Dreiecke ein Quadrat der Kantenlänge a + b entsteht.

Aufgabe 3.6: Begründen Sie, dass sich aus den „Puzzleteilen" aus Beispiel 3.8 wirklich ein Quadrat der Kantenlänge c zusammensetzen lässt und dass die „Lücke" ein Quadrat ist. Wenn dies geschehen ist, dann werden damit die Mängel (Lücken), auf die in Aufgabe 3.5 hingewiesen wurde, behoben.

3.2.3 Berechnungen bei Rauminhalten

Viele Überlegungen, die zur Flächeninhaltsberechnung angestellt wurden, lassen sich auf die Berechnung von Rauminhalten übertragen. Statt von Polygonen, die von Strecken begrenzt werden, geht man jetzt eine Dimension höher von **Polyedern** aus, die von endlich vielen Polygonen begrenzt werden. Man vermutet folgende

Grundeigenschaften des Rauminhalts (von Polyedern):

(1) Jedes Polyeder hat einen positiven Rauminhalt. Der Rauminhalt des „Einheitswürfels" ist 1 e^3.

(2) Zueinander kongruente Polyeder haben denselben Rauminhalt.

(3) Besteht ein Polyeder aus zwei Teilpolyedern, die keine inneren Punkte gemeinsam haben, so ist der Rauminhalt des Gesamtpolyeders gleich der Summe der Rauminhalte der beiden Teilpolyeder.

(4) Zerlegungsgleiche Polyeder sind rauminhaltsgleich.

(5) Ergänzungsgleiche Polyeder sind rauminhaltsgleich.

Dies ist plausibel, und man kann auch analog zum ebenen Fall noch ergänzen

Definition 3.5: Zwei Polyeder heißen **zerlegungsgleich**, wenn sie sich in die gleiche Zahl von Tetraedern zerlegen lassen, die keinen inneren Punkt gemeinsam haben und wenn es zu jedem Tetraeder der Zerlegung des einen Polyeders genau ein dazu kongruentes Tetraeder der Zerlegung des anderen Polyeders gibt.

Doch anders als im Fall der Ebene gilt der (hier ebenfalls nicht bewiesene)

Satz 3.10: Wenn zwei Polyeder rauminhaltsgleich sind, dann brauchen sie nicht auch zerlegungsgleich zu sein.

Dennoch genügen diese Überlegungen, um viele Berechnungen auszuführen. Geht man von der Volumenformel für einen Würfel aus, kann man – analog zum Vorgehen in der Ebene – zu einer Formel für Quader, Dreikantsäulen usw., insgesamt für senkrechte Prismen, kommen. Man erhält so aber nicht allgemein – und das wäre die Analogie zur Dreiecksformel – eine Formel für Tetraeder bzw. für beliebige Pyramiden. Trotz dieser Lücke im Beweis-Aufbau wollen wir für konkrete Anwendungen aber schon jetzt die bekannten Formeln verwenden.

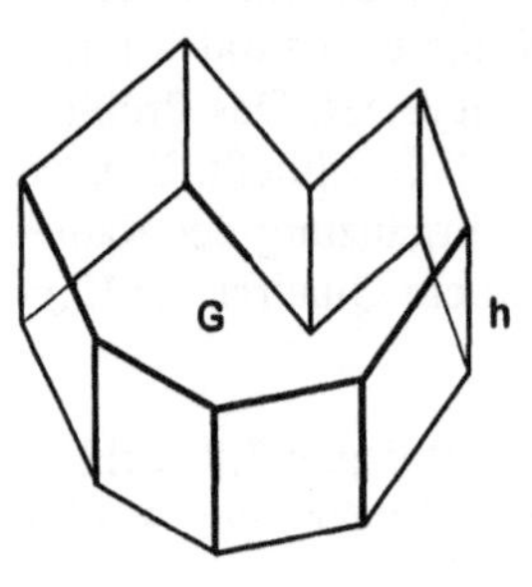

Fig. 3.18

Für ein senkrechtes Prisma mit der Grundfläche G mit Inhalt A_G und Höhe h (Fig. 3.18) ist das Volumen $V_{Prisma} = A_G \cdot h$. Für eine senkrechte Pyramide mit Grundfläche G und Höhe h ist das Volumen $V_{Pyramide} = \frac{1}{3} \cdot A_G \cdot h$. Auf die Begründung dieser Formel für Pyramiden kommen wir noch zurück.

Beispiel 3.10: Volumenberechnung für ein Walmdach

Die Flächen eines Walmdachs über einem Haus mit rechteckigem Grundriss (a = 12 m lang, b = 8 m breit) sind mit $\alpha = 30°$ gegen die Horizontale geneigt. Welchen Rauminhalt hat das Dach insgesamt? Fig. 3.19 zeigt eine Skizze, an der die räumliche Situation abgelesen werden kann.

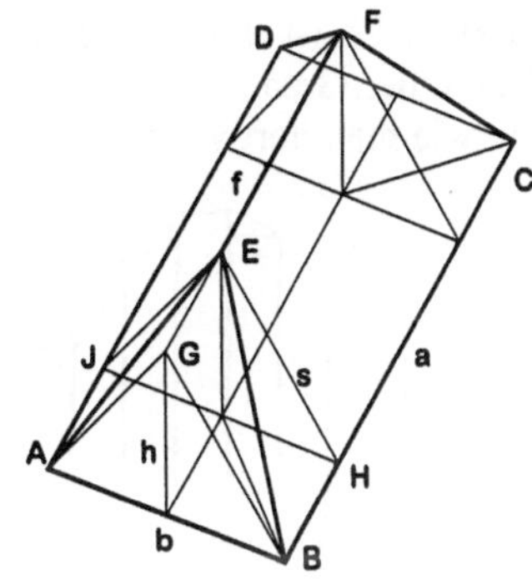

Fig. 3.19

Um die Höhe h des Dachs berechnen zu können, betrachten wir (vgl. Fig. 3.20) zuerst das Giebeldreieck ABG, weil dort der Neigungswinkel α der Trapez-Flächen unverzerrt zu sehen ist. Es gilt:

$$\tan\alpha = \frac{h}{\frac{b}{2}} \text{ und } \cos\alpha = \frac{\frac{b}{2}}{s}.$$

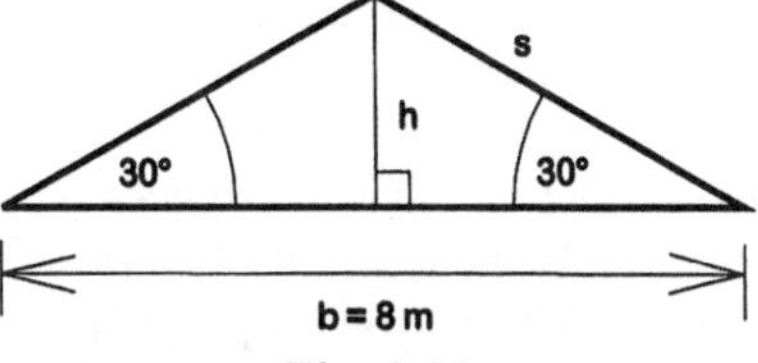

Fig. 3.20

Daraus erhalten wir mit den angegebenen Zahlen $h \approx 2{,}3$ m und $s \approx 4{,}6$ m. h werden wir zur Volumenberechnung brauchen, s würde analog bei der Berechnung der Oberfläche gebraucht.

Zur Berechnung des Volumens fehlt noch die Länge f der Firstlinien. Um f zu bestimmen, denkt man sich die Dreikantsäule mit ΔHJE als Grundfläche und der Höhe f herausgenommen und die beiden Restkörper zusammen geschoben. Bei überall gleicher Dachneigung entsteht auf diese Weise eine quadratische Pyramide mit der Quadratkante b und der Höhe h. Daher ist die Firstlänge $f = \overline{EF}$ aus den Werten $a = \overline{BC}$ und $b = \overline{AB}$ sofort als $f = a - b$ berechenbar. Für die konkreten Maße unseres Beispiels errechnet man die Firstlänge zu $f = 4$ m.

Für die Berechnung des Volumens bieten sich zwei Wege an:

Berechnung durch **Zerlegung**: Man zerlegt das Walmdach, wie oben angedeutet, in eine Dreikantsäule und zwei angrenzende schiefe Pyramiden. Die Dreikantsäule hat ΔHJE als Grundfläche und die Höhe f. Die beiden schiefen Pyramiden mit Rechtecks-Grundfläche kann man zu einer quadratischen Pyramide mit Quadratkante b und Höhe h zusammenschieben. Das Volumen der Dreikantsäule errechnet sich zu $V_S = 0{,}5 \cdot b \cdot h \cdot f$, das Volumen der (zusammen geschobenen) quadratische Pyramide zu $V_P = \frac{1}{3} \cdot b^2 \cdot h$.

Berechnung durch **Ergänzung**: Man ergänzt das Walmdach zu der Dreikantsäule mit ΔABG als Grundfläche und der Höhe a und berechnet deren Volumen. Davon zieht man das Volumen von zwei dreiseitigen Pyramiden ab. Die vordere Pyramide hat ΔABG als Grundfläche und die Spitze in E. Analog überlegt man am hinteren Ende des Dachs.

Aufgabe 3.7: Berechnen Sie für beide Wege die Zahlenwerte.

Die bedeutendste Einschränkung bei unseren Überlegungen zur Berechnung von Flächen- und Rauminhalten war, dass die Flächen geradlinig, die Körper eben begrenzt sein mussten. Es ist einleuchtend, dass man, wenn man diese Bedingung aufgibt, nur mit Mitteln der Grenzwertmathematik zu Ergebnissen kommt. Hier soll nur angedeutet werden, wie man dort vorgeht[4].

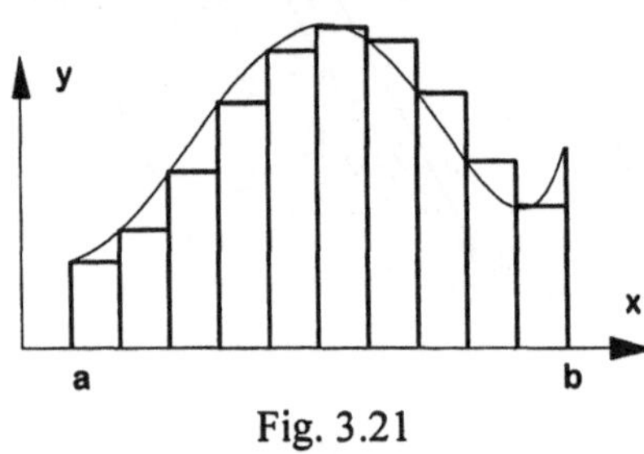

Fig. 3.21

Das bestimmte Integral $\int_a^b f(x)dx$ gibt für die Situation in Fig. 3.21 den Flächeninhalt des Flächenstücks zwischen der x-Achse, den Geraden mit der Gleichung $x = a$, $x = b$ und dem Schaubild der Funktion f(x) an. In der Geometrie kommen die „Ausartungsfälle", dass z. B. das Schaubild von f unterhalb der x-Achse verläuft, nicht vor.

In Fig. 3.21 ist die Strecke von a nach b in 10 (allgemein: in n) gleich lange Teile geteilt. Über jedem Teil ist ein Rechteck derart gezeichnet, dass die linke obere Rechtecksecke auf dem Schaubild von f(x) liegt. Die Summe der Flächeninhalte aller eingezeichneten Rechtecke ist ein Näherungswert für das Integral (und damit für den Flächeninhalt des Flächenstücks unter der Kurve). Dieser Näherungswert wird umso genauer, je größer n wird. Wenn – anschaulich gesprochen – n gegen unendlich geht (Grenzübergang), dann ist der Grenzwert der Summe gleich dem obigen Integral, also gleich dem Flächeninhalt.

Diese Idee, einen gesuchten Flächeninhalt dadurch zu bestimmen, dass man die Fläche in Streifen aufteilt und deren Flächeninhalte addiert, übertragen wir nun in den Raum.

Fig. 3.22

Man teilt einen Körper (in Fig. 3.22 dargestellt an einer geraden quadratischen Pyramide) in Schichten. Bei der Pyramide sind die Schichten quadratische Säulen, i. Allg. werden die Schichten Prismen oder Zylinder sein. Den Rauminhalt der Pyramide erhält man offensichtlich näherungsweise als Summe der Rauminhalte der Schichten. Lässt man die Höhe der Schichten immer kleiner, dafür aber die Zahl der Schichten immer größer werden, wird die Annährung an das Pyramidenvolumen offenbar immer besser.

Diese **Schichtenmethode** wird es uns erlauben, zunächst eine Formel und dann ein wichtiges Hilfsmittel für die Berechnung von Rauminhalten herzuleiten.

[4] Für eine exakte Darstellung mit Unter- und Obersummen sowie Grenzwerten vgl. JUNEK, Analysis. Hier wird - darauf sei besonders hingewiesen - die Frage der Konvergenz nicht untersucht, da in der Geometrie stets nur „gutartige" Fälle vorkommen.

Beispiel 3.11: Volumen einer Pyramide

Um die Rechnung einfacher zu machen, wollen wir eine quadratische Pyramide betrachten, die nicht wie üblich auf einer horizontalen Ebene steht. Die Spitze der Pyramide soll vielmehr im Ursprung eines Koordinatensystems und ihre Höhe auf der x-Achse liegen. Zwei Kanten des Grundquadrats liegen parallel zur y- bzw. z-Achse.

Die Kante des Grundquadrats hat die Länge a, die Höhe der Pyramide ist h. Fig. 3.23 zeigt den Grundriss für die hier gewählte Lage.

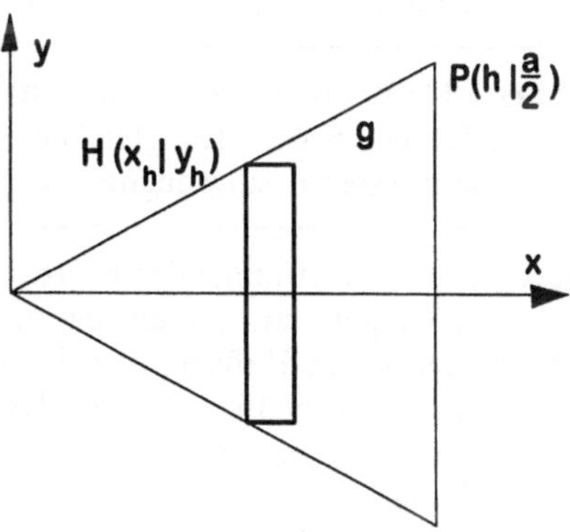

Fig. 3.23

Die obere Randgerade g hat dann die Gleichung $y = \frac{a}{2h} \cdot x$, und daher hat eine (in der Figur eingezeichnete) Schicht der Dicke Δx (in Form einer quadratischen Säule) das Volumen

$$V_S = (2 \cdot y_h)^2 \cdot \Delta x = \left(2 \cdot \frac{a}{2h} \cdot x_h\right)^2 \cdot \Delta x.$$

Für den Rauminhalt der ganzen Pyramide (gleich als Integral geschrieben und dann berechnet) ergibt sich daher

$$V_{Pyramide} = \int_0^h \left(\frac{2 \cdot a}{2 \cdot h} \cdot x\right)^2 dx = \left(\frac{a}{h}\right)^2 \cdot \int_0^h x^2\, dx = \left(\frac{a}{h}\right)^2 \cdot \frac{1}{3} \cdot x^3 \Big|_0^h = \frac{1}{3} \cdot a^2 \cdot h\,.$$

Man sieht leicht ein, dass diese Überlegungen verallgemeinerbar sind. Wäre die Pyramide nicht quadratisch gewesen, hätte man analog überlegen können. Man hätte für das Volumen einer Schicht dann aber die Grundfläche $\underline{A}_G$ dieser Schicht direkt verwenden und dann $V_S = \underline{A}_G \cdot \Delta x$ schreiben müssen. Als Ergebnis hätte sich für die Gesamtgrundfläche A_G so die Pyramidenformel $V_{Pyramide} = \frac{1}{3} \cdot A_G \cdot h$ ergeben.

Beispiel 3.12: Dieses (in Beispiel 3.11 nur sehr kurz dargestellte) Verfahren ist für eine Behandlung im Unterricht der Sekundarstufe I natürlich völlig ungeeignet. Deshalb greift man dort für die Begründung der Formel für das Pyramidenvolumen auf Umfüllversuche zurück, kommt zu einer Vermutung der Formel und bestätigt diese Vermutung dann an Spezialfällen. Fig. 3.24 zeigt einen solchen Spezialfall: Die Raumdiagonalen teilen einen Würfel in sechs zueinander kongruente Pyramiden. In Fig. 3.24 ist von den sechs Pyramiden die vordere Pyramide herausgenommen. Für diese speziellen Pyramiden gilt offensichtlich die Pyramidenformel.

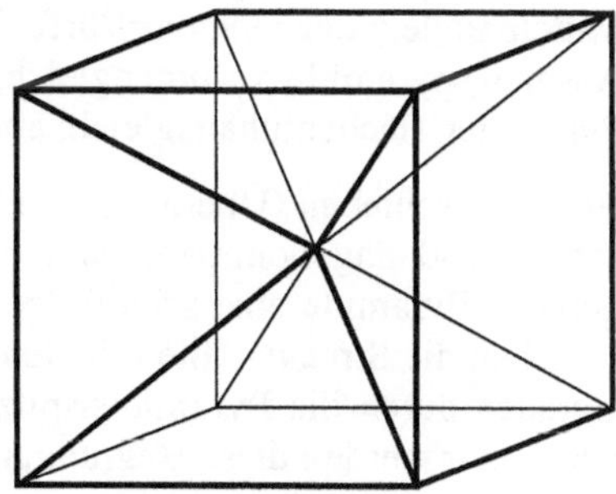
Fig. 3.24

Das Schichtenverfahren erlaubt es nun, ein Prinzip zu begründen, das in der Schule oft schon sehr früh (und dort ohne mathematische Begründung) verwendet wird.

Satz 3.11: Prinzip von CAVALIERI[5]
Zwei Körper haben den gleichen Rauminhalt, wenn je zwei in gleichem Abstand von einer festen Bezugsebene liegende ebene Schnitte gleichen Flächeninhalt haben.

Meist geht man, will man das Prinzip von CAVALIERI plausibel machen, von zwei gleich hohen Heftstapeln aus, die auf der gleichen Ebene (der Bezugsebene) stehen. Dann verschiebt man einen Heftstapel so in sich, dass die vorher vertikalen Kanten nicht mehr vertikal sind. Diese „Erläuterung" deutet zum einen sehr anschaulich an, dass ein exakter Beweis Grenzwertmathematik (Integralrechnung) braucht. Zum anderen ist diese Veranschaulichung eine Einengung, weil die ebenen Schnitte in den einzelnen Ebenen dann nicht nur flächeninhaltsgleich, sondern sogar zueinander kongruent sind.

Hier soll, unabhängig vom Beweis mit dem Schichtenverfahren, wenigstens an einem Beispiel ganz anschaulich angedeutet werden, dass die Kongruenz sicher nicht sein muss. Wir gehen von einer (zum besseren Verständnis in einen Würfel eingebetteten) quadrati-

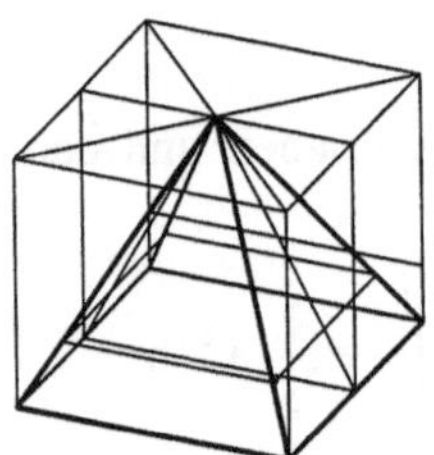

Fig. 3.25 a

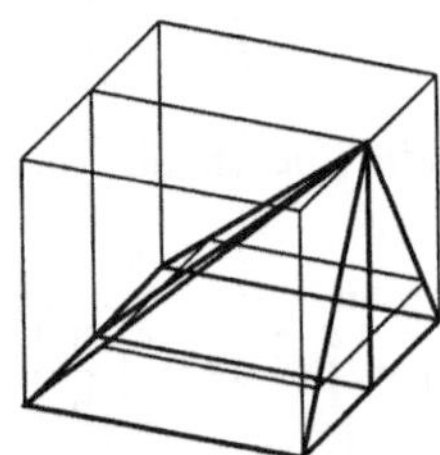

Fig. 3.25 b

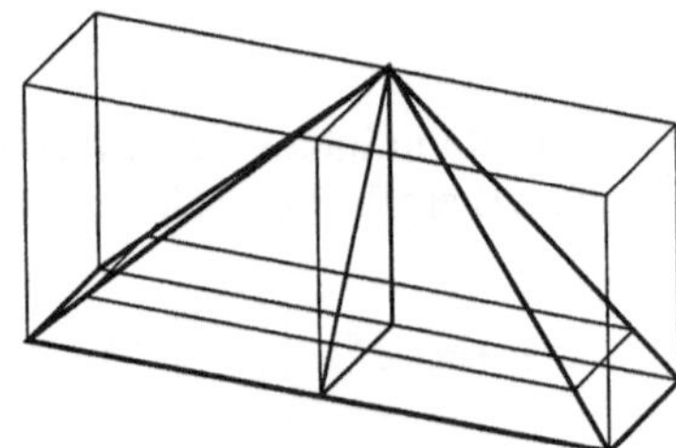

Fig. 3.25 c

schen Pyramide (Fig. 3.25 a) aus. Wir denken uns die Spitze längs der Mittelparallelen der Deckfläche nach rechts verschoben, bis sie in die rechte Seitenfläche fällt (Fig. 3.25 b). Bei diesem Verschieben bleiben ebene Schnitte parallel zur Grundebene (ein solcher Schnitt, immer in gleicher Höhe, ist in jeder der drei Figuren eingezeichnet) kongruent. Wir teilen diese schiefe Pyramide durch die Parallelebene zur vorderen Würfelfläche durch die Pyramidenspitze in zwei Hälften und drehen die hintere Hälfte um die vertikale Mittelparallele der rechten Würfelfläche durch 180°. Die Pyramide in Fig. 3.25 c ist zur Ausgangspyramide volumengleich, die Schnitte in gleicher Höhe sind bei den beiden Pyramiden flächeninhaltsgleich, aber sie sind jetzt nicht mehr zueinander kongruent.

Beim Verschieben (Übergang von Fig. 3.25 a in die Lage in Fig. 3.25 b) haben wir stillschweigend angenommen, dass bei dem so umschriebenen „Verschieben" aus einer geraden Pyramide eine schiefe Pyramide wird. Genau heißt das: Wenn bei diesem Verschieben die Strecken alle erhalten bleiben, dann liegen Endpunkte, die vorher auf einer Geraden durch die Pyramidenspitze lagen, auch nachher auf einer Geraden und umgekehrt. Wir werden diese Begründungslücke noch schließen.

[5] BONAVENTURA CAVALIERI (1598 ? – 1647), italienischer Mathematiker.

Beispiel 3.13: Drei Dreieckspyramiden in einem Dreikantprisma

Wir greifen den Ansatz von Beispiel 3.12 noch einmal auf und bestätigen die Volumenformel für eine Pyramide an einem anderen Spezialfall.

Wir zerlegen jetzt ein gerades Prisma ABCDEF über einer dreieckigen Grundfläche ABC nach folgender Vorschrift in drei Dreieckspyramiden (vgl. dazu Fig. 3.26 und Foto 1 im Anhang 1):

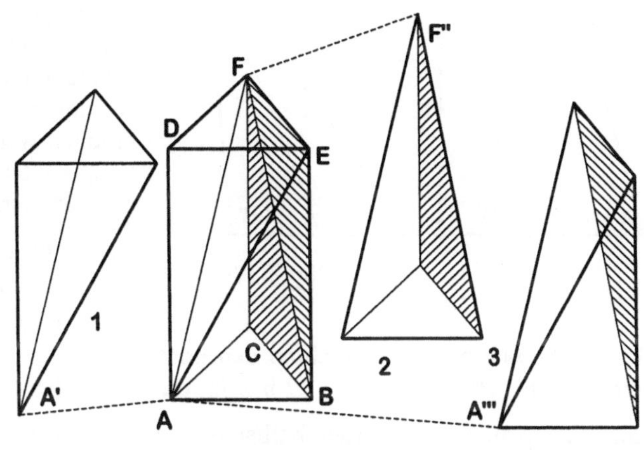

Fig. 3.26

Die Ebene (AEF) schneidet von dem Dreikantprisma eine Pyramide mit dreieckiger Grundfläche ab. Wir verschieben diese Pyramide in Gedanken (A nach A') parallel nach links. Dies ist der Teilkörper 1.

Den Restkörper teilen wir durch die Ebene (ABF) in die Pyramiden ABCF und ABEF.

ABCF verschieben wir in Gedanken (F nach F'') parallel nach hinten. Dies ist der Teilkörper 2. ABEF verschieben wir analog in Gedanken (A nach A''') parallel nach rechts. Dies ist der Teilkörper 3.

Teilkörper 1 und 2 haben als zueinander kongruente Grundflächen ΔABC bzw. ΔDEF und gleich lange Höhen $\overline{AD}$ bzw. $\overline{CF}$. Damit haben sie nach dem Satz von CAVALIERI gleiches Volumen, weil sie in entsprechenden Höhen flächeninhaltsgleiche Schnitte haben. Letzteres folgt, wie wir anschließend sehen werden, aus den Strahlensätzen.

Teilkörper 2 und Teilkörper 3 haben zueinander kongruente Flächen ΔBCF bzw. ΔBEF (in Fig. 3.26 jeweils schraffiert) als Grundflächen und gleich lange Höhen. Diese Höhen sind nicht direkt in Fig. 3.26 zu erkennen. Denkt man sich aber den Restkörper nach Abschneiden von Teilkörper 1 auf die Rechtecksfläche BCFE gestellt, dann ist die Höhe beider Teilkörper die Länge des Lots (als Strecke!) von A auf diese Fläche. Damit haben diese beiden Dreieckspyramiden analog zur Überlegung für Teilkörper 1 und 2 ebenfalls gleiches Volumen.

Wenn aber die drei Teilkörper gleiches Volumen haben, dann hat jeder Teilkörper ein Volumen, das sich (im Vergleich mit dem Volumen $V = A_G \cdot h$ der Dreikantsäule) als $V_{Pyramide} = \frac{1}{3} \cdot A_G \cdot h$ angeben lässt. Für die Teilkörper 1 und 2 ist dies mit der Grundfläche ΔABC bzw. ΔDEF sofort das „gewünschte" Ergebnis. Für den Teilkörper 3 muss man die Grundfläche wechseln, wie es bei der Begründung der Volumengleichheit angegeben wurde.

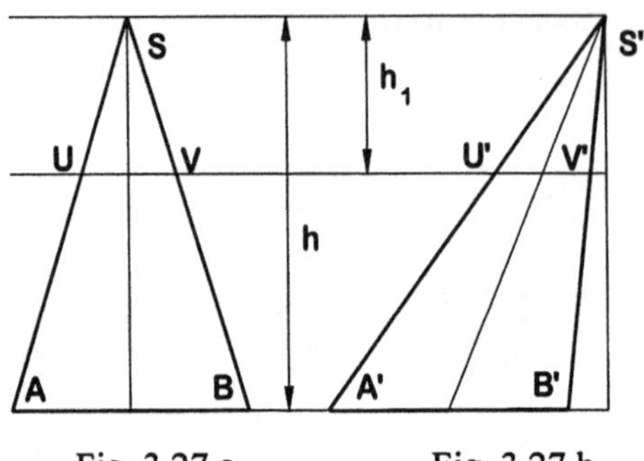

Fig. 3.27 a Fig. 3.27 b

Wir müssen das anschauliche Beispiel des Verschiebens noch einmal aufgreifen und zeigen, dass dabei für den Fall, dass beim Verschieben Geraden durch die Spitze in Geraden übergehen, die Voraussetzungen des Prinzips von CAVALIERI erhalten werden und dass umgekehrt beim kongruenten Verschieben von Flächenstücken Geraden erhalten bleiben können.

Fig. 3.27 a zeigt den Aufriss einer senkrechten quadratischen Pyramide. Die Grundkante $\overline{AB}$ hat die Länge a, die Gesamthöhe ist h. Wir betrachten den horizontalen Schnitt in der (von der Spitze aus gemessenen!) Höhe h_1. Fig. 3.27 b zeigt die verschobene Pyramide. Die Höhen und die Länge der Grundkante wurden beibehalten, und die Kanten $\overline{A'S'}$ und $\overline{B'S'}$, die aus $\overline{AS}$ und $\overline{BS}$ entstehen, sind geradlinig. Unter diesen Voraussetzungen zeigen wir, dass dann $|\overline{UV}| = |\overline{U'V'}|$ gilt.

In Fig. 3.27 a gilt nach dem 1. Strahlensatz (mit Scheitel S) $h_1 : h = |\overline{UV}| : a$.

In Fig. 3.27 b gilt nach dem 1. Strahlensatz (mit Scheitel S') $h_1 : h = |\overline{S'U'}| : |\overline{S'A'}|$.

In Fig. 3.27 b gilt nach dem 2. Strahlensatz (mit Scheitel S') $|\overline{S'U'}| : |\overline{S'A'}| = |\overline{U'V'}| : a$.

Durch Einsetzen erhält man $h_1 : h = |\overline{UV}| : a = |\overline{S'U'}| : |\overline{S'A'}| = |\overline{U'V'}| : a$.

Also gilt $|\overline{UV}| : a = |\overline{U'V'}| : a$, und daher muss $|\overline{UV}| = |\overline{U'V'}|$ gelten.

Das Ergebnis, dass die Länge einer horizontalen Strecke in der (beliebig gewählten) Höhe h_1 unverändert bleibt, wenn die „Randlinien" Geraden bleiben (es handelt sich bei dieser Abbildung um eine **Scherung**, was hier nicht weiter ausgeführt werden soll, da das CAVALIERI-Prinzip ja viel allgemeiner ist), ist unabhängig davon, ob die Strecke wie hier angenommen auf einer quadratischen Pyramide liegt.

Ist die Schnittfigur in der Höhe h_1 ein beliebiges Polygon, so können wir dieses Polygon stets durch Diagonalen in Dreiecke zerlegen. Bei jedem dieser Teildreiecke gilt unsere Überlegung für eine Dreiecksseite und für die dazu gehörige Höhe – deren Längen werden nicht verändert. Also wird auch der Flächeninhalt dieses Teildreiecks und somit der Flächeninhalt des Polygons nicht verändert.

Wird umgekehrt beim Verschieben eine Schicht und damit die Strecke $\overline{UV}$ kongruent nach $\overline{U'V'}$ so verschoben, dass U' auf (A'S') liegt, dann liegt auch V' auf (B'S'): Wir haben oben gezeigt, dass die von U' aus horizontal bis (B'S') gezeichnete Strecke gerade die Länge $|\overline{U'V'}|$ hat. Das (eindeutige) Abtragen von $\overline{UV}$ führt auf die Gerade (B'S').

Beispiel 3.14: Wir kommen auf das Turmdach aus Beispiel 3.1 zurück: Über einem Turm mit quadratischer Deckfläche (Kante a = 10 m) wird ein Pyramidendach (Gesamthöhe h = 10 m) aufgebaut, dessen Grundfläche ein reguläres Achteck ist, von dem vier Seiten auf den Quadratseiten liegen. Dazu kommen ebene Übergangsstücke (bis zur Höhe b = 3 m), da sonst das Dach nicht seine Funktion, den Turm vor Wasser zu schützen, erfüllen könnte. Hier soll das Volumen eines Ergänzungskörpers berechnet werden. Zum Verständnis vgl. auch Fig. 3.2 a, b und c.

Ein Ergänzungskörper (in Fig. 3.28 ist der Ergänzungskörper vorne rechts angedeutet, in Fig. 3.29 a ist er für sich gezeichnet) hat die Form einer Pyramide mit einem Trapez (s und t als zueinander parallele Gegenseiten) als Grundfläche und der Ecke des Turmquaders als Spitze – also eine Pyramide in etwas ungewöhnlicher Lage. Die eine Parallelseite hat die Länge $s = a \cdot \tan 22{,}5° \approx 4{,}14$ m. Für die Länge t der anderen Parallelseite gilt nach dem Strahlensatz (zweimal anwenden, einmal mit der Dachspitze als Strahlen-Schnittpunkt, s und t als Parallele, dann in der Ebene durch die Gesamthöhe und eine Dachkante vorne, vgl. Fig. 3.29 a) $s : t = h : (h - b)$.

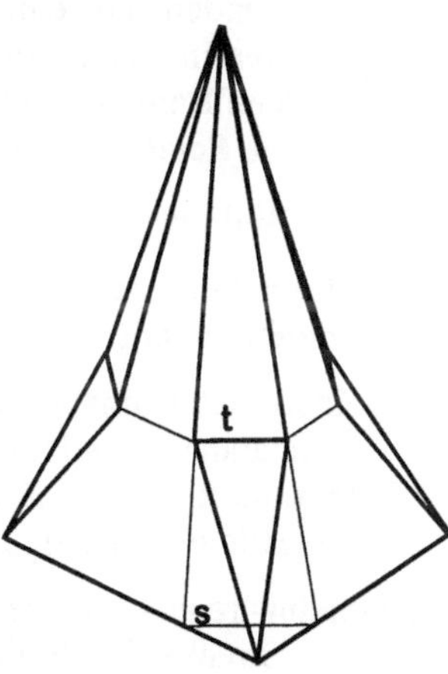

Fig. 3.28

Damit ergibt sich $t \approx 0{,}7 \cdot s \approx 2{,}90$ m.

Für die Berechnung des Volumens eines Ergänzungskörpers denken wir uns diesen bei fester horizontaler Dreiecksfläche (also nicht bei fester Pyramiden-Grundfläche, sondern unter Beibehaltung einer Pyramiden-Seitenfläche) so im Sinne des CAVALIERI-Prinzips verändert, dass die trapezförmige Pyramiden-Grundfläche vertikal steht. Dazu denken wir uns zuerst im Stand-Dreieck (in Fig. 3.29 a schraffiert) die Höhe l von der Dachecke aus eingezeichnet. Diese (horizontal verlaufende) Höhe l verschieben wir parallel durch den Mittelpunkt der Trapezseite t in die Lage l_1. Das ist noch in Fig. 3.29 a und auch in Fig. 3.29 b dargestellt. Dort ist nun die Verschiebung im Sinne des CAVALIERI-Prinzips dargestellt: Die Seite t verschieben wir wieder längs l_1 parallel so weit, dass der Mittelpunkt auf der vertikalen Geraden v durch den Mittelpunkt der Trapezseite s liegt. Damit ist die verschobene Trapezebene vertikal. Die Endlage des im Sinne von CAVALIERI so verschobenen Körpers ist in Fig. 3.29 b mit dicken Linien hervorgehoben.

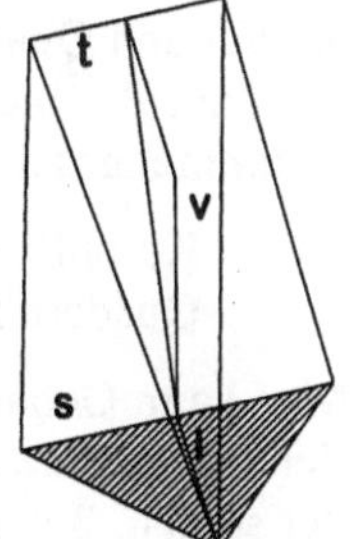

Fig. 3.29 a

Der Trapez-Flächeninhalt errechnet sich (mit den Bezeichnungen der Fig. 3.29 a und b) zu $A_T = 0{,}5(s + t) \cdot v$. Die Höhe der Pyramide bleibt bei der CAVALIERI-Veränderung unverändert die Höhe l des abgeschnittenen rechtwinklig-gleichschenkligen Dreiecks, das in Fig. 3.29 a schraffiert ist. Diese Höhe l ist $0{,}5 \cdot s \approx 2{,}07$ m. Aus A_T und l ergibt sich das Volumen des Ergänzungskörpers nach der bekannten Pyramidenfomel.

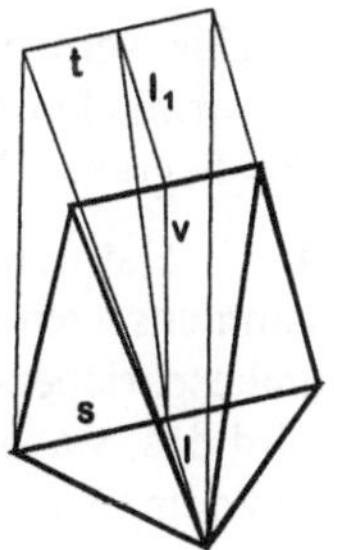

Fig. 3.29 b

3.3 Skizzieren und Berechnen beim Ausbau von Dachformen

3.3.1 Forderungen an Skizzen bei deren Herstellung und bei deren Interpretation

Zum Konstruieren bzw. Skizzieren verfügen wir über die Kenntnisse aus dem Bereich der Axonometrie, der Parallelprojektion, dem Grund- und Aufrissverfahren und auch aus der kotierten Projektion. Axonometrie und Parallelprojektion sind durch den Satz von POHLKE verbunden. Für eine schnell herzustellende Veranschaulichungszeichnung sind diese Verfahren in Reinkultur aber viel zu aufwendig. Man wendet vielmehr Wissen aus allen genannten Bereichen kombiniert an. An die Bilder, die man erzeugt, stellt man eine **fundamentale Forderung**, sozusagen als Rahmen für die folgenden Überlegungen:

➤ Das Bild muss anschaulich sein.

Bei der Erstellung von Zeichnungen beachtet man innerhalb dieser Global-Forderung insbesondere folgende **wichtige Eigenschaften** aus den eingangs genannten Bereichen:

- Koordinatenangaben werden wie bei einer Axonometrie oder als Kote genutzt.
- Zueinander parallele Geraden haben zueinander parallele Bilder, allgemeiner formuliert: gleiche Richtungen am Objekt führen zu gleichen Richtungen im Bild.
- Das Bild des Mittelpunktes ist der Mittelpunkt des Bildes (Teilverhältnistreue).

Teilverhältnistreue – als Verallgemeinerung der Mittelpunktstreue – meint Folgendes: Wenn eine Strecke durch einen Teilpunkt in zwei Teilstrecken geteilt wird, legt dieser Teilpunkt das Verhältnis der Längen der beiden Teilstrecken (das **Teilverhältnis**) fest. Dieses Teilverhältnis ändert sich bei einer Parallelprojektion im Allgemeinen nicht.

Würfel und Quader kann man mit diesen Grundideen leicht konstruieren. Man muss nur noch auf die Sichtbarkeit achten. So kann man auch Körper zeichnen, die aus Quadern zusammengesetzt sind. Dies führt zu einer wichtigen ersten **Hilfsidee**:

■ Kompliziertere Gesamtformen versucht man in Quader zu zerlegen bzw. aus Quadern zusammenzusetzen.

Man kann Gebäude (mit Flachdach) praktisch immer in Quader zerlegen. Eine derartige Zerlegung wäre nur dann nicht möglich, wenn Gebäudeteile nicht rechtwinklig aneinander stoßen. Solche Abweichungen waren in der Architektur des 20. Jahrhunderts – Ideen des Bauhauses – kaum üblich. Erst in jüngster Zeit hat sich die so genannte „postmoderne Architektur" daran gewagt, Würfel- und Quadergrundformen wieder aufzugliedern.

Quader werden von Rechtecken begrenzt. Daher lassen sich die bisher genannten Ideen nur anwenden, wenn die Körper alle rechtwinklig begrenzt sind. Betrachtet man ebenflächig begrenzte Körper (oder Teile), für die dies nicht zutrifft, muss man anders überlegen:

■ Hat man Körper oder Teile von Körpern, die sich nicht direkt aus Quadern zusammensetzen lassen, so versucht man, diesen Körpern Quader umzubeschreiben. Die umbeschriebenen Quader werden nach den bekannten Verfahren gezeichnet. Danach wird das, was man zu dem Körper ergänzt hat, um einen Quader zu bekommen, wieder von dem Quader weg geschnitten.

Die genannten Überlegungen gelten nicht nur beim Zeichnen, sondern auch beim (viel häufigeren) räumlichen Interpretieren ebener Zeichnungen.

Die Forderung der Anschaulichkeit lässt sich immer erst an der fertigen Zeichnung oder mit DGS kontrollieren, und es braucht viel Erfahrung, um den Ansatz einer Zeichnung gleich so zu machen, dass das Ergebnis anschaulich ist. Die wichtigsten Eigenschaften (die Parallelen- und Mittelpunktstreue der Parallelprojektion) sowie die Hilfsideen werden dagegen sofort schon bei sehr einfachen Figuren immer erfolgreich eingesetzt.

Beispiel 3.15: Wir zeichnen ein Haus mit Satteldach, das 10 m lang, 6 m breit und (mit Dach) 9 m hoch ist. Das Dach soll eine Neigung von 45° haben. Wir gehen schrittweise vor:

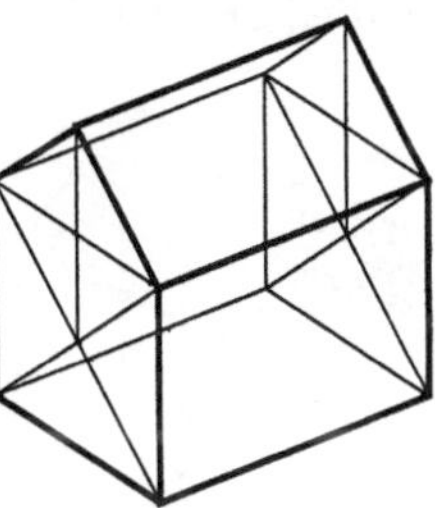

Fig. 3.30

- Wahl eines Koordinatensystems und Maßstabs (wichtig sind die Richtungen – für Skizze und Konstruktion!).
- Da das Dach bei 45° Dachneigung 3 m hoch ist, ist der Grundquader 9 m – 3 m = 6 m hoch. Der Grundquader wird konstruiert. Dabei wird die Parallelentreue genutzt.
- Über dem Mittelpunkt der beiden kurzen Quaderoberkanten wird parallel zu den Bildern der vertikalen Hauskanten die Dachhöhe abgetragen. Wesentlich ist dabei nur: Die Dachhöhe ist halb so groß wie die Quaderhöhe (Teilverhältnistreue).
- Das Bild des Dachs wird ergänzt. Sichtbare Linien werden dick hervorgehoben.

Die Hilfsidee des Zerlegens bzw. Zusammensetzens wird in einer Aufgabe verdeutlicht:

Aufgabe 3.8: Fig. 3.31 zeigt das Dach über einem rechteckigen Grundriss. Das Haus ist a = 18 m lang und b = 12 m breit. Es entstand aus einem gewöhnlichen Walmdach mit 45° Dachneigung dadurch, dass

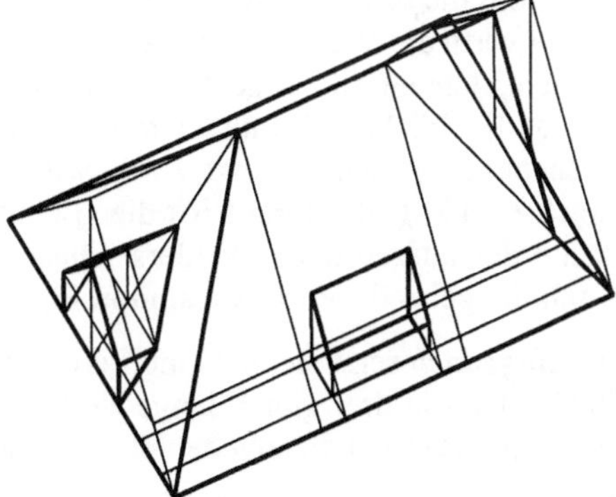

Fig. 3.31

- an der linken Schmalseite in der Mitte eine 4 m breite Gaube angebaut,
- an einer Breitseite in der Mitte ein Dacheinschnitt gemacht,
- an der rechten Schmalseite in 1,5 m Höhe ein vertikaler Giebel (es entsteht ein Fußwalmdach) angesetzt wurde.

a) Berechnen Sie das Volumen des ursprünglichen Walmdachs.

b) Wie groß ist das Dachvolumen, nachdem rechts der Giebel ergänzt wurde.

c) Berechnen Sie das Gaubenvolumen (4 m breit, unten ein 1,5 m hohes Rechteck als Basis, 45° Dachneigung).

d) Berechnen Sie den Flächeninhalt der beiden Dachflächen der Gaube in m^2.

e) Der Dacheinschnitt wird vertikal bis auf die Deckfläche des Hauses herunter geführt. Die vordere Wand des Einschnitts ist 1 m hoch, die hintere ist 2,5 m hoch. Zeichnen Sie die linke Seitenwand des Dacheinschnitts im Maßstab 1 : 50.

f) Der Dacheinschnitt ist 4 m breit. Berechnen Sie das Volumen des Dacheinschnitts in m^3.

g) Berechnen Sie den Flächeninhalt des Teils der vorderen Dachfläche, der wirklich gedeckt werden muss.

3.3.2 Weitere Variationen und Ergänzungen bei Dächern

Die Grund- und Hilfsideen des Skizzierens werden nun verwendet, um Variationen der einfachsten Dachformen zusammenfassend darzustellen. Es sind Abwandlungen der Dachformen, im vorletzten Fall auch eine Ergänzung des Grundrisses. Die Figuren sind weitgehend selbsterklärend. Teilweise sind Hilfslinien eingezeichnet, die die Giebelfläche gliedern oder das Dach zu einer schon bekannten Form ergänzen.

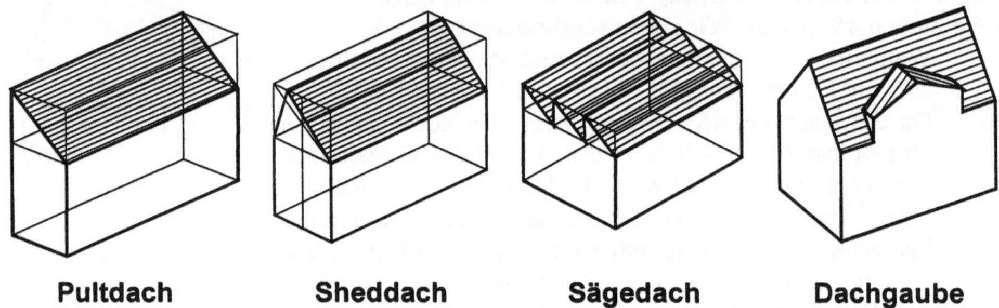

Fig. 3.32

Pult- und Satteldach sind aus Teil 1.6 bereits bekannt. Zum Zeichnen (ob Konstruieren oder Skizzieren ist dabei ohne Belang) denkt man sich beim Pultdach auf den Grundquader des Hauses einen – später „diagonal halbierten" – Quader gelegt, dessen Grundfläche gerade die Deckfläche des Ausgangsquaders ist. Die Höhe des Quaders ist die Höhe, um die das Dach nach oben angehoben wird. Bei einem Sheddach wird die rechteckige vertikale Wand des Zusatzquaders noch leicht in Richtung des Firsts geneigt und für den Lichteinfall (Tageslicht) aus Glas gebaut. Beim Satteldach (hier nicht gezeichnet) ist die Zeichen-Grundidee mit dem aufgesetzten Quader dieselbe. Da hier die beiden Dachebenen gleich geneigt sind, wird das Giebeldreieck (am Haus, nicht im Bild) gleichschenklig, der First trifft die Giebelwand vertikal über dem Mittelpunkt der Frontfläche des aufgesetzten Quaders. Dieser Mittelpunkt (Diagonalenschnittpunkt) und die durch ihn gehende Vertikale sind in Fig. 3.32 beim Sheddach konstruiert.

Das ***Sägedach*** setzt sich aus mehreren gleichartigen Pult- oder Sheddächern zusammen. Die Teilung in drei gleich lange Teile kann durch Messen erfolgen. Gelegentlich (z. B. in Fig. 3.33a) ist auch angedeutet, wie man mit dem Strahlensatz konstruieren könnte.

Die letzte Figur zeigt eine Ergänzung an einem einfachen Satteldach. Es handelt sich um eine ***Dachgaube*** (kurz ***Gaube***, auch Gaupe[6]), die in Fig. 3.32 ebenfalls ein Satteldach hat. Es gibt auch andere Dachformen bei Gauben, insbesondere wird das Giebeldreieck der Gaube oft „abgewalmt". Solche Gauben, die wir als Ergänzungen eines Dachs schon mehrfach verwendet haben, werden zur Beleuchtung des Dachraums (weil an der vertikalen Wand der Gaube leicht Fenster angebracht werden können) oft eingesetzt. Meist – nicht aber in der erklärenden Figur – sind die Neigungswinkel des Gesamtdachs und der Gauben-Satteldächer gleich. Pultdächer können auf der schrägen Dachfläche wie Satteldächer mit Gauben versehen sein.

---

[6] Die Schreibweise ist auch in der Dachdecker-Fachliteratur nicht einheitlich. Hier künftig nur „Gaube".

Beispiel 3.16: An einem Satteldach soll im mittleren Drittel eine Dachgaube – wieder mit Satteldach – angebracht werden. Die Dachgaube soll samt Dach 80% der Höhe des Satteldachs haben, die Giebelhöhe der Gaube soll gleich hoch sein wie die rechteckige Wand unter dem Gauben-Giebeldreieck. Wie kommt man nach dieser Beschreibung zu einer Schrägbild-Skizze des Dachs samt der Gaube?

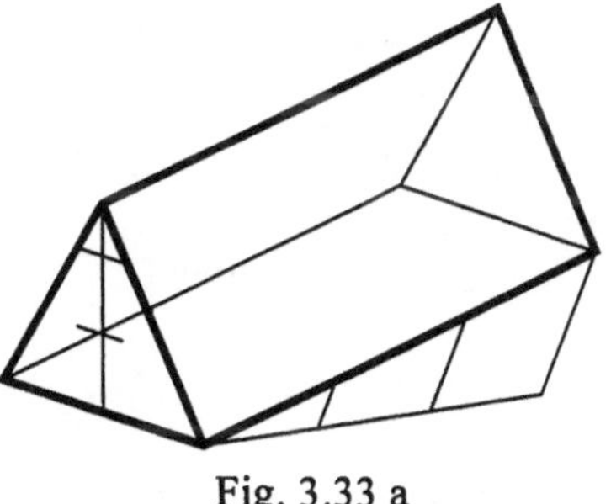

Fig. 3.33 a

Zuerst skizziert man das Satteldach (hier ohne Um-Quader und ohne das Haus darunter). Dann kann man (Drittelung der Trauflinie mit Strahlensatz) die Randpunkte der Gaube markieren (vgl. Fig. 3.33 a). Dort sind auch schon die Gesamthöhe der Dachgaube (80 % der Satteldachhöhe) und die Höhe des Gauben-Giebeldreiecks markiert.

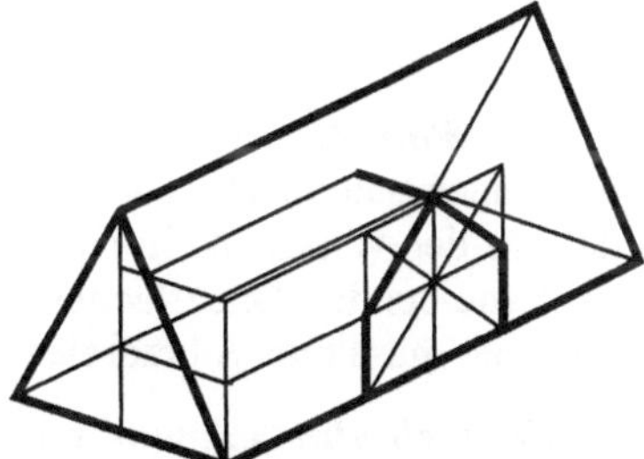

Fig. 3.33 b

In Fig. 3.33 b sind die vertikalen Randlinien der Gaube in den bereits bekannten Endpunkten auf der Trauflinie eingezeichnet. Mit „Höhenlinien“ wird deren Höhe angegeben. Die Giebelfront der Gaube wird ergänzt. Schließlich wird auch noch die Firstlinie des Gaubendachs und deren Begrenzungslinie auf dem Satteldach eingezeichnet. Bei allen Linien wird die Parallelentreue der Schrägbild-Darstellung genutzt.

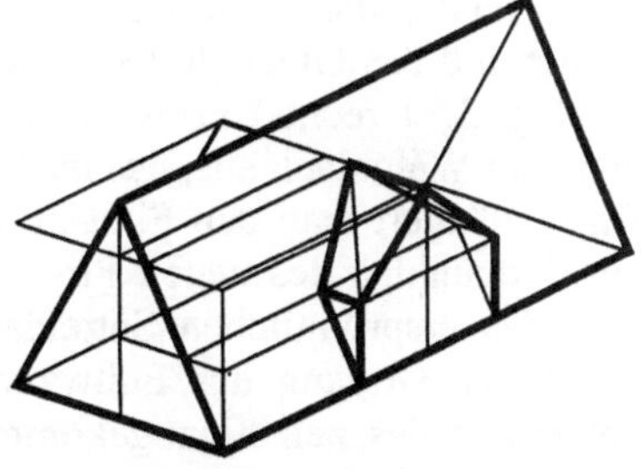

Fig. 3.33 c

Schließlich müssen in Fig. 3.33 c noch die Randlinien ergänzt werden, die das Gaubendach mit dem Satteldach bilden. Da bei der Dachgaube unsichtbare Kanten dünn eingezeichnet sind, erkennt man, dass das rechte Dach dieser Gaube nicht zu sehen ist. Wenn dagegen auf beiden Seiten des Satteldachs eine solche Gaube vorhanden ist, dann ist von der hinteren Gaube auch ein Stück zu sehen. In Fig. 3.33 c ist die Konstruktion des Firsts für eine solche Gaube noch angedeutet. Mit Hilfe der Parallelentreue erhält man (dünn eingezeichnet) schließlich die sichtbaren Randlinien der hinteren Gaube.

Aufgabe 3.9: Machen Sie mehrere Skizzen – auch mit DGS – des in Beispiel 3.16 beschriebenen Dachs mit zwei Gauben. Dabei sollen nacheinander

a) beide Gauben und von der vorderen Gaube beide Dachflächen,
b) nur eine Gaube, von der aber beide Dachflächen,
c) nur eine Gaube und von der auch nur eine Dachfläche

deutlich sichtbar sein.

Aufgabe 3.10: Ein gleichseitiges Dreieck wird durch den Mittelpunkt und die drei Seitenmittelpunkte in drei zueinander kongruente Vierecke zerlegt. Vier so zerlegte Dreiecke bilden ein reguläres Tetraeder. Das Tetraeder soll dadurch in vier zueinander kongruente Raum-Teile zerlegt werden. Zeichnen Sie frei Hand ein Schrägbild der Teilung.

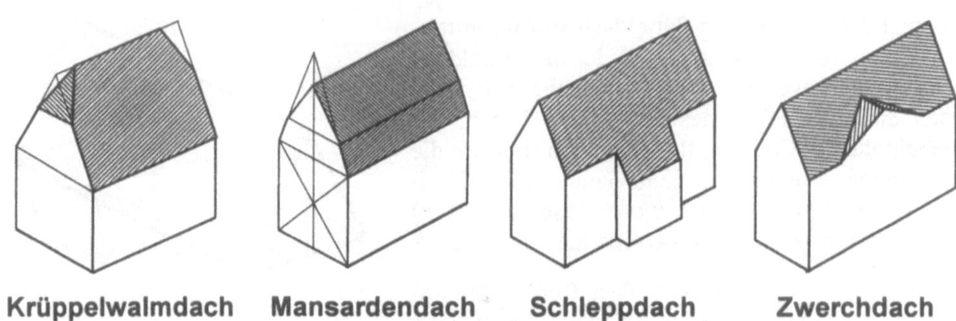

Fig. 3.34

Zu einem ***Walmdach*** (vgl. Teil 1.2) kommt man, indem man die dreieckigen Giebelfronten eines Satteldachs auch noch abschrägt. Das ist in einer Zeichnung leicht darzustellen. In der Wirklichkeit erfolgt dieses Abschrägen (***Abwalmen***) meist mit gleichem Winkel wie bei den Dachflächen des Satteldachs. Will man sicher sein, dass die Winkel gleich sind, muss man Stützdreiecke konstruieren oder Maße verwenden.

Beim ***Krüppelwalmdach*** wird nur ein Teil des Giebels abgeschrägt. In der hier gezeigten Form des ***Schopfwalmdachs*** ist dies der obere Teil des Giebels.

Es gibt analog die Form des ***Fußwalmdachs***, bei dem im unteren Teil des Giebels abgeschrägt und das Giebeldreieck nach hinten versetzt wird. Diese (hier nicht gezeichnete, vgl. Fig. 3.31 rechts) Form wird oft bei Turmdächern verwendet. Zum Zeichnen geht man vom Walmdach aus, das man aus einem Satteldach durch Abwalmen gewonnen hat. Nun verlängert man den First in beiden Richtungen um ein (gleich langes) Stück. Von den Endpunkten des neuen Firsts aus zeichnet man die Parallelen zum jeweiligen Ortgang des ursprünglichen Satteldachs. Die Stücke bis zum ursprünglichen Walmdach bilden den Ortgang des Fußwalmdachs. Die Verbindungslinie der Endpunkte ist die Unterkante des neu hinzugekommenen Giebeldreiecks und die Oberkante des Walmstücks am Fuß, das vom ursprünglichen Walmdach übrig bleibt.

Bemerkung: Dieser Text beschreibt die Konstruktion und damit das Fußwalmdach. Er zeigt aber auch, dass eine rein verbale Erklärung viel umständlicher ist als eine Skizze. Deshalb wird dringend empfohlen, während des Lesens solche Skizzen anzufertigen.

Beim ***Mansardendach*** werden die Dachflächen eines Satteldachs dadurch gebrochen (***Dachbruch*** parallel zu First und Trauflinien), dass ein unterer Teil stärker geneigt wird. Analog kann man auch ***Mansardenwalmdächer*** aus Walmdächern erhalten.

Will man ein ***Schleppdach***, wird der Grundriss des Hauses durch einen (wieder rechteckigen) Anbau erweitert, das Dach wird in seiner Ebene fortgesetzt. Bei einer ***Schleppgaube*** (vgl. Fig. 3.12) muss dagegen der Neigungswinkel des Gaubendachs kleiner als der des Dachs sein.

Das ***Zwerchdach*** ist eine Möglichkeit, eine Hauswand, die oben mit einer Trauflinie des Satteldachs endet, zu variieren. Es wird ein Zusatzdach in Form eines Satteldachs ergänzt, dessen First senkrecht zum Ausgangsfirst ist. Dort, wo die Dachebenen des Zusatzdachs die Dachebene des Satteldachs treffen, entstehen ***Kehlen*** (Kehllinien).

Wir wollen zunächst das Herstellen und das Deuten von Skizzen weiter behandeln.

Aufgabe 3.11: Zeichnen Sie (Freihandskizze!) einen Würfel. Wenn Sie mit dem Ergebnis nicht zufrieden sind, ändern Sie in weiteren Versuchen die Achsenrichtungen bzw. die Verkürzungsmaßstäbe. Nutzen Sie dabei auch das Karoraster des üblichen Papiers.

Beispiel 3.17: Fig. 3.35 zeigt weitere Gaubenformen (und deren Namen). Wir wollen die Zeichnungen auch geometrisch deuten.

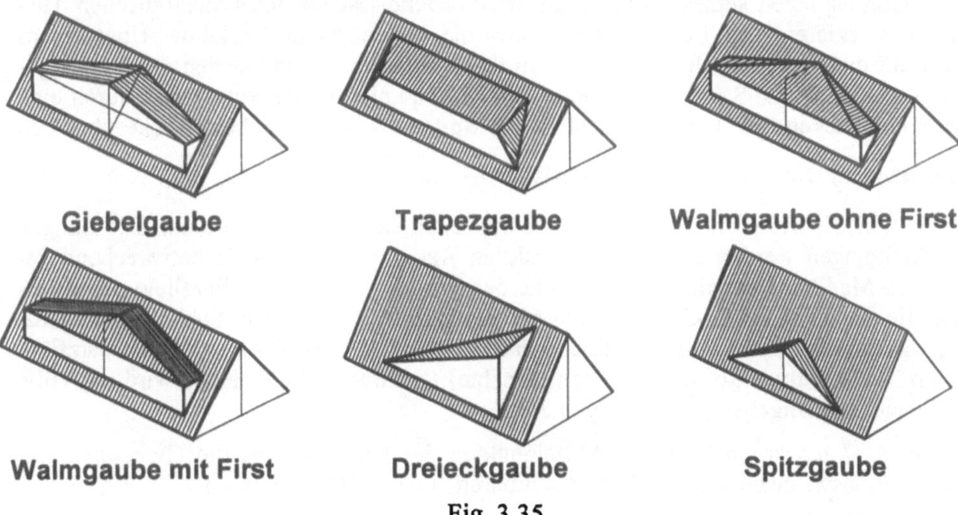

Fig. 3.35

Alle Gauben haben (zumindest) eine vertikale Wand, die Fenster erhalten kann. Bei der Trapezgaube ist die vertikale (Fenster-)Wand wegen der Abwalmung der bei der Giebelgaube vertikalen dreieckigen Seitenwände trapezförmig. Bei der Walmgaube ohne First muss die Dachneigung der vorderen Dachfläche flacher sein als die des Satteldachs, bei der Walmgaube mit First gibt es keine Beschränkung, insbesondere können die Neigungen auch übereinstimmen. Ist an einer Dachseite nur eine Gaube, so wird sie meist symmetrisch angeordnet.

Aufgabe 3.12: Zeichnen Sie in einem geeigneten Maßstab ein Schrägbild der Walmgaube mit First (Maße in Meter in Fig. 3.36 gegeben). Die Fensterwand der Gaube liegt 1 m hinter der Trauflinie. Sie sollen dabei die Skizze in Fig. 3.36 deuten, d. h. in einem Text alle für die Skizze verwendeten Annahmen bzw. Zusatzannahmen auch in Worten fassen. Dieses Vorgehen entspricht etwa dem Denken beim Skizzieren von real gegebenen Gegenständen, weil man dort solche Annahmen auch aus dem Gesehenen „ableiten“ und für eine Skizze verwenden muss.

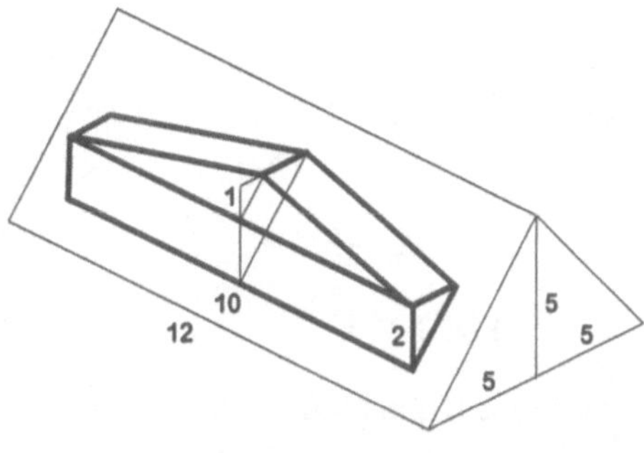

Fig. 3.36

3.3.3 Skizzieren und räumliche Überlegungen

Für eine schnell hergestellte Protokoll- oder Veranschaulichungszeichnung – eine Skizze, bei der nicht jeder Punkt, jede Linie exakt mit Lineal, Maßstab bzw. Zirkel gezeichnet (konstruiert) wird, die teilweise freihändig gezeichnet wird (Freihandzeichnung) – ist dies oft immer noch zu aufwendig. Man macht stattdessen eine Freihandskizze, die einem axonometrischen Bild (einer Parallelprojektion) entspricht.

Diese Überlegungen setzen wir ein, um verschiedene Dächer eines quadratischen Turmes zu skizzieren. Der Leitgedanke ist hier die systematische Variation. Über einem Turm mit quadratischer Deckfläche ist ein Dach aufgesetzt. Die Flächen des Dachs gehen durch die Spitze S (in Höhe h über dem Mittelpunkt des Deckquadrats), durch eine der oberen Ecken des Turms und durch die Spitze eines der Giebeldreiecke über den Turmwänden. Die Giebelhöhe sei jeweils $d = \frac{1}{3} \cdot h$.

Hier soll schrittweise erklärt werden, wie das Dach skizziert werden kann. Die Längen und Richtungen werden einem frei gewählten Axonometrie-Dreibein entsprechend gezeichnet. Man beginnt mit der Deckfläche des Turms – im Bild ein Parallelogramm. Es folgt die Spitze S des Dachs über dem Mittelpunkt der Deckfläche. Schließlich ergänzt man das Parallelquadrat zur Deckfläche in der Höhe d. Mit Hilfe einer Strahlensatzfigur ist das Teilverhältnis konstruiert, das (gedachte) Quadrat in dieser Höhe wird mit Hilfe der Diagonale „angehängt" (vgl. Fig. 3.37 a).

In Fig. 3.37 b werden über den Mittelpunkten der Quadratseiten die Giebeldreiecksspitzen P_1 usw. gezeichnet und die (sichtbaren) Giebeldreiecke ergänzt. In Fig. 3.37 c werden schließlich (unter Berücksichtigung der Sichtbarkeit) die Strecken ergänzt, die die (sichtbaren) Dachebenen-Stücke – hier jeweils Dreiecke – begrenzen.

Man erkennt, dass insgesamt acht Gratlinien des Dachs von S aus nach unten verlaufen.

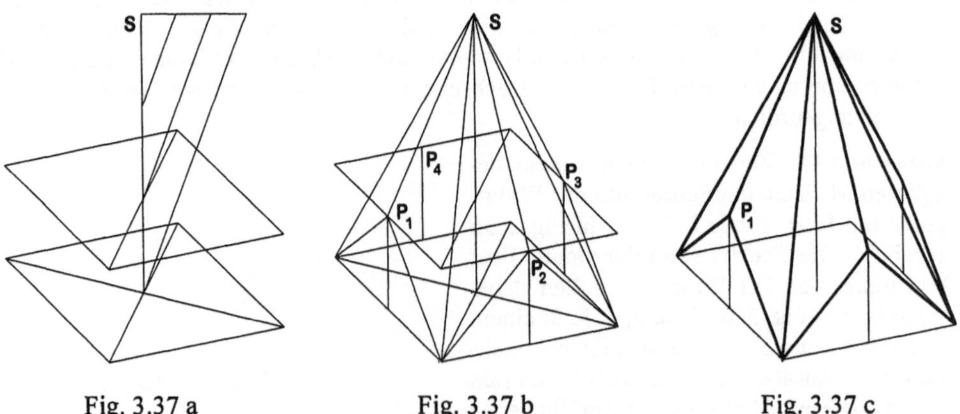

Fig. 3.37 a   Fig. 3.37 b   Fig. 3.37 c

Die Fotos 5 a bis 5 d im Anhang 1 zeigen Modelle, die zu diesen Überlegungen passen. Dort ist jeweils ein Pyramidendach und ein analog zu hier abgewandeltes Dach mit nacheinander $0{,}25 \cdot h$, $0{,}5 \cdot h$, $0{,}75 \cdot h$ und $1{,}0 \cdot h$ dargestellt.

Räumliche Überlegungen werden nicht nur beim Zeichnen bzw. Skizzieren, sondern auch beim Interpretieren von Zeichnungen und beim Herleiten von Formeln zur Berechnung von Flächen- und Rauminhalten gebraucht.

Beispiel 3.18: In der Formelsammlung findet man die beiden folgenden Angaben:
Das **Volumen** eines Pyramidenstumpfs mit Höhe u, Grundflächeninhalt A_G und Deckflächeninhalt A_D ist $V_{Stumpf} = \frac{u}{3}\left(A_G + A_D + \sqrt{A_G A_D}\right)$.

Die **Mantel**fläche des Stumpfs einer quadratischen Pyramide (Grundkante a, Deckkante b, Höhe eines Seitentrapezes $\underline{u}$) ist $M_{Stumpf} = 2 \cdot \underline{u} \cdot (a + b)$.

Will man die Volumenformel für eine quadratische Grundfläche herleiten, ergänzt man den Stumpf zur Pyramide und nutzt die Additivität des Rauminhaltes (Eigenschaft (3) aus 3.2.3). Mit den Bezeichnungen aus Fig. 3.38 gilt dann nach den Strahlensätzen (Scheitel S, dann A) $\frac{a}{b} = \frac{\underline{u}+\underline{v}}{\underline{v}} = \frac{u+v}{v}$, also $a \cdot v = b \cdot (u + v)$.

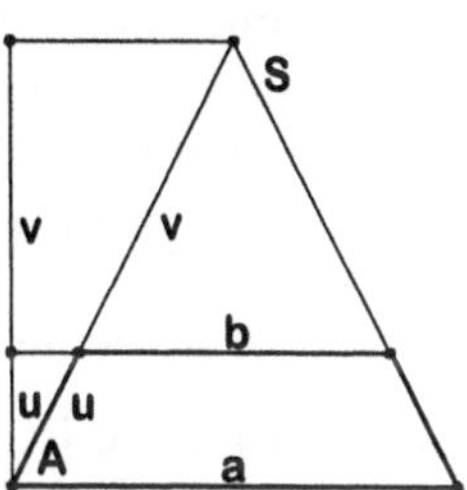

Fig. 3.38

Dies werden wir an zwei Stellen (vgl. Fettdruck) für die Herleitung verwenden. Die bekannte Pyramidenformel ergibt

$$3 \cdot V_{Stumpf} = a^2(u+v) - b^2 \cdot v = a^2 \cdot u + a \cdot \mathbf{(a \cdot v)} - b^2 \cdot v = a^2 \cdot u + a \cdot \mathbf{b \cdot (u + v)} - b^2 \cdot v =$$
$$= a^2 \cdot u + a \cdot b \cdot u + \mathbf{a} \cdot b \cdot \mathbf{v} - b^2 \cdot v = a^2 \cdot u + a \cdot b \cdot u + b \cdot \mathbf{b \cdot (u + v)} - b^2 \cdot v =$$
$$= a^2 \cdot u + a \cdot b \cdot u + b^2 \cdot u = u \cdot (A_G + \sqrt{A_G A_D} + A_D).$$

Die Formel für den Flächeninhalt der Mantelfläche ist aus der Formel für den Flächeninhalt eines Trapezes mit den Seiten a und b und der Höhe $\underline{u}$ sofort ableitbar.

Aufgabe 3.13: a) Warum gilt die Volumenformel für beliebige Polygone?

b) Leiten Sie die Volumenformel für den Stumpf einen quadratischen Pyramide mit Hilfe einer geeigneten Zerlegung (statt einer Ergänzung) her.

Aufgabe 3.14: Das Dach eines Kirchturms (Fig. 3.39) hat die Form eines quadratischen Pyramidenstumpfes mit einer aufgesetzten Pyramide. Die Maße des Dachs sind b = 2,40 m, u = 1,50 m und v' = 8,00 m.

a) Berechnen Sie die Länge von s und von h.
b) Berechnen Sie die Neigungswinkel α und β.
c) Berechnen Sie die Mantelfläche des pyramidenförmigen Dachteils.
d) Das Volumen des gesamten Dachraums beträgt $V = 45{,}7\ m^3$. Berechnen Sie die Kantenlänge a.
e) Berechnen Sie den Neigungswinkel γ.
f) Für ein anderes Dach dieser Form gilt a = 6e, b = 4e, u = e und v' = 11e. Zeigen Sie, dass der Flächeninhalt der gesamten Dachfläche mit e als Längeneinheit $A = 20e^2 \cdot (\sqrt{2} + 2 \cdot \sqrt{5})$ misst.

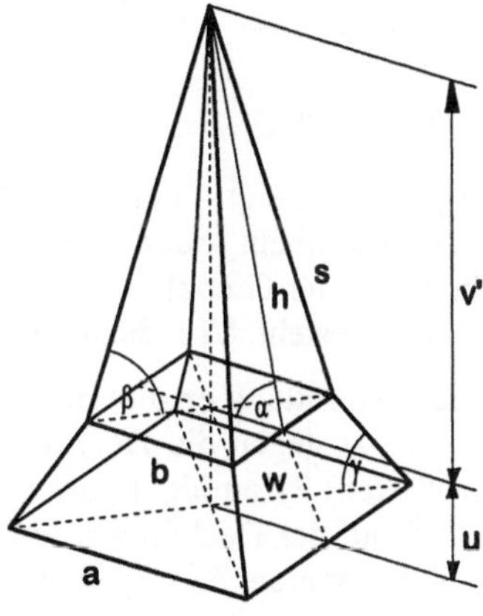

Fig. 3.39

Da die Giebelhöhe d bei den vorangehenden Überlegungen völlig willkürlich war, ist es nahe liegend zu überlegen, wie sich die Dachform ändert, wenn die Höhe d variiert. Sinnvoll ist hier der Bereich von d = 0 bis d = h. Für d = 0 würde sich (als Grenzfall) eine quadratische Pyramide als Dachform ergeben. Die Verbindungslinien zu den Mittelpunkten der Grundseiten dieser Pyramide wären keine Kanten an diesem Dach. Sobald d > 0 ist, bilden sich längs dieser vier Kanten sicher ***Gratlinien*** (***Grate***) heraus: Die Verbindungsstrecke zweier Dachpunkte, die links und rechts in der Nähe dieser Kante liegen, würde unter der Dachkante (dem Grat) verlaufen. Die Verbindungsstrecken der Spitze mit den Eckpunkten des Turmquadrats sind sicher ebenfalls Grate. Auf eine weitere Figur für diesen einfachen Fall wird verzichtet.

Fig. 3.40 a zeigt den Fall d = h. Es entsteht ein ***Kreuzdach***. Die eigentliche Dachfläche besteht (genau wie im Fall $d = \frac{1}{3} \cdot h$ aus Fig. 3.37 c) aus acht Dreiecken. Der entscheidende Unterschied ist, dass die Verbindungsgeraden von der Spitze S mit den Ecken (z. B. mit E_1) jetzt ***Kehllinien*** (***Kehlen***) sind: Die Verbindungsstrecken zweier Punkte auf verschiedenen Dachebenen in der Nähe dieser Kante würden über ihr verlaufen. Deshalb wurde aus dem Grat (vgl. Fig. 3.37 c) eine Kehle (für d = h). Es ergibt sich die Frage, für welchen Wert von d aus einem Grat eine Kehle wird.

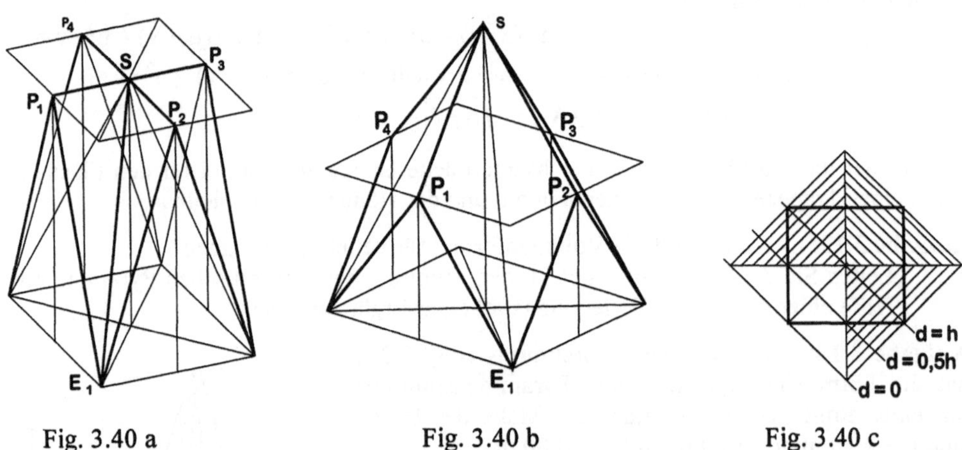

Fig. 3.40 a Fig. 3.40 b Fig. 3.40 c

Fig. 3.40 b zeigt – der deutlicheren Sichtbarkeit wegen in einem etwas anderen Axonometrie-Dreibein – den Fall für d = 0,5 · h. Man kann zunächst allerdings nur vermuten, dass dies der Grenzfall ist, bei dem das Dach nicht aus acht Dreiecken, sondern aus vier Rauten besteht. Vgl. dazu wieder die Fotos 5 a bis 5 d im Anhang 1.

Die Begründung erfolgt mit Hilfe von Fig. 3.40 c. Sie zeigt den Grundriss der vier Ebenen einer gegen die Deckfläche des Turmes um 45° gedrehten (und entsprechend vergrößerten) Pyramide. In der nicht gerasterten Fläche sind Höhenlinien zu den Dachhöhen d = 0 auf der Deckfläche des Turms und zu d = h durch die Spitze eingezeichnet. Nach den bekannten Aussagen zur Kotierten Projektion geht die Höhenlinie zu der Höhe d = 0,5 · h durch den Mittelpunkt der Quadratseite, und das ist gerade eine der Giebelspitzen in der Höhe d = 0,5 · h, die in Fig. 3.40 b eingezeichnet sind.

Beispiel 3.19: Weitere Giebel-Variation bei Turmdächern

Wir wollen zunächst noch eine weitere Variation bei der Dachform betrachten. Bleibt man bei einem Turm mit quadratischer Deckfläche, so kann man die Giebel-Idee auch so realisieren, dass an jeder Turmseite zwei Giebel (oder gar noch mehr – zunächst stets gleich hohe) Giebel angebracht werden. Fig. 3.41 zeigt für zwei Giebel pro Seite das Ergebnis, ein ***Faltdach***. Die Mittelpunkte sind, wie schon bei den vorherigen Figuren, über die Diagonalenschnittpunkte konstruiert worden, was nur an einer Stelle angedeutet ist.

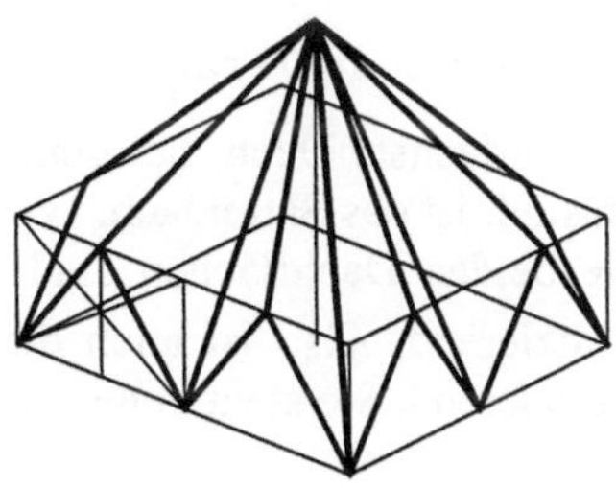

Fig. 3.41

Beispiel 3.20: Berechnung einer Schleppgaube an einem Mansardendach

Ein b = 8 m breites und l = 12 m langes Haus hat ein Mansardendach, das h = 6 m hoch ist. Die steileren Dachteile sind mit $\alpha = 80°$, die flacheren mit $\beta = 20°$ gegen die Horizontale geneigt. In der Mitte des Dachs soll auf jeder Seite eine g = 4 m breite Schleppgaube (ihr Dach liegt je in der Ebene des flacheren Teils des Mansardendachs) angebracht werden. Die Frontwand der Gaube liegt je in einer Ebene der Hauswand. Wir wollen die Maße der dreieckige Seitenfläche der Gauben, deren Flächeninhalt und das Volumen der Gaube bestimmen.

Wir zeichnen den Aufriss der Giebelfläche, indem wir in geeignetem Maßstab zunächst die Unterkante $\overline{AB}$ der Giebelwand (Breite b) und den First-Endpunkt C (Höhe h, symmetrisch) zeichnen. In A bzw. B beginnen die steilen (Winkel α), in C die flachen (Winkel β) Dachflächen (im Aufriss als Strecken zu sehen), die in D bzw. E enden. Die Gaubendächer enden in F bzw. G vertikal über A bzw. B (vgl. Fig. 3.42).

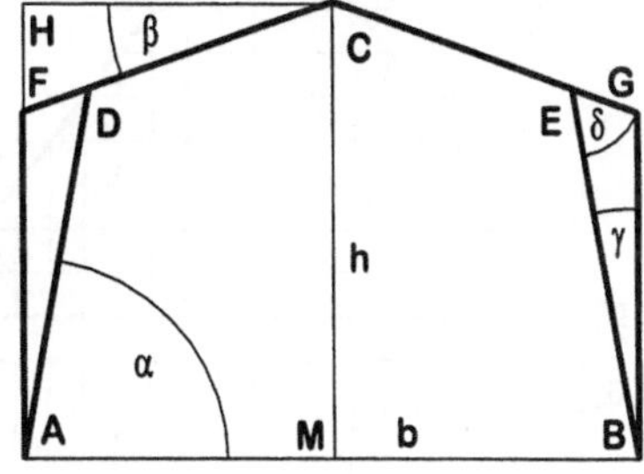

Fig. 3.42

Nun könnte man ein Schrägbild zeichnen. Wir wollen hier aber rechnen: Zunächst ist $\gamma = 90° - \alpha = 10°$.
Im Viereck MBEC gilt $90° + \alpha + (180° - \delta) + (90° - \beta) = 360°$ und damit $\delta = 60°$. Im ΔBGE erhalten wir für den Winkel ε bei G (nicht eingezeichnet) $\varepsilon = 180° - \gamma - \delta = 110°$.

Im ΔFHC berechnen wir $|\overline{FH}|$ aus $\tan\beta = \dfrac{|\overline{FH}|}{b/2}$ zu $|\overline{FH}| \approx 1{,}46$ m. Damit sind die Gauben $|\overline{AF}| = |\overline{BG}| = h - |\overline{FH}| \approx 4{,}54$ m hoch.

Mit dem Sinussatz errechnen wir $\dfrac{|\overline{BG}|}{|\overline{GE}|} = \dfrac{\sin\delta}{\sin\gamma}$ und daraus $|\overline{GE}| \approx 0{,}91$ m.

Der Flächeninhalt der Gaubenseitenfläche ist $A_G = 0{,}5 \cdot |\overline{BG}| \cdot |\overline{GE}| \cdot \cos(90° - \delta) \approx 0{,}5 \cdot 4{,}54 \cdot 0{,}91 \cdot \cos 30° \approx 1{,}79\ \text{m}^2$.

Das Volumen einer Gaube ist (als Dreikantsäule mit der Grundfläche A_G und der Höhe g) $V_G = A_G \cdot g \approx 1{,}79\ \text{m}^2 \cdot 4\ \text{m} \approx 7{,}16\ \text{m}^3$.

3.4 Geometrische Analyse bei komplizierteren Dächern

3.4.1 First- und Trauflinien, Höhenlinien

Das einfachste Dach, bei dem Überlegungen zu geometrischen Sachverhalten anzustellen sind, ist das Satteldach. Wir betrachten seine Normalprojektion auf eine Giebelebene. Die beiden Dachflächen sind dabei wie ihre Unterkanten, die Trauflinien g_1 und g_2, projizierend. Also ist auch die Schnittgerade der beiden Dachflächen, die Firstlinie f, projizierend. Sie steht daher, wie g_1 und g_2, senkrecht auf der Giebelebene.

Diese Überlegungen gelten auch für das Sheddach, bei dem die beiden Dachebenen nicht den gleichen Neigungswinkel (im Normalriss auf die Giebelebene in wahrer Größe ablesbar) gegen die (in Beispiel 1.6 horizontale) Ausgangslage haben.

Am Normalriss in die Giebelebene (Aufriss) liest man wegen der Gleichheit der Neigungswinkel beim Satteldach sofort ab, dass das Giebeldreieck ein gleichschenkliges Dreieck ist. Daraus ergibt sich, dass der Grundriss f' der Firstlinie f die Mittelparallele des Grundrissrechtecks ist.

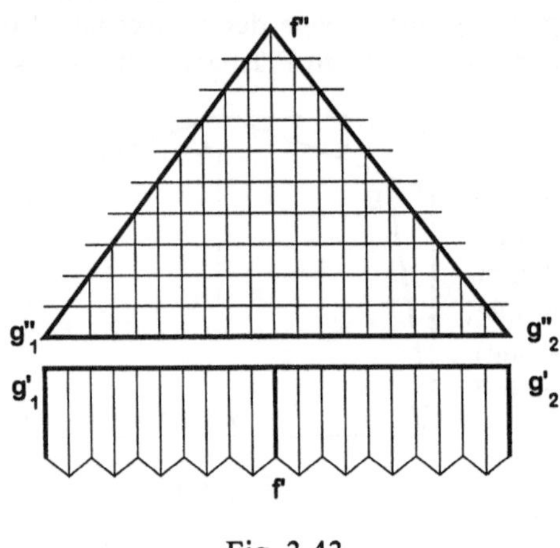

Fig. 3.43

Hier kann man auch anders schließen. Man zeichnet im Aufriss (dort projizierende) Höhenebenen (z. B. zu ganzzahligen Maßzahlen für die Höhen in Meter) ein (in Fig. 3.43 im Aufriss die horizontalen Linien). Diese Höhenebenen schneiden die Dachflächen in Höhenlinien, die auf den Dachflächen ebenfalls gleiche Abstände (jetzt i. Allg. nicht wieder ganzzahlige Meter-Abstände) haben. In der Figur sind diese Höhenlinien der Dachfläche im Aufriss projizierend, im Grundriss dagegen (als Bilder von 1. Hauptlinien) unverzerrt. Diese Höhenlinien bilden auf jeder Dachfläche eine Streifenschar (gleiche Abstände, äquidistante Linien). Diese Streifenscharen haben nicht nur auf jeder einzelnen Dachfläche, sondern bei gleich geneigten Dachebenen sicher auf beiden Dachflächen gleichen Abstand. Vgl. dazu die Strahlensatzfigur im Aufriss in der Figur 3.43 und den (unten einfach abgebrochenen) Grundriss sowie die entsprechenden Überlegungen zur Kotierten Projektion in Teil 2.2.6.

Zu bemerken bleibt, dass die Firstlinie nicht unbedingt eine ganzzahlige Höhe über der Ausgangsebene haben, also nicht notwendig auf einer der Höhenlinien liegen muss.

Wir fassen die so begründete Aussage zusammen im

> **Satz 3.12:** Höhenlinien mit gleichen Höhenabständen sind auf einer Ebene äquidistant. Bei zwei Ebenen mit gleichem Neigungswinkel sind die Abstände dieser Höhenlinien auf beiden Ebenen gleich.

Die allgemeinen Überlegungen sollen nun noch anders konkretisiert werden.

Beispiel 3.21: Zusammenhang zwischen Neigungswinkel und Höhenlinien
Man kann bei einem Satteldach zu einer beliebigen Höhe, etwa der Firsthöhe, auch ein Stützdreieck in der Giebelebene oder einer Parallelebene dazu betrachten, das eine Dachfläche stützt. Das Dreieck ist – wie jedes Stützdreieck – rechtwinklig, hat die (Dach-)Sparren (Länge s) als Hypotenuse und die Firsthöhe h sowie die halbe Hausbreite (Länge d) als Katheten. Ist die Dachebene um den Winkel α gegen die Horizontale nach oben geneigt, liest man aus der Figur folgende Beziehungen ab:

$\sin\alpha = \frac{h}{s}$, also $h = s \cdot \sin\alpha$ und $\cos\alpha = \frac{d}{s}$, also $d = s \cdot \cos\alpha$.

Daraus ergibt sich, dass für $\alpha = 45°$ nun $h = d$ gilt. Wenn die Dachneigung 45° beträgt, dann sind die im Grundriss ablesbaren Distanzen d gleich groß wie die zugehörigen Höhen h.

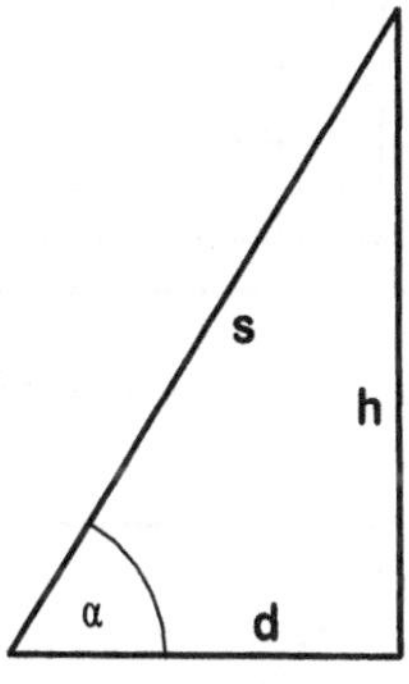

Fig. 3.44

Der Plural ist hier verwendet, weil man nicht nur die Gesamthöhe h und Gesamtdistanz (halbe Hausbreite) d betrachten muss, sondern weil man das zu jeder Höhe (und zugehörigen Distanz), z. B. in Meter-Abständen, überlegen kann. Mit dieser Überlegung hat man erneut einen Beweis für Satz 3.12.

Beispiel 3.22: Ein Haus, das 10 m breit ist, soll mit einem Mansardendach gedeckt werden. Der Architekt will aus ästhetischen Gründen das stärker geneigte Stück des Mansardendachs je 1 m breit haben. Dort sollen die Höhenlinien doppelt so dicht liegen wie im flacheren Teil. Der Architekt schlägt vor, die steileren Dachteile mit 70° zu neigen. Der Bauherr will, dass die Giebelfront (gleichschenkliges Trapez, darüber gleichschenkliges Dreieck) insgesamt nicht höher als 5 m wird. Können alle Bedingungen erfüllt werden oder ist das nicht möglich?

In Fig. 3.45 liest man rechts ab, dass $a \cdot \tan\alpha = h$ gilt. Für $a = 1$ m und $\alpha = 70°$ folgt $h \approx 2{,}75$ m. Zur Höhe 1 m gehört der Höhenlinien-Abstand $d \approx 1{,}06$ m. Links ist verwendet, dass die (gestrichelte) Höhenlinie, die 1 m über der Höhe h verläuft, den Ortgang des flacheren Teils in der Entfernung $2 \cdot d$ von der Trauflinie des flacheren Teils treffen soll. Somit liest man ab,

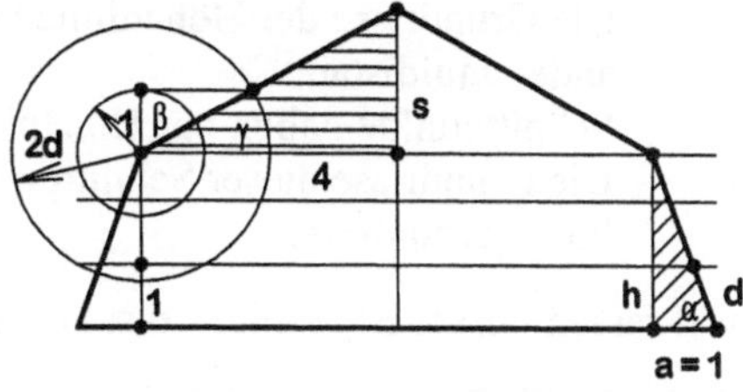

Fig. 3.45

dass $\cos\beta = \frac{1}{2 \cdot d}$ gilt. Daraus folgt $\beta \approx 62°$ und (für die weitere Rechnung) $\gamma \approx 28°$.

Hieraus ergibt sich unmittelbar $s = 4 \cdot \tan\gamma$, also $s \approx 2{,}12$ m und schließlich errechnet man die Gesamthöhe der Giebelfront zu $h + s \approx 4{,}88$ m.

Das ist, wenn auch nur wenig, so doch niedriger, als es der Bauherr noch zulässt. Somit sind die im Text genannten Bedingungen alle gerade noch gleichzeitig erfüllbar. Die Zahlen zeigen aber, dass eine Zeichnung nicht immer eine klare Antwort auf geometrische Fragen liefert, sondern dass vielmehr die Rechnung notwendig sein kann.

3.4.2 Dachausmittelung bei einfachen Grundrissen

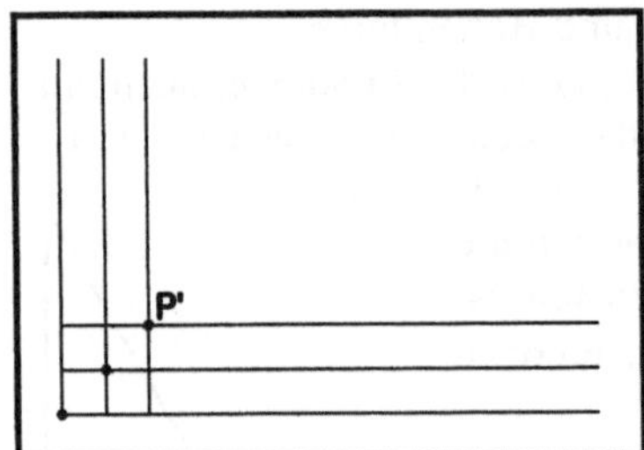

Fig. 3.46 a

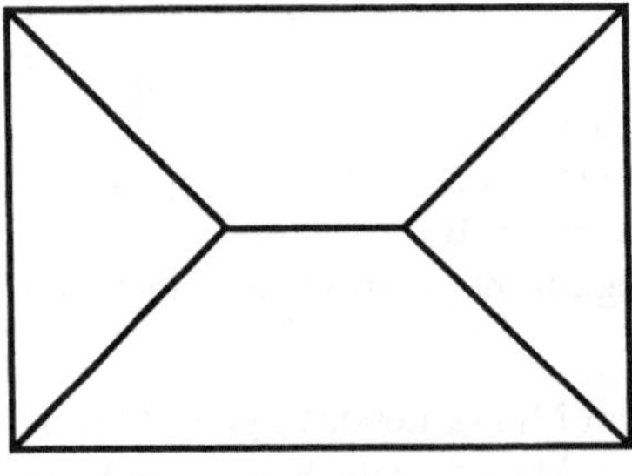

Fig. 3.46 b

Bei einem Walmdach sind alle vier Dachebenen gleich gegen die Horizontale geneigt. Die Dachebenen mit den längeren Trauflinien alleine würden ein Satteldach bilden. Der First liegt also symmetrisch, sein Grundriss ist die (längere) Mittelparallele des Grundriss-Rechtecks. In Fig. 3.46 a sind die Grundrisse von äquidistanten Höhenlinien zu zwei benachbarten Dachebenen eingezeichnet. Nur die Höhenlinien, die zur gleichen Höhe gehören, haben aber im Raum einen Schnittpunkt (in Fig. 3.46 a mit kleinen Kreisen gekennzeichnet, einer der Schnittpunkte ist mit P' benannt), da sie in einer gemeinsamen Höhenebene liegen. Höhenlinien zu verschiedenen Höhen liegen in verschiedenen Höhenebenen. Wenn sie nicht zueinander parallel sind, dann sind sie zueinander windschief.

Da bei gleicher Neigung der Ebenen die Höhenlinien selbst und die Grundrisse der Höhenlinien äquidistant sind, liegen die Grundrisse der Schnittpunkte auf der Winkelhalbierenden der Trauflinien (als speziellen Höhenlinien). So kann man den Grundriss mit den vier Gratlinien und der Firstlinie (vgl. Fig. 3.46 b) ergänzen.

Folgende Überlegungen gelten nicht nur für Walmdächer, sondern immer dann, wenn die beiden Trauflinien, von denen man ausgeht, nicht zueinander parallel sind:

- Die Grundrisse der Höhenlinien sind bei gleicher Neigung der Dachebenen zueinander äquidistant.
- Schnittpunkte haben nur Höhenlinien, die zu gleichen Höhen gehören.
- Die Grundrisse dieser Schnittpunkte liegen auf der Winkelhalbierenden der Trauflinien-Grundrisse.

Wir fassen unsere Ergebnisse zusammen im

Satz 3.13: Haben zwei Dachebenen gleicher Neigung einander schneidende Trauflinien, so halbiert der Grundriss der Schnittgerade der beiden Dachebenen den Grundriss des Trauflinien-Winkels.

Dieser Satz ist die Grundlage zur Lösung eines viel allgemeineren Problems: Man sucht die Lage der Schnittgeraden von benachbarten Dachflächen gleicher Neigung (also von Graten oder Kehlen), wenn der Grundriss der gleich hohen Trauflinien gegeben ist. Dies ist das Problem der ***Dachausmittelung***. Dazu gehören auch noch über das mit Satz 3.13 gelöste Problem hinausgehende Fragestellungen. So müssen z. B. die Trauflinien nicht alle auf gleicher Höhe liegen. Es genügt, wenn das wenigstens teilweise der Fall ist.

Die Formulierung in Satz 3.13 ist schon allgemeiner als unsere Herleitungs-Überlegung, weil nicht nur der oben betrachtete Fall von Gratlinien erfasst ist. Die Überlegungen lassen sich aber sofort wörtlich auf den Fall übertragen, dass statt eines Grats eine Kehle entsteht. Für einander schneidende horizontale Trauflinien erkennt man sofort, dass für einen Winkel kleiner als 180° ein Grat, für einen Winkel größer als 180° eine Kehle entsteht.

Beispiel 3.23: Dächer mit Kehlen

Man denke als Beispiel an ein Kreuzdach oder an ein Zwerchdach, wenn dort die Dachneigungen gleich sind. Bei einem Zwerchdach ist die Trauflinie allerdings praktisch nie realisiert. Man muss sich die Trauflinie vielmehr als Schnittgerade der Zwerchdach-Ebene mit einer Horizontalebene durch den untersten Kehlpunkt fortgesetzt denken.

Mit einer solchen „Fortsetzung" ist das Kreuzdach in Fig. 3.47 so, wie es häufig vorkommt, gezeichnet. Ganz dick sind die sichtbaren Körperkanten, ganz dünn Hilfslinien gezeichnet. Mit mittlerer Stichstärke sind nicht sichtbare Körperkanten (bzw. Stücke davon) dargestellt.

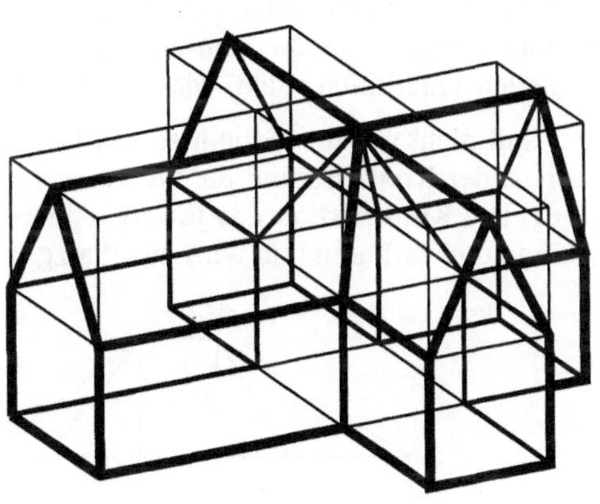

Fig. 3.47

Da Dachflächen meist gleich geneigt sind, haben wir damit eine Konstruktionsvorschrift, wie über einem gegebenen Grundriss zunächst der Grundriss des Dachs zu konstruieren ist. Gibt man dann noch den Neigungswinkel konkret vor, kann man auch den Aufriss konstruieren.

Die Überlegungen gelten, der Überschrift dieses Kapitels entsprechend, nicht nur für exakte Konstruktionen, sondern auch für Skizzen! In der Fig. 3.47 wird dies deutlich. Der Grundriss kann skizziert werden. Als „Randbedingung" geht ein, dass die beiden Rechtecke des ***Längsschiffs*** und des ***Querschiffs***[7] gleiche Breite haben, als Schnittfigur entsteht ein Quadrat. Vertikal darüber liegen die Traufkanten des Dachs. Dann braucht man nur noch die Endpunkte der Firste bzw. den Schnittpunkt der Firste. Sie liegen vertikal über den Mittelpunkten der schmalen Rechtecksseiten bzw. über dem Schnittpunkt der Quadratdiagonalen. Diese Hilfslinien sind in Fig. 3.47 nicht mehr eingezeichnet, um die Figur nicht zu unübersichtlich zu machen.

Aufgabe 3.15: Fig. 3.48 zeigt den L-förmigem Grundriss eines Gebäudes (Maßangaben in Metern, Höhe ohne Dach 6 m). Darüber soll ein Dach errichtet werden, das überall gleich geneigt ist. Skizzieren Sie das Gebäude mit Dach in einer geeigneten Lage.

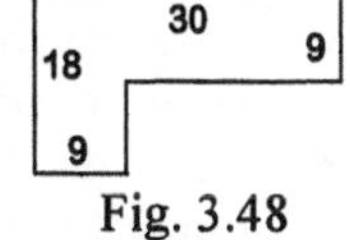

Fig. 3.48

[7] Die Bezeichnungen aus dem Bereich des Kirchenbaus werden hier – wie bei den Dächern – über die Figuren erklärt.

3.4.3 Dachausmittelung – Verallgemeinerung

Wir wollen stets gleich hohe Traufkanten annehmen. Die einfachsten Fälle sind dann sicher Dächer mit rechteckigem Grundriss. Als Dachform kommt das Satteldach und das Walmdach – in den Sonderformen auch als Fußwalmdach – vor.

Bei einem trapezförmigen Grundriss ist die Bedachung mit gleich geneigten Dachflächen nur dann möglich, wenn die Parallelseiten so lang sind, dass die durch sie gehenden Dachflächen eine waagrechte Firstkante bilden. Die Firstgerade als Schnittgerade der beiden (unendlich ausgedehnten) Ebenen existiert zwar immer, doch könnte es sein, dass so keine wirkliche Kante mehr entsteht, weil die Dachflächen durch die nicht zueinander parallelen Trauflinien einen – dann nicht horizontalen – First bilden.

Hier soll nicht nur der Grundriss des Dachs konstruiert werden, sondern außerdem der Aufriss, der Kreuzriss und die wahre Gestalt eines Dach-Dreiecks und eines Dach-Trapezes. Die Konstruktion des jeweils anderen Dach-Dreiecks bzw. Dach-Trapezes wäre analog durchzuführen und wird aus Platzgründen nicht ausgeführt.

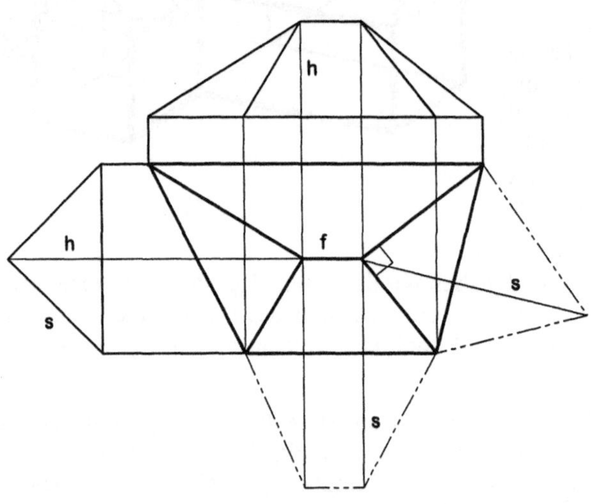

Fig. 3.49

Für die in Fig. 3.49 dargestellte Gesamt-Konstruktion müssen die Maße des Grundrisstrapezes und die Höhe h des Dachs vorgegeben sein. Als weitere Größe wird dann die Sparrenlänge s (für alle Dach-Teile) erst durch die Konstruktion bestimmt.

Die Fig. 3.49 zeigt, was bei der Konstruktion in folgender Reihenfolge schrittweise entstand:

- der trapezförmige Grundriss des Dachs;
- die vier von den Ecken ausgehenden Gratlinien (im Grundriss als Winkelhalbierende gezeichnet);
- der Dachfirst f, der ein Stück der Mittelparallelen des Trapezes ist. Der First trifft die Schnittpunkte der Grate und endet dort;
- oben der Aufriss in zugeordneter Lage – zur Konstruktion wird die Höhe h des Dachs unverzerrt verwendet;
- links der (hier mit dem Grundriss gekoppelte) Kreuzriss (h wird hierzu wieder unverzerrt verwendet), in dem die Sparrenlänge s unverzerrt zu sehen ist;
- unten die Umklappung (MONGE'sche Drehung parallel zur Grundrissebene) einer trapezförmigen Dachfläche (mit Hilfe der Dachsparren-Länge s aus dem Kreuzriss);
- rechts die (wieder mit Hilfe der Dachsparren-Länge s aus dem Kreuzriss) Umklappung einer dreieckigen Dachfläche parallel zur Grundrissebene.

Aufgabe 3.16: Begründungen zu der Dachkonstruktion in Fig. 3.49

a) Welche Eigenschaften hat ein Trapez, die ein allgemeines Viereck nicht hat?
b) Die vier von den Trapez-Ecken ausgehenden Winkelhalbierenden bilden die Grundrisse von zwei Dachdreiecken (vgl. Fig. 3.49). Warum sind diese Dreiecksgrundrisse rechtwinklig?
c) Warum geht der Grundriss der First-Geraden des Dachs durch die Scheitel der rechten Winkel?
d) Warum kann die Höhe h zum Zeichnen des Aufrisses unverzerrt verwendet werden?
e) Warum kann die Höhe h für den Kreuzriss analog verwendet werden?
f) Warum sieht man im Kreuzriss die Dachsparren-Länge unverzerrt und warum wird sie bei der Umklappung verwendet?
g) Warum ist die Dachsparren-Länge in den Dach-Dreiecken gleich groß wie die Dachsparren-Länge in den Dach-Trapezen?

Beispiel 3.24: Haus mit L-förmigem Grundriss und unterschiedlicher Breite der Flügel.

In Aufgabe 3.15 wurde bereits ein Haus mit L-förmigem Grundriss mit einem Dach gedeckt, das an allen Trauflinien (gleicher Höhe) mit Dachflächen gleicher Neigung versehen ist. Das Problem wird komplizierter, wenn bei der L-Form die Breite der Flügel unterschiedlich ist. Um hier zu einer Lösung zu kommen, denken wir uns ein Haus mit Rechtecksgrundriss und Walmdach, das einen Anbau (Rechtecksgrundriss) erhält.

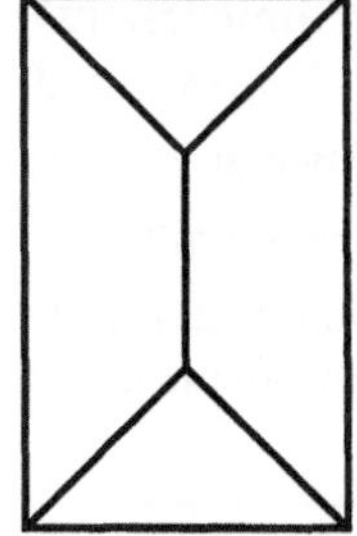

Fig. 3.50 a

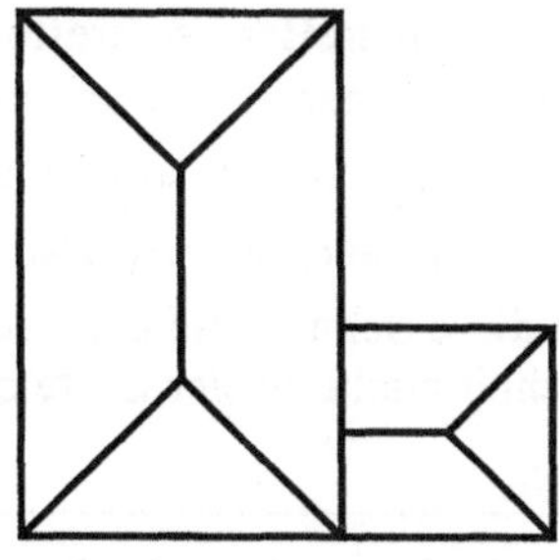

Fig. 3.50 b

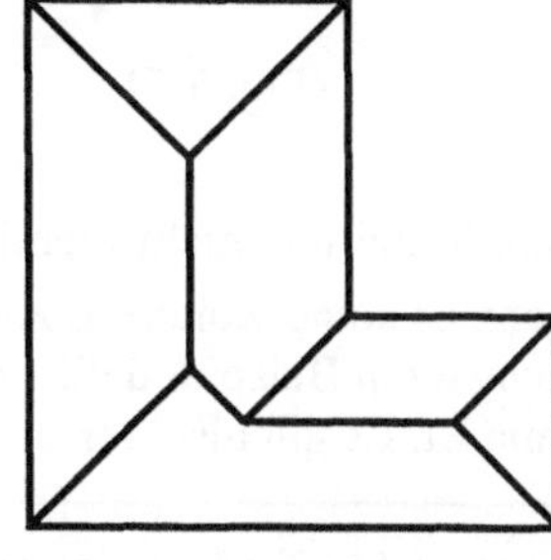

Fig. 3.50 c

Fig. 3.50 a zeigt den Grundriss des Walmdachs. Fig. 3.50 b zeigt den Grundriss für den Fall, dass der Anbau wesentlich niedriger ist. Der Anbau-First muss niedriger sein als der Haus-Quader des Haupthauses.

Um zur Lösung (Fig. 3.50 c) zu kommen, überlegt man, was geschieht, wenn der Anbau kontinuierlich höher wird. Wenn die Anbau-Firsthöhe die Trauflinien-Höhe des Haupthauses überschreitet, trifft der Anbau-First die rechte Dachfläche des Haupthauses, und es wäre zu überlegen (und konstruieren), wo das der Fall ist. Wenn die vorderen Trauflinien des Anbaues und des Haupthauses übereinstimmen, dann ist diese Linie die gemeinsame Trauflinie vorne. Wegen der gleichen Neigung stimmen dann auch die vorderen Dachebenen überein. Da der Anbau-First und die Haupthaus-Grate vorne in dieser Ebene liegen, trifft der Anbau-First die rechte Haupthaus-Dachfläche auf dem Grat.

Zur Lösung des Problems, bei einem „zu kurzen“ Trapez die Dachflächen unter der Bedingung zu finden, dass alle Dachflächen gleiche Neigung haben, verwenden wir den

> **Satz 3.14:** Die Schnittlinie zweier beliebiger Dachebenen geht durch den Schnittpunkt der (notfalls verlängerten) Traufkanten, also der Trauflinien.

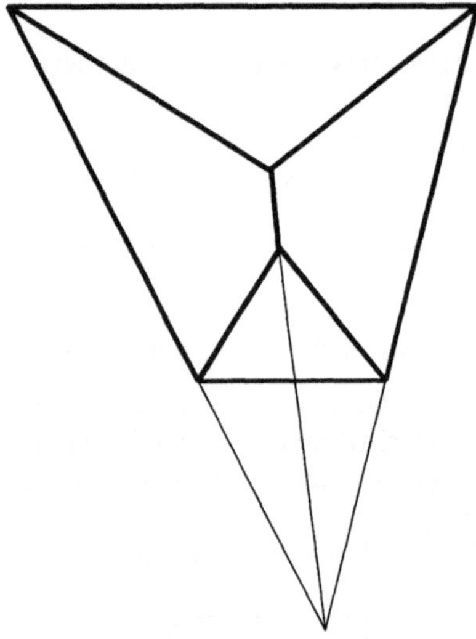

Fig. 3.51

Beweis: Dieser Satz gilt offensichtlich, da die Trauflinien in den Dachebenen liegen. Also muss ihr Schnittpunkt in beiden Dachebenen liegen und somit der Schnittgeraden (Grat oder Kehle) der Dachebenen angehören. ■

Die Firstlinie hat dann nach Satz 3.13 die Winkelhalbierende der Traufliniengrundrisse als Grundriss. Die Grate, die zwei benachbarte Dachebenen bilden, sind wieder wie oben die Winkelhalbierenden im Trapez. Dass die Winkelhalbierenden einander in einem Punkt schneiden, folgt aus dem elementargeometrischen Satz über den Schnittpunkt der Winkelhalbierenden der drei Dreieckswinkel bzw. für zwei Nebenwinkel.

Wenn sich zwei Schnittlinien s_1 und s_2 von Dachflächen treffen, so treffen sich dort (mindestens) drei Ebenen π_1, π_2 und π_3. Wenn $s_1 = \pi_1 \cap \pi_2$ und $s_2 = \pi_2 \cap \pi_3$ gilt, so gibt es (da die Ebenen ja nicht punktfremd und nicht identisch sein können) auch $\pi_1 \cap \pi_3$, also eine weitere Schnittlinie. Wenn es keine weitere Ebene gibt, ist diese Schnittlinie am Dach vorhanden. Ein Walmdach ist ein Beispiel dafür, dass im Schnittpunkt zweier Grate der First eine solche dritte Linie ist. Es gilt also der

> **Satz 3.15:** Treffen sich zwei Schnittlinien von Dachflächen (Grate, Kehlen, Firste) in einem Punkt, so geht von ihm mindestens noch eine dritte Schnittlinie aus.

Die entscheidende Neuerung des in Fig. 3.51 gezeichneten Dachs ist, dass die Firstlinie nicht horizontal verläuft. Ihr Durchstoßpunkt mit der Ebene der Trauflinien ist zwar nicht bei der Konstruktion verwendet worden (man konnte wie vorher bei horizontaler Firstlinie den First einfach als Verbindung der Endpunkte der Gratlinien einzeichnen), aber es wurde über den Winkelhalbierenden-Satz begründet, dass der Grundriss der Firstlinie die Winkelhalbierende ist und durch (beide) Gratlinienschnittpunkte geht. Nicht horizontale Firstlinien vermeidet man aber aus ästhetischen und praktischen Gründen möglichst. Entweder verwendet man dann nicht ebene Dachflächen (vgl. Teil 4.1.1) oder man macht die Trauflinien – wie ja schon bei einem Krüppelwalmdach mit Schopfwalm – nicht alle gleich hoch. Nicht horizontale Trauflinien vermeidet man überall dort, wo man an den Trauflinien Dachrinnen anbringen will.

In Satz 3.8 wird nicht gesagt, dass genau eine dritte Schnittlinie existiert. Schon das einfache Beispiel eines Pyramidendachs über quadratischer Grundfläche zeigt nämlich, dass es im Schnittpunkt zweier Gratlinien nicht nur eine dritte, sondern auch noch eine vierte Gratlinie geben kann. Es kommt in diesem Fall nämlich nicht wie beim Walmdach die Firstlinie, sondern es kommen die zwei Schnittlinien mit der vierten Dachebene dazu, weil es dort noch eine weitere Ebene gibt.

Damit ist ein Aspekt der Vielfalt von Dächern – je nach Grundriss – angesprochen. Aber auch bei einem festen Grundriss können die Dachformen stark variieren. Dies zeigt

Beispiel 3.25: Fig. 3.52 a zeigt den Grundriss eines Gebäudes (Maßangaben in Meter). Mit den uns bekannten Dach- und Gaubenformen gibt es nun viele Möglichkeiten, ein Dach für diesen Grundriss zu entwerfen. Man wird je nach Nutzung des Gebäudes unterschiedliche Lösungen vorziehen. Hier sollen – als Anregung für eigene Freihandskizzen für den Entwurf weiterer Möglichkeiten – nur einige Skizzen mit Hilfslinien, die die Entstehung erläutern sollen, angegeben werden.

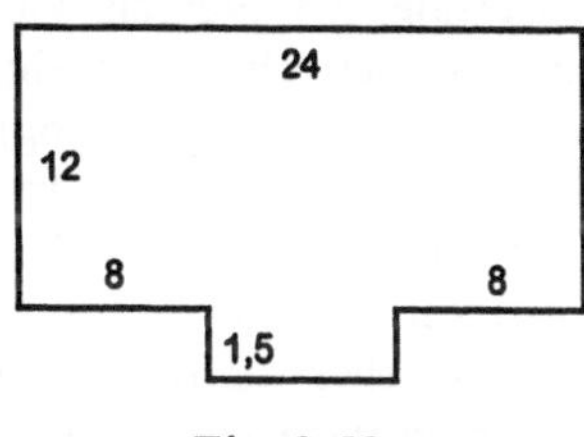

Fig. 3.52 a

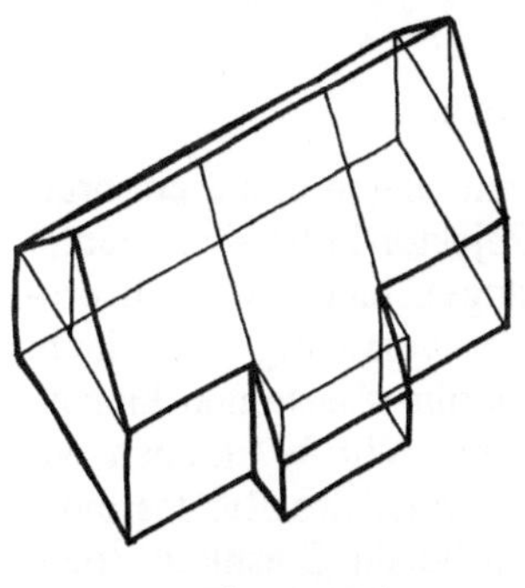
Fig. 3.52 b

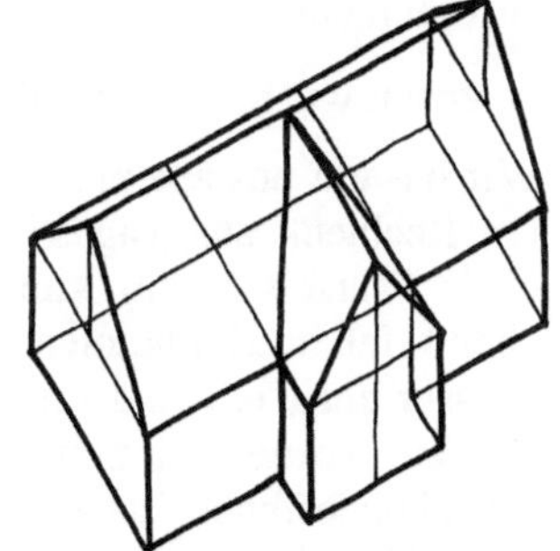
Fig. 3.52 c

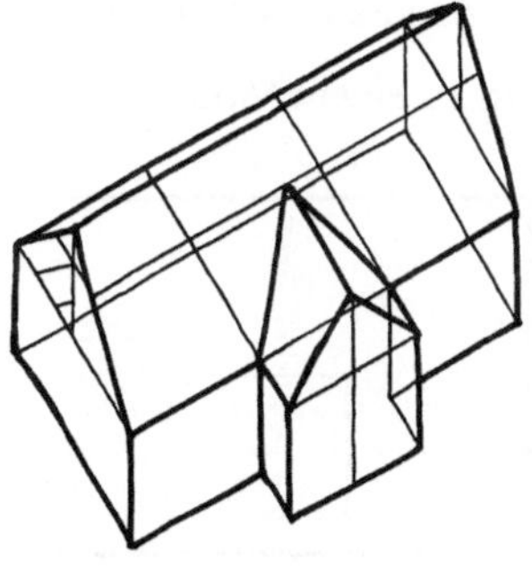
Fig. 3.52 d

Fig. 3.52 b zeigt das Haus mit einem Satteldach über dem Haupthaus. Der Anbau erhält ein Schleppdach. In Fig. 3.52 c ist die Firsthöhe des Satteldachs bei dem Anbau gleich wie die Firsthöhe des Haupthauses. In Fig. 3.52 d hat der Anbau dagegen ein Satteldach mit gleicher Neigung wie das Haupthaus. Da die Breite des Anbaus $\frac{1}{3}$ der Breite des Haupthauses misst, gilt das bei gleicher Dachneigung auch für die Firsthöhe über den Trauflinien. Hilfslinien deuten die Konstruktion an. Am interessantesten ist (in Fig. 3.52 e) die Walmdach-Lösung. Man geht dabei von der Schleppdach-Lösung (vgl. Fig. 3.52 b) aus. Das Abwalmen mit gleichem Neigungswinkel erfolgt wieder mit der Strahlensatz-Hilfskonstruktion analog zu der aus Fig. 3.52 d.

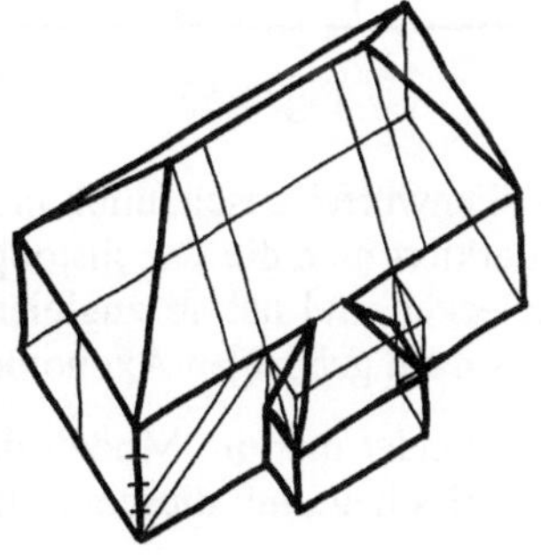
Fig. 3.52 e

3.5 Bauen

3.5.1 Bauen von Modellen als Hilfe bei der Analyse von Problemen

Die Analyse der Probleme im Zusammenhang mit Dächern stellte (z. B. im Zusammenhang mit den Dachausmittelungen) oft hohe Anforderungen an das räumliche Vorstellungsvermögen. Liegt eine Figur vor, kann sie helfen. Andernfalls muss man eine Skizze anfertigen – was wieder voraussetzt, dass die Vorstellung vorhanden ist. Hier kann das im Vorwort erwähnte Bauen von Modellen helfen. Dies soll zuerst „abstrakt" geschehen.

In Beispiel 2.3 suchten wir ein günstiges Axonometrie-Dreibein für einen Kavalierriss eines Hauses. Das wiederholte Zeichnen, bis man eine zufrieden stellende Darstellung gefunden hat, ist zwar möglich, aber umständlich. Hier ist der Einsatz einer DGS (Dynamischen Geometrie-Software) vorzuziehen. Man kann mit geeigneter Dreibein-Wahl die Wirkung – mit der Aussage des Satzes von POHLKE: die Wirkung einer Parallelprojektion in einer bestimmten Richtung – leicht kontrollieren. In Beispiel 2.7 lernten wir das Sehen als reales Modell für eine Zentralprojektion kennen und in Beispiel 2.5 erkannten wir (beim Schatten im Sonnenlicht), dass eine Zentralprojektion dann näherungsweise eine Parallelprojektion ist, wenn wir uns auf ein enges Strahlenbündel beschränken. Es liegt also nahezu eine Parallelprojektion vor, wenn wir einen kleinen Gegenstand aus genügend großer Entfernung ansehen.

Um zu einem Modell zu kommen, gehen wir folgendermaßen vor[8]:

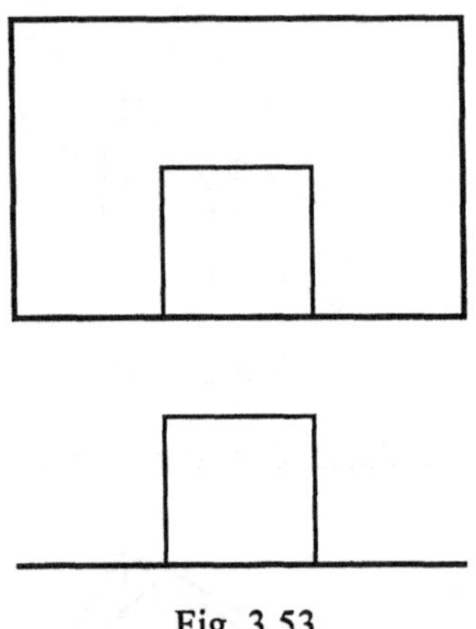

Fig. 3.53

Wir basteln uns aus einem 12 cm langen und 3 cm breiten Rechteck aus Tageslichtprojektor-Folie den Mantel eines Würfels (3 cm Kantenlänge), indem wir entsprechend falten (Faltkanten vorher vorsichtig mit einem Messer anritzen) und mit Klebefilm zusammen kleben. Diesen „vorne und hinten offenen Würfel" kleben wir mit einer offenen Fläche in die Mitte des Randes einer etwa 15 cm breiten und 10 cm hohen Glasplatte (oder wieder ein Stück Folie). Fig. 3.53 zeigt (nicht maßstäblich) den Grund- und Aufriss des Ergebnisses.

Man stellt nun das Modell auf ein Blatt Papier und schaut es von vorne aus etwa 80 cm Abstand an. Ist das Auge in Tischhöhe, sieht man ein fast mit dem Aufriss aus Fig. 3.53 identisches Bild. Nun bewegt man das Auge nach oben und links bzw. rechts so weit, bis der Folienwürfel anschaulich erscheint. Auf der Glasscheibe, die man als Bildebene nutzt, markiert man die Durchstoßpunkte der Sehstrahlen als die Bilder der vier hinteren Würfelecken und hat so zugleich die Achsenrichtung und Verkürzung für die dritte Achse des dazu gehörigen Axonometrie-Dreibeins.

Verbindet man im Modell den Bildpunkt des hinteren Würfelpunkts, der nicht auf dem Umriss liegt, mit diesem Punkt, hat man im Raum die Richtung der Projektionsstrahlen.

[8] Diese Idee verdanke ich B. WOLLRING.

Die Richtung der Projektionsstrahlen macht man im Modell nicht durch eine Strecke, sondern günstiger durch ein Stützdreieck deutlich.

Solche Stützdreiecke helfen auch beim Herstellen von **Analyse-Modellen** von Körpern (Modelle, die nicht nur der Veranschaulichung von Körpern dienen sollen).

Beispiel 3.26: Dynamisches Analyse-Modell eines Walmdachs

Wir wollen ein Modell eines Walmdachs über rechteckigem Grundriss mit 60° Dachneigung entwickeln. Das Modell sollte aus Fotokarton wirklich gebaut werden. Er ist leicht zu schneiden, stabil und in verschiedenen Farben erhältlich: Unterschiedliche „Funktionen" erhalten unterschiedliche Farben. Eine Alternative könnten Karteikarten sein.

Wir beginnen mit der Deckfläche des quaderförmigen Hauses, einem (grünen) Rechteck, das 15 cm lang und 10 cm breit (etwa Postkarten-Größe) ist. Fig. 3.54 a zeigt (hier ohne Farbe) diese Fläche.

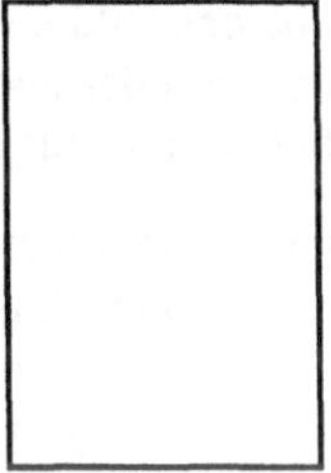

Fig. 3.54 a

Wenn die Dachflächen, die an den Längskanten anstoßen, gleich geneigt sind, werden sie (gedanklich, nicht in der Zimmermanns-Konstruktion) durch gleichschenklige Stützdreiecke gehalten. Wenn der Neigungswinkel der Dachflächen 60° misst, sind es sogar gleichseitige Dreiecke. In jedem Firstendpunkt soll ein solches (gelbes) Stützdreieck seine Spitze haben. Die Form eines Stützdreiecks zeigt Fig. 3.54 b.

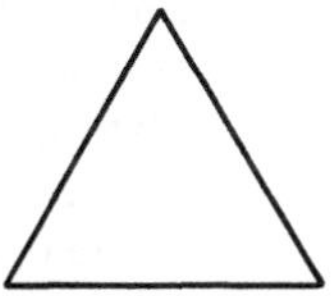

Fig. 3.54 b

Noch ist unklar, wo diese Stützdreiecke anzubringen sind. Dazu überlegt man, dass auch die Dachflächen von den Schmalseiten aus die gleiche Neigung haben. Man könnte jede dieser Dachseiten durch ein Stützdreieck stützen, das genau die Hälfte des in Fig. 3.54 b dargestellten Stützdreieck ist. Günstiger kann es sein, auch gleich den First mit zu stützen. Das führt auf ein (gelbes) Stütztrapez, das ist Fig. 3.54 c dargestellt ist. Die Trapezhöhe ist identisch mit der Dreieckshöhe aus Fig. 3.54 b. Im Trapez sind zusätzlich Schlitze bis zur halben Höhe eingezeichnet. Versieht man auch die beiden Stützdreiecke (dort von unten!) mit solchen Schlitzen, dann kann man die Stützdreiecke in das Stütztrapez einfügen und erhält eine stabile Einheit.

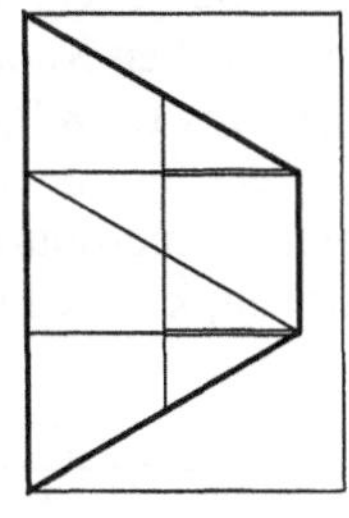

Fig. 3.54 c

Fig. 3.54 d zeigt diese Stützeinheit auf dem Grund-Rechteck im Kavalierriss. Für das Dach fehlen noch die trapezförmigen bzw. dreieckigen Dachflächen. Sie werden aus (rotem) Karton geschnitten. Die Länge der jeweiligen Traufline ist identisch mit der Länge der entsprechenden Rechtecksseite. Die Länge der Dreiecks- bzw. Trapezhöhe ist bei 60° Dachneigung gleich lang wie die kurze Trauflinie, was in Fig. 3.54 b und c abzulesen ist. Die Dachflächen werden längs der Trauflinien mit Klebefilm beweglich befestigt.

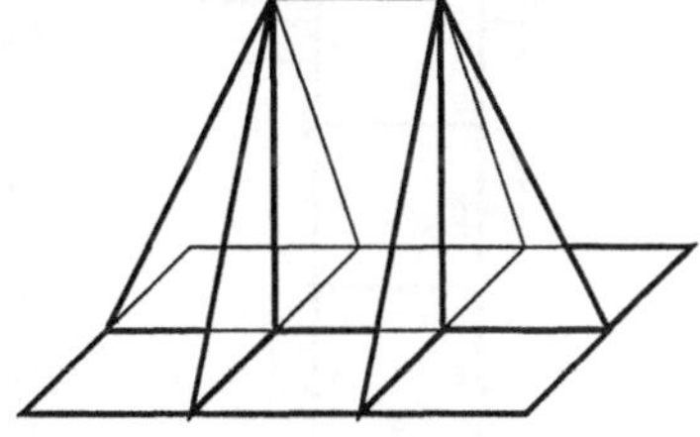

Fig. 3.54 d

Aufgabe 3.17: Bauen Sie (Maßstab 1:100) das Modell eines Walmdachs (Grundfläche 10 m breit, 15 m lang, Dachneigung 45°). Was ändert sich gegenüber Beispiel 3.26?

3.5.2 Bauen als Möglichkeit, Ergebnisse darzustellen

Selbst dann, wenn das Ergebnis einer geometrischen Überlegung bekannt ist, kann es von Nutzen sein, ein Modell anzufertigen. Das Modell kann z. B. dazu dienen, von der Richtigkeit einer durch Überlegung gefundenen Lösung zu überzeugen. In diesem Umfeld finden sich viele Aufgaben zu Würfeln auch in Schulbüchern. Es wird in einer Aufgabe das Bild eines verzierten Würfelnetzes gezeigt, und es wird gefragt, wie der Würfel aussieht oder auch, welche von mehreren gezeichneten Würfel-Schrägbildern (bei denen aber jeweils nur drei Würfelflächen zu sehen sind) zu dem Würfelnetz passen.

Bei Würfeln bieten sich folgende Möglichkeiten an, ein Modell zu bauen:

- Man nimmt sechs zueinander kongruente Karton-Quadrate und klebt sie an allen Kanten mit Klebefilm zusammen.
- Man nimmt ein Würfelnetz und klebt es an sieben (die Zahl ist unabhängig von der Form des Netzes!) Kanten mit Klebefilm zusammen.
- Man nimmt ein Würfelnetz, das an sieben richtig ausgewählten Kanten je mit einem Klebefalz versehen ist, und klebt es mit Klebstoff an den Klebefalzen zusammen.
- Man nimmt das Würfelnetz, das an sieben richtig ausgewählten Kanten je mit einem breiten Falz samt einem Einsteckschlitz und an den jeweils dazugehörigen Kanten mit einem schmalen Einsteckfalz versehen ist, und steckt den Würfel zusammen.

Dass bei jedem Würfelnetz genau fünf Kanten gefaltet werden (und demnach die restlichen sieben Kanten geklebt werden müssen), überlegt man, indem man sich das Würfelnetz aus Einzelquadraten zusammengesetzt denkt. Man beginnt mit einem Quadrat. Jedes der fünf noch dazukommenden Quadrate muss an einer Kante mit der schon vorhandenen Anordnung zusammenhängen. Würde ein Quadrat mit zwei anderen zusammenstoßen, könnte man dort nicht mehr zusammenklappen[9].

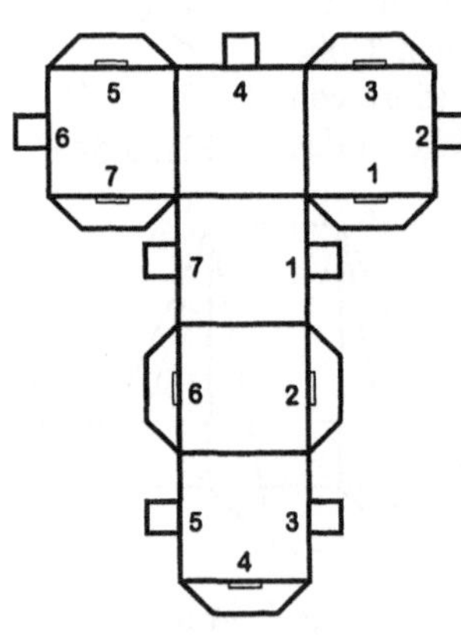

Fig. 3.55

Welche Quadratseiten des Netzes dann zusammen eine Würfelkante bilden, kann man durch räumliches Denken, aber auch durch einen „Umlauf" klären. Es ist offensichtlich, dass die beiden mit 1 benannten Kanten (vgl. Fig. 3.55) aneinander stoßen. Von diesen Kanten ist reihum in beiden Richtungen weiter nummeriert.

Die als Letztes genannte Möglichkeit, die in Fig. 3.55 an einem Beispiel dargestellt ist, hat den Nachteil, dass die Einsteckschlitze nur etwas umständlich geschnitten werden können. Der große Vorteil ist aber, dass das Modell wieder „aufgemacht" und dann auch leicht in einem Heft transportiert bzw. aufbewahrt werden kann.

Die Möglichkeit solcher Einsteck-Modelle kann auf alle bisher behandelten Raumformen ausgedehnt werden.

---

[9] Es ist nicht gesagt, dass man so immer ein Würfelnetz erhält – die Aussage gilt nur für die Kantenzahl!

Am dynamischen Walmdachmodell aus Beispiel 3.26, das dort als Analyse-Modell mit Stützelementen verwendet wurde, ist ablesbar, dass man als Veranschaulichungs-Modelle viele Körper leicht analog (ohne die dort vorkommenden Stützelemente) bauen kann. Man denkt sich erst die Dachflächen in die Ebenen der Wände geklappt, mit denen sie an einer Trauflinie zusammenhängen. Dann klappt man bei einem Haus (im Beispiel 3.26 nicht realisiert) die Hauswände samt den angefügten Dachteilen in die Grundebene. Eine andere Möglichkeit wäre es, die Hauswände als Mantel eines senkrechten Prismas aufzufassen, diesen Mantel an einer Kante aufzuschneiden und zusammen mit den an den Trauflinien angehängten Dachflächen und der Grundfläche in eine Ebene abzuwickeln.

Bei vielen Körpern klappt das Verfahren so. Schwierigkeiten treten immer dann auf, wenn beim Dach Kehlen oder im Grundriss einspringende Ecken vorkommen. Dies war in den Beispielen 3.24 und 3.25 so. In solchen Fällen hilft es immer, das Netz in zwei (oder gar mehr, aus praktischen Gründen in möglichst wenige) Teilnetze zu zerlegen.

Beispiel 3.27: Wir suchen das Netz (den Modellbogen) des Hauses aus Beispiel 3.24, das dort in Fig. 3.50c dargestellt ist, bei 45° Dachneigung. Die Flügel des Hauses sind je 20 m lang und 12 m bzw. 8 m breit. Das Haus ist ohne Dach 6 m hoch.

Da hier nur eine Kehle vorkommt, kann man den Modellbogen an der Kehle trennen. Würde man das nicht tun, käme es zu Überlappungen. Fig. 3.56 zeigt das Ergebnis.

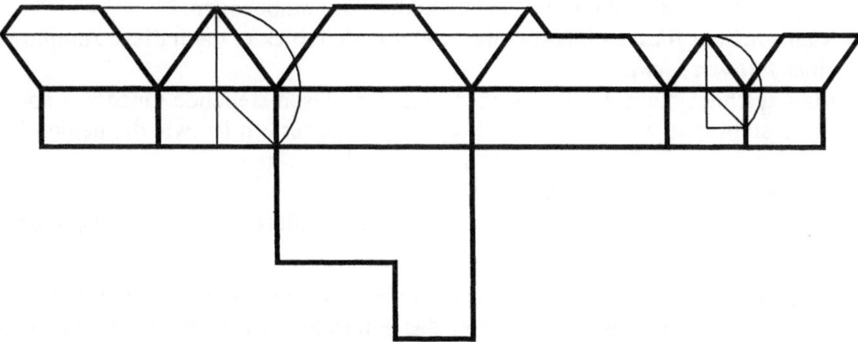

Fig. 3.56

Ausgehend vom Grundriss findet man leicht den abgewickelten Mantel, der an der einspringenden Ecke getrennt wurde, weil dort beim Dach eine Kehle entsteht. Die Höhe der Dachdreiecke und der anderen Dachflächen findet man mit der angegebenen Hilfskonstruktion an den Trauflinien der Schmalseiten. Die Dreiecke sind mit 45° gegen die Horizontale geneigt. Daher kann ihre Höhe im rechtwinklig-gleichschenkligen Stützdreieck (je ein halbes Quadrat) konstruiert werden. Die Hypotenuse dieser Dreiecke gibt die Höhe der Dachdreiecke an. Die Form (Dreieck, Trapez, Parallelogramm oder Teil eines Trapezes bzw. Parallelogramms) entnimmt man dem Grundriss in Fig. 3.49 c.

Aufgabe 3.18: Begründen Sie durch Bauen[10], dass man aus vier zueinander kongruenten Dreiecken i. Allg. ein (allgemeines) Tetraeder bauen kann. Was bedeutet „i. Allg.“?

[10] Diese Idee verdanke ich H. BUBECK.

3.6 Geometrisches Freihandzeichnen

3.6.1 Abgrenzung des Begriffs

„Skizzieren, Konstruieren, Berechnen und Bauen“ ist dieses Kapitel überschrieben. Das Konstruieren kam immer wieder vor, das Berechnen war in bestimmten Bereichen Hilfsmittel, zum Bauen war angeregt worden. Das Skizzieren wurde immer wieder erläutert. Was ist nun „geometrisches Freihandzeichnen“? So nennt man zusammenfassend insbesondere in Österreich[11] die hier isoliert erwähnten Hinweise zur frei Hand erzeugten grafischen Darstellung von dreidimensionalen – real vorhandenen oder gedachten – Objekten auf Papier nach folgenden Herstellungs-Regeln:

- Das Ziel sind ***anschauliche Zeichnungen*** der Objekte.
  Ein Quadrat frei Hand zu zeichnen und es als Grundriss eines Würfels zu interpretieren, entspricht also sicher nicht diesem Ziel.
- Die Zeichnung wird mit ***Bleistift auf Papie***r hergestellt.
  Klassische Zeichenwerkzeuge wie Zirkel und Lineal sind zur Unterstützung möglich, doch eine exakte Konstruktion wird nicht durchgeführt.
- Bei der Darstellung wird darauf geachtet, dass die ***geometrischen Gesetze*** streng eingehalten werden.
  Dazu werden besonders die allgemeinen Raumüberlegungen (wie hier in Teil 1 dargestellt) verwendet. Spezielle Konstruktionsverfahren, etwa die der Mehrtafelprojektion, werden allenfalls als Denkhilfen mit einbezogen.
- Man zeichnet ***fiktive Objekte*** oder, wenn reale Objekte, dann diese zumindest aus einer ***fiktiven Sicht***.
  Man zeichnet nicht zwei vor einem auf dem Tisch stehende Quader – aber vielleicht stellt man eine Zeichnung her, auf der dargestellt ist, wie die beiden Quader von der gegenüberliegenden Tischseite zu sehen wären.
- Man legt Wert auf die ***Genauigkeit*** der Zeichnung.
  Weiß man, dass eine Strecke ein Drittel einer anderen Strecke ist, versucht man, dies möglichst exakt zu zeichnen.

Eine Bemerkung zum letzten Punkt: Das Halbieren einer Strecke ist mit Augenmaß leicht möglich, das Dritteln ist schwerer, das Fünfteln oder Siebteln fast nicht zu bewältigen. Hat man keine Übung, kann man über eine „eingebaute“ Strahlensatzfigur das Dritteln durch das dreimalige Abtragen der gleichen Strecke (einfacher!) und das Zeichnen von Parallelen (einfacher!) ersetzen. So wurde in vielen Beispielen verfahren. Und hier ist auch der Grenzfall erreicht, bei dem man daran denkt, auch in einer geometrischen Freihandzeichnung statt die Strahlensatzfigur zu zeichnen einen Maßstab einzusetzen, die Gesamtstrecke zu messen, den Bruchteil durch Überschlagsrechnung zu bestimmen und dann mit dem Maßstab die Teilpunkte einzuzeichnen.

Geometrisches Freihandzeichnen ist immer wesentlich schneller als eine Konstruktion mit Zirkel und Lineal oder mit dem Computer, ist Grundlage einer Tafelzeichnung (statt auf Papier wird auf die Tafel gezeichnet), fördert beim Betrachter die Raumvorstellung und fordert beim Zeichner Raumvorstellung und immer wieder elementare Raumüberlegungen – was wieder zu einer besseren Raumvorstellung führt: Der Weg ist das Ziel!

---

[11] die einprägsame Formulierung verdanke ich G. GLAESER und H. - P. SCHRÖCKER

Beispiel 3.28: Geometrische Freihandzeichnung eines Dodekaeders

In Beispiel 1.4 sind die Platonischen Körper zusammengestellt. Will man eine axonometrische Freihandzeichnung eines Dodekaeders, der zwölf zueinander kongruente reguläre Fünfecke als Flächen hat, zeichnen, muss man über die Maße etwas genauer Bescheid wissen. Für die Erklärung der Überlegungen ist hier Fig. 3.57 a (bewusst ungünstig im Karoraster konstruierte) gegeben, auf die Bezug genommen werden kann.

- Analysieren

Man erkennt in Fig. 3.57 a, dass bestimmte Diagonalen der Fünfecke als Kanten eines Würfels gedeutet werden können. Vier „aneinanderhängende" Diagonalen bilden sicher eine Raute. Wegen der Symmetrie des Körpers sind die Diagonalen einer solchen Raute gleich lang, es sind also sechs Quadrate, die einen Würfel bilden.

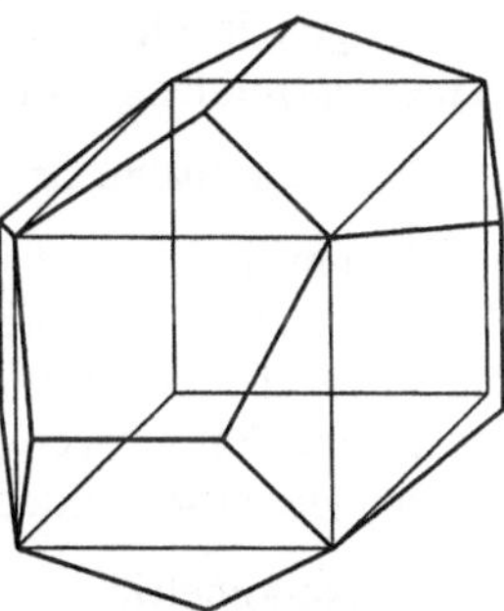

Fig. 3.57 a

- Berechnen

Im regulären Fünfeck mit der Seitenlänge a misst die Diagonale nach Aufgabe 3.5 $d \approx 1{,}618 \cdot a$ und damit $a \approx 0{,}618 \cdot d$. Fig. 3.57 b zeigt eine Normalprojektion auf eine Würfelfläche. Für den Abstand x gilt dann (zueinander ähnliche rechtwinklige Dreiecke) $x : 0{,}5(d - a) = 0{,}5d : x$ und man erhält $x = 0{,}5a$ (Hinweis: Dieser Wert ist exakt, nicht nur ein Näherungswert mit den angegebenen gerundeten Dezimalzahlen).

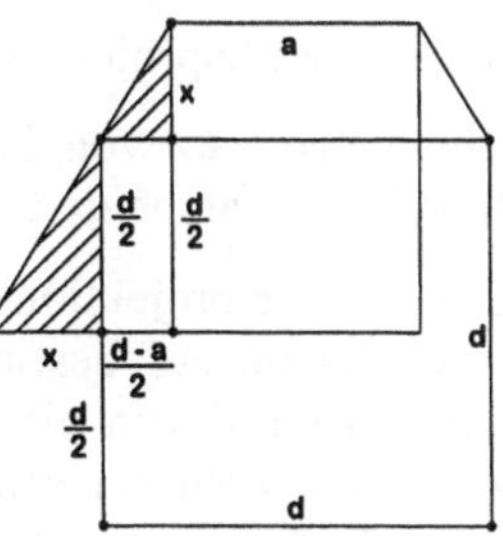

Fig. 3.57 b

- Zeichnen

Wir wählen einen Kavalierriss mit a = 30° und dem x-Verkürzungsfaktor 0,5. Für die geometrische Freihandzeichnung verwenden wir die Näherung $a \approx 0{,}6$ d. Zuerst zeichnet man die Strecken auf den Mittelparallelen, verschiebt sie dann um x und verbindet Endpunkte unter Berücksichtigung der Sichtbarkeit. Das Ergebnis ist in Fig. 3.57 c dargestellt.

Aufgabe 3.19: In einem Koordinatensystem denkt man sich vier quadratische Säulen (Kantenlänge a) mit einer Ecke im Ursprung so eingezeichnet, dass eine Kante in der positiven bzw. negativen x-Achse liegt und eine Quadrat-Diagonale in Richtung der positiven bzw. negativen z-Achse verläuft. Die Höhe sei $a\sqrt{2}$. So entsteht eine Doppelsäule der Höhe $2a\sqrt{2}$. Analog werden Doppelsäulen mit Kanten in y- Richtung und Diagonalen in x- Richtung und mit Kanten in z-Richtung und Diagonalen in y-Richtung gedacht. Diese Säulen durchdringen einander selbstverständlich. Es ist der Gesamtkörper als geometrische Freihandzeichnung darzustellen.

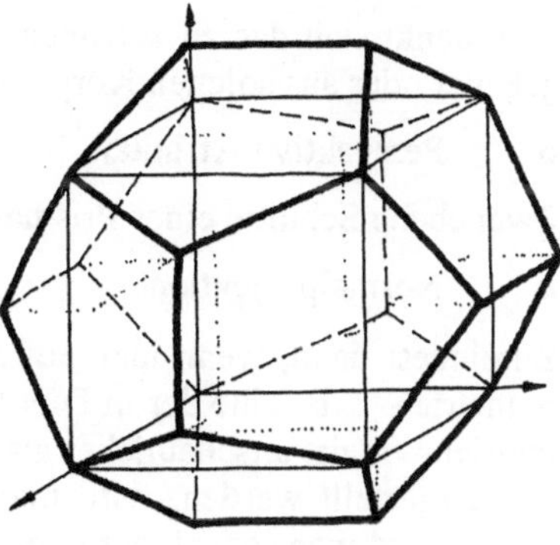

Fig. 3.57 c

3.6.2 Zusammenstellung der Grundideen

Alle hier zusammengefassten Überlegungen sind schon früher angeklungen. Die Zusammenstellung erfolgt, um in der Gesamtheit dann die „Werkzeuge“ zur Verfügung zu haben, mit denen auch komplexere Probleme so zeichnerisch gelöst werden können. In gleicher Weise hätte man z. B. auch die Fig. 3.5, 3.24 und 3.47 leicht, wie bei Fig. 3.12 tatsächlich ausgeführt, als geometrische Freihandzeichnungen erstellen können.

Wenn in den Folgekapiteln neue Erkenntnisse zum Erstellen geometrischer Freihandzeichnungen dazukommen, werden sie ebenfalls mit „◘“ den Werkzeugen zugeordnet, in die hier zusammengestellte Liste aufgenommen und danach entsprechend verwendet.

◘ Geometrische Grundeigenschaften

Es geht um die gegenseitige Lage von Punkten, Geraden und Ebenen. Beispiele sind: Zwei Geraden in einer Ebene schneiden einander oder sind zueinander parallel. Im Raum können sie zueinander windschief sein. Drei Ebenen im Raum haben i. Allg. einen Punkt gemeinsam. Falls zwei der Ebenen zueinander parallel sind und die dritte Ebene die beiden anderen schneidet, sind die beiden Schnittgeraden zueinander parallel.

◘ Axonometrie

Man denkt sich das zu zeichnende Objekt in ein Koordinatensystem, das günstig zum Objekt liegt. Zum Zeichnen verwendet man geeignete Koordinatenwege, evtl. Höhenkoten.

◘ Parallelprojektion und Axonometrie

Durch den Satz von POHLKE sind axonometrische Bilder und Parallelrisse gekoppelt. Also kann man beide Denkweisen zum geometrischen Freihandzeichnen heranziehen.

Eine Parallelprojektion/Axonometrie ist ***inzidenztreu***, ***parallelentreu*** und ***teilverhältnistreu***. Punkte auf bestimmten Strecken haben Bilder auf dem Bild der Strecken. Die Umkehrung davon gilt bekanntlich nicht. Ein Punkt, der nicht auf einer Strecke liegt, kann sehr wohl ein Bild auf dem Bild dieser Strecke haben, man denke an ein Würfelschrägbild. Bilder von zueinander parallelen Strecken sind i. Allg. zueinander parallel.

◘ Einbetten in bzw. Zusammensetzen aus Standardkörper(n)

Man denkt sich das zu zeichnende Objekt in einen einfach zu zeichnenden Körper eingebettet oder aus solchen Körpern zusammengesetzt. Meist verwendet man Quader.

◘ Perspektive Affinität

Zwei ebene Schnitte eines Prismas (Polygone) sind i. Allg. perspektiv affin.

◘ Normalprojektion

Zumindest dann, wenn man auf nicht kariertes Papier zeichnete, ist eine normale Axonometrie – z. B. eine der in DIN 5 angegebenen, in Beispiel 2.15 aufgegriffenen Axonometrien – meist anschaulicher als ein Schrägbild. Soll eine Kugel oder ein Teil einer Kugel dargestellt werden, wird man stets eine normale Axonometrie wählen. Auf Karopapier wird man jedoch gerne die Unterstützung durch das Karoraster nutzen. Es hilft in zwei Bereichen: Bei der Parallelentreue – zumindest in Richtung der Karolinien – und beim Abschätzen von Maßen/Längen, das durch Abzählen von Karos unterstützt wird.

Beispiel 3. 29: Geometrisches Freihandzeichnen und Dreitafelprojektion

Im Anschluss an Aufgabe 2.3 soll eine Kombination von geometrische Freihandzeichnen und der Dreitafelprojektion aufgezeigt werden. Zur Lösung entsprechender Probleme muss die Dreitafelprojektion nicht immer explizit gezeichnet werden. Geht es ausschließlich um ein anschauliches Bild, kann das Überlegen, wie ein Grund-, Auf- bzw. Kreuzriss ausschauen würde, oft schon genügen.

Fig. 3.58 a zeigt in einem Schrägbild ein Haus mit Satteldach – hier in einen Würfel eingebettet. In Fig. 3.58 b ist im zugehörigen Grundriss ein Kamin (quadratische Säule mit vertikalen Kanten) eingezeichnet, das bis zur Firsthöhe gehen soll. Zu zeichnen ist das Schrägbild mit Kamin sowie der Grund-, Auf- und Kreuzriss als Denkhilfen.

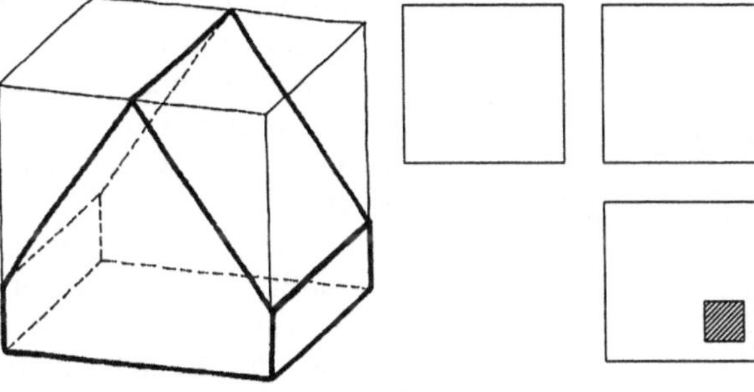

Fig. 3.58 a Fig. 3.58 b

Zur Lösung kann man den Boden des Hauses als perspektiv-affines Bild des Grundrisses deuten und dort den Kamin einzeichnen. Die Kanten sind vertikal und können ergänzt werden. Die Durchstoßpunkte mit der Dachfläche erhält man z. B. über den Aufriss (und eine dort zu ermittelnde Höhenkote). Die Endpunkte des Kamins oben erhält man z. B. über die Höhe des „Umwürfels“.

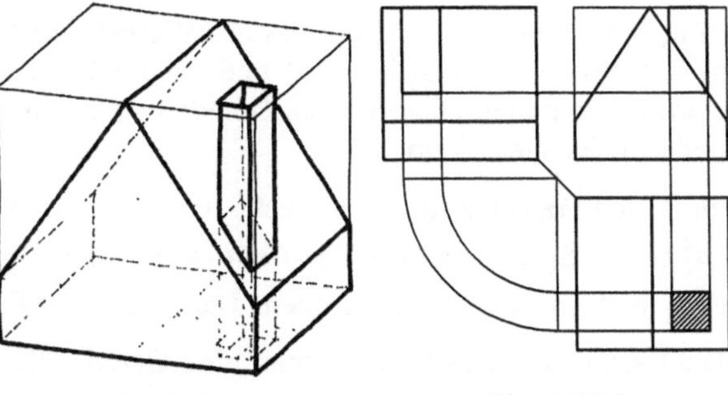

Fig. 3.59 a Fig. 3.59 b

Aufgabe 3.20: Dachformen über einem quadratischem Turm können verschieden ausfallen. In Fig. 3.60 greifen wir die Idee von Fig. 3.40 c auf. Die Schnittlinien der Dachebenen mit der oberen Ebene des Turms werden zunächst als ein um 45° gedrehtes Quadrat gedeutet. Dann werden die Turmwände bis zum Dach nach oben verlängert. Diese Idee soll auf andere Schnittlinien-Figuren verallgemeinert werden.

Erstellen Sie eine geometrische Freihandzeichnung so gebildeter Dächer, wenn die Schnittlinien zunächst

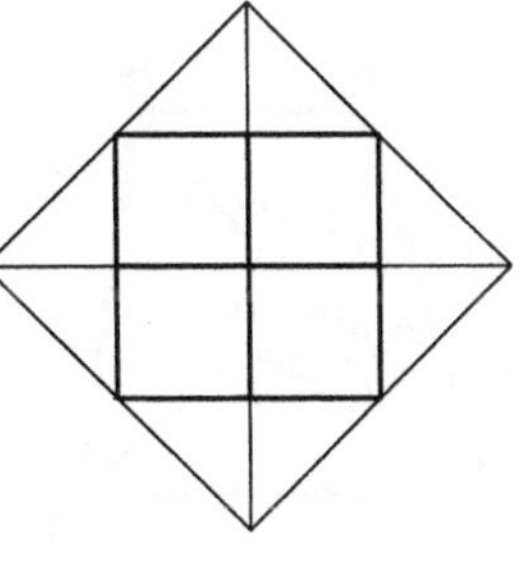

Fig. 3. 60

a) wie in Fig. 3.60 ein Quadrat
b) ein reguläres Sechseck mit zwei Seiten parallel zu den Quadratseiten
c) ein reguläres Achteck mit vier Seitenmittelpunkten in den Quadratecken
d) ein reguläres Zwölfeck mit vier Zwölfecksecken in den Quadratecken

bilden und wenn anschließend die Turmwände bis zum Dach nach oben gezogen werden.

4 Nicht ebene Teile oder nicht geradlinige Kanten

4.1 Nicht ebene Formen bei Dächern und Gebäuden

4.1.1 Nicht ebene Dachformen als Notlösung: Übergangsstücke

Für den trapezförmigen Grundriss führt die Dachkonstruktion mit der Forderung gleich geneigter Dachflächen auf einen First, der nicht horizontal ist. Dies wird, wie bereits in Teil 3.3.3 gesagt, aus ästhetischen und technischen Gründen möglichst vermieden.

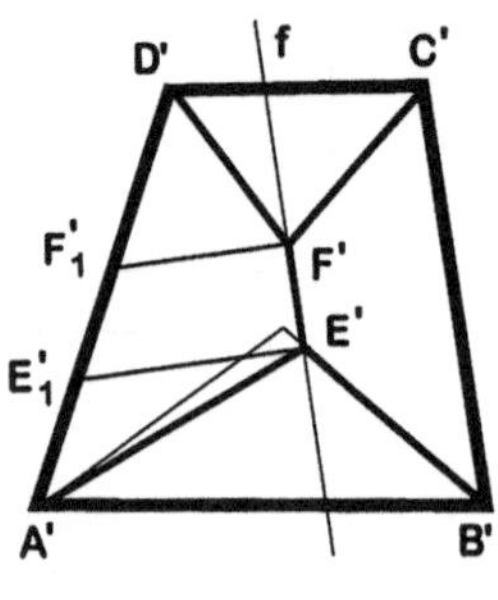

Fig. 4.1 a

Eine Lösung ist, den First parallel zu einer Trauflinie zu legen. Wenn man dann noch fordert, dass drei der vier Dachflächen gleich geneigt sind, kann man den Grundriss dieser drei Dachflächen konstruieren. Zuerst legt man (Fig. 4.1 a) durch die Trauflinien AB, BC und CD gleich geneigte Dachebenen. Die Dachfläche durch CD ist durch die Winkelhalbierenden bestimmt. Durch den oberen Dreieckspunkt F legt man parallel zur Trauflinie BC die Firstlinie f. Wenn die vordere Dachebene dieselbe Neigung haben soll wie die rechte, muss der Grundriss des Grats die Winkelhalbierende in B' sein. Die dünn gezeichnete Winkelhalbierende in A' verdeutlicht die Standardlösung mit nicht horizontalem First. Auf f erhält man E' bzw. E.

In Fig. 4.1 a ist links der Grundriss des Vierecks AEFD zu sehen, das die vierte Dachfläche begrenzt. Die Trauflinie AD und die Firstlinie EF verlaufen horizontal, aber nicht zueinander parallel. Diese beiden Geraden sind also zueinander windschief – es liegt ein windschiefes Viereck vor.

Von E und F aus legt man senkrecht zum First (nach Satz 2.6 auch senkrecht im Grundriss) gerade Sparren auf die Trauflinie $\overline{AD}$. Die Fußpunkte sind E_1 und F_1. Die Dreiecke AEE_1 und DFF_1 deckt man eben. Das Viereck EFF_1E_1 ist windschief. Um hier eine Dachfläche zu erzeugen, lässt man eine Gerade (Dachlatte) längs $\overline{EE_1}$ stets horizontal entlang gleiten. Es ergibt sich, dass jeder Schnitt dieser Dachfläche mit einer Ebene senkrecht zum First eine Gerade ist. Das Dach hat nicht nur geradlinige Dachlatten, sondern auch geradlinige Dachsparren. Diese gekrümmte Fläche trägt also zwei Scharen von Geraden. Es handelt sich um eine spezielle doppelte **Regelfläche**[1], um ein **hyperbolisches Paraboloid,** das das Dach als Übergangsstück schließt.

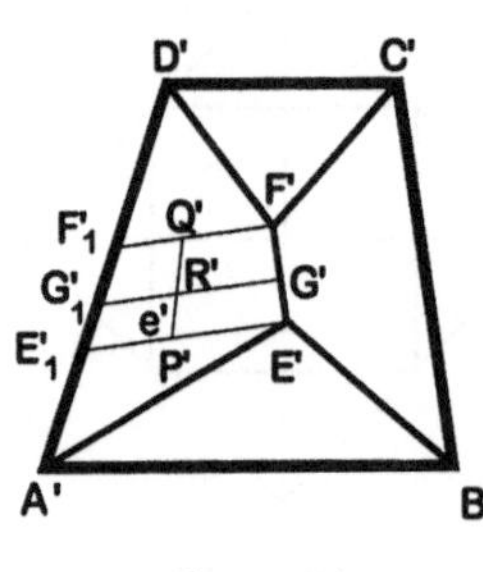

Fig. 4.1 b

Zum Beweis, dass es sich um eine doppelte Regelfläche handelt, nimmt man eine Gerade G_1G der Fläche (vgl. Fig. 4.1 b) und zeigt mit Strahlensatz-Überlegungen, dass sie eine beliebige (und damit jede) Erzeugende e stets in einem Punkt R trifft. Das bedeutet aber, dass jeder gerade Dachsparren jede Lage der verschobenen Dachlatte trifft, was oben behauptet worden war.

[1] Regelfläche, aus dem französischen: surface réglée, Fläche mit einer (doppelt: zwei) Schar(en) von Geraden.

Zur Vertiefung der raumgeometrischen Überlegungen sollen hier die Grundideen des Beweises beschrieben werden:

Die Gerade e ist eine beliebige dieser horizontalen Erzeugenden. Eine zum First normale Ebene ε durch G schneidet e in R und die Trauflinie in G_1. h ist die Höhe des Firsts, h_1 die Höhe von R über der Ebene der Trauflinien. Um zu beweisen, dass G, R und G_1 auf einer Geraden liegen, zeigen wir, dass für die Längen $|\overline{G'_1 R'}| : |\overline{G'_1 G'}| = h_1 : h$ gilt. In dem in Fig. 4.2 gezeichneten Stützdreieck für $\overline{GG_1}$ erkennt man die Geradlinigkeit dann mit dem Strahlensatz. Schneidet e (mit den Bezeichnungen der Figur 4.1 b) die Gerade (EE_1) in P und (FF_1) in Q, so gilt, weil alle Latten horizontal und weil die Rand-Latten geradlinig sind (man überlegt in Stützdreiecken, die analog aussehen wie das in Fig. 4.2 gezeichnete Dreieck), dass $h_1 : h = |\overline{E'_1P'}| : |\overline{E'_1E'}| = |\overline{F'_1Q'}| : |\overline{F'_1F'}|$ gilt. Nach mehrmaligem Anwenden der Umkehrung des ersten Strahlensatzes geht daher die Gerade e' durch den Schnittpunkt von f' und (A'D'). Daher gilt diese Aussage auch für $\overline{G_1G'}$.

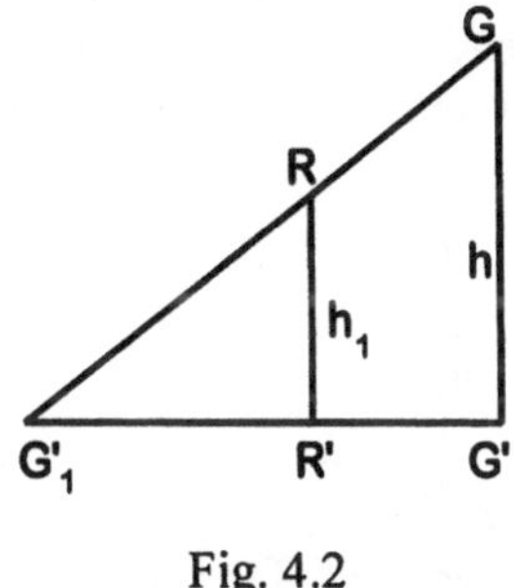

Fig. 4.2

Beispiel 4.1: Einfache und doppelte Regelflächen

Regelflächen kann man sich durch Bewegen einer Geraden entstanden denken. Damit sind allgemeine Zylinder und allgemeine Kegel trivialerweise Regelflächen.

Ein anderes Beispiel für einfache Regelflächen sind Wendelflächen, die (so der einfachste, anschaulichste Fall) durch die Schraubung einer Geraden g längs einer g orthogonal schneidenden Geraden h entsteht.

Mit Hilfe von Fig. 4.3 (Grund- und Aufriss) wird die Erzeugung einer speziellen doppelten Regelfläche erläutert. Die Gerade g (in Fig. 4.3 zweite Hauptlinie) wird um die zu g windschiefe Achse a (in Fig. 4.3 erstprojizierend) gedreht und erzeugt dabei eine Fläche Φ mit einer Schar von Geraden, also eine Regelfläche. Φ ist als Drehfläche sicher ebenensymmetrisch zu jeder Ebene durch die Drehachse a, also auch zu der in Fig. 4.3 angegebenen (erst- und zweitprojizierenden) Ebene ε. Bei der Ebenenspiegelung an ε geht g in die Gerade h über. h ist ebenfalls zweite Hauptlinie. Da g auf Φ liegt und Φ ebenensymmetrisch ist, liegt h mit allen bei der Rotation um a aus h entstehenden Geraden ebenfalls auf Φ. Die Fläche Φ trägt also zwei Scharen von Geraden und ist deshalb eine doppelte Regelfläche.

Φ ist ein **Drehhyperboloid**. Solche Flächen findet man, weil sie mit geradlinigen Schal-Brettern leicht herzustellen sind, bei Beton-Bauten recht häufig. Die bekanntesten Beispiele dürften die Kühltürme von Kernkraftwerken sein.

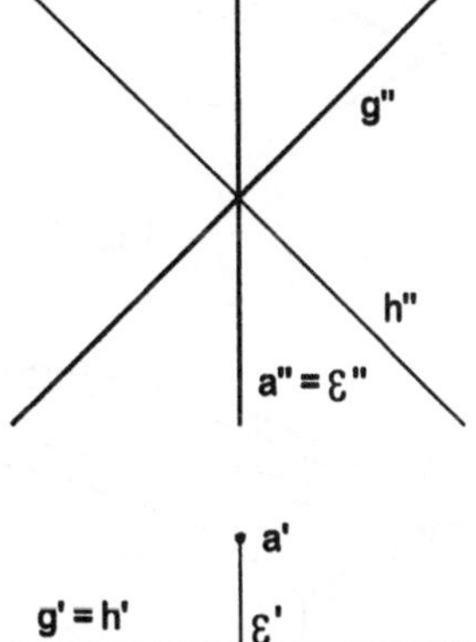

Fig. 4.3

4.1.2 Nicht ebene Dachformen als Gestaltungselement

Nicht ebene Dachformen werden von Architekten oft auch als Gestaltungsmittel eingesetzt. Beispiele für „freie“ Dachformen findet man sowohl bei modernen als auch bei älteren Bauten leicht. Wir gehen hier von Dachformen aus, die eine Schar von zueinander parallelen Geraden tragen, die also allgemeine Zylinder sind. Sie gibt es erst häufig, seit mit Beton ein Werkstoff zur Verfügung steht, der die Realisierung auf einfache Weise ermöglicht. Wir können solche Dächer i. Allg. nur skizzieren. Dazu betten wir (eine bereits bekannte Idee) den Körper, den wir abbilden wollen, in Gedanken in berührende Quader ein und versuchen, aus dieser Einbettung Information für das Bild zu bekommen. So kommen wir meist leicht zu durchaus ansprechenden Skizzen.

Fig. 4.4

Fig. 4.4 zeigt (hier schon als fertige Freihand-Skizze, mit deren Hilfe ihre Entstehung erklärt wird) das obere Stück eines Kirchturms in Esslingen-Liebersbronn.

Will man solche allgemeinen Zylinder skizzieren, muss man ein sehr gutes Gefühl für Proportionen haben. Wir nutzen das erwähnte Einbetten in Quader aus, um die Proportionen des Turmes korrekt in die Skizze zu übernehmen und um gleichzeitig die am Turmdach zueinander parallelen Kanten – dann als Quaderkanten – leicht frei Hand zeichnen zu können. Wir überlegen hier folgendermaßen:

Man betrachtet zunächst nur die untere Fläche des Dachs und lässt seine Dicke unberücksichtigt. Die linken und rechten Randteile (sie könnten sogar beide eben sein) werden zuerst je in einen Quader eingebettet. Dazu kommt das gebogene Mittelteil des Dachs, das ebenfalls in einen Quader eingebettet wird. Diese Quader wollen wir in einem Schrägbild darstellen. Für die Maße braucht man immer noch etwas Gefühl für Proportionen – es ist letztlich das Teilverhältnis, das bei der Parallelprojektion, die zu der von uns nachempfundenen Axonometrie gehört, invariant bleibt. Das Ergebnis der Überlegungen ist in Fig. 4.5 a dargestellt.

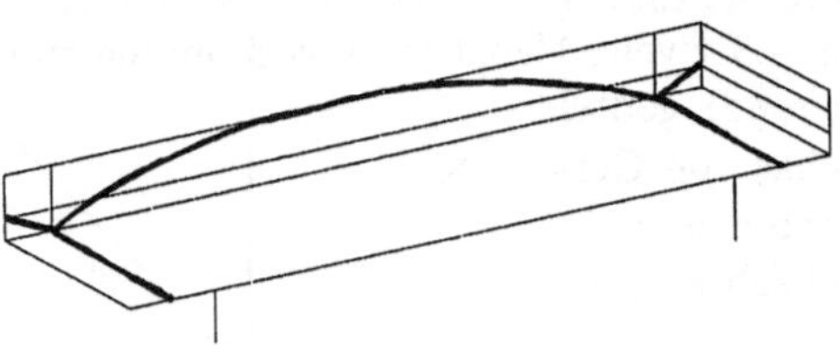

Fig. 4.5 a

In Fig. 4.5 b ist zuerst die Dicke des Dachs berücksichtigt. Dann ist die Schnittkurve der unteren Dachfläche mit der Vorderwand des Kirchturms eingezeichnet. Da wir davon ausgehen, dass das Dach vorne auch von einer vertikalen Ebene, die parallel zur vorderen Turmwand ist, begrenzt wird, ist die Kurve eine Parallelkurve zur Kurve aus Fig. 4.5 a.

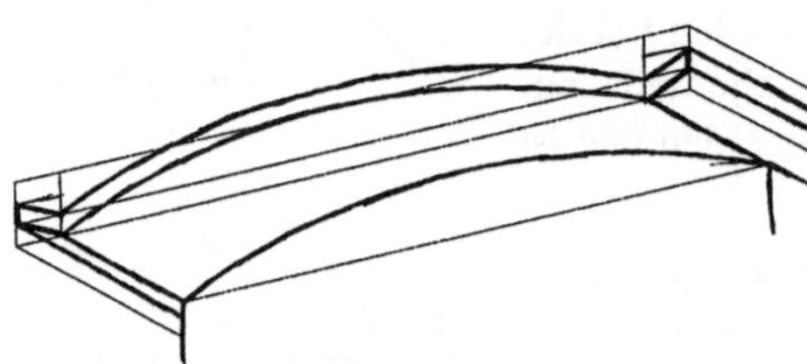

Fig. 4.5 b

Beispiel 4.2: Wir betrachten den Turm des Gemeindehauses in Esslingen-Liebersbronn, der in Fig. 4.6 a wieder als fertige Freihand-Skizze gezeigt wird. Die am Objekt horizontalen Linien sind Trennlinien von verschiedenen Bändern des Materials, mit dem das Dach gedeckt ist. Die Skizze lässt vermuten, dass das Dach von zwei zueinander kongruenten allgemeinen Zylindern erzeugt wird. Die Erzeugenden dieser Zylinder sind zueinander orthogonal, die Achsen schneiden einander. Zum Zeichnen wird man diesen Gedanken weiter verfolgen. Dabei wird man versuchen, die Leitlinien der Zylinder möglichst einfach (Kreise und Geraden) zu wählen.

Fig. 4.6 a

Fig. 4.6 b gibt an, wie der Aufriss des Turms (in Richtung der Erzeugenden eines der beiden Zylinder – Vermutung, da nur das fertige Objekt bekannt ist) aussehen könnte. Der Aufriss setzt sich, wie in Fig. 4.6 b erkennbar ist, aus Kreisstücken und Strecken zusammen. Vom Kreismittelpunkt aus sind mit je 10° Abstand (und deshalb in der Höhe nicht äquidistant) Linien eingezeichnet, die die Begrenzungen von Schieferplatten gleicher Breite sein könnten, die den Zylindermantel abdecken. Dies ist in Fig. 4.6 a nicht berücksichtigt.

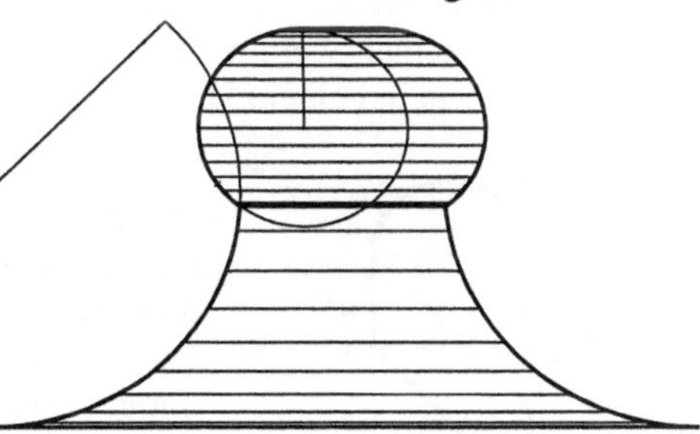

Fig. 4.6 b

Wenn die Randlinien im Aufriss, wie in Fig. 4.6 b angenommen, wirklich Kreise sind, dann können wir mit den Methoden der Axonometrie Punkt für Punkt ein Bild des Turms zeichnen. Der Beginn einer solchen Konstruktion in Isometrie ist in Fig. 4.7 zu sehen. An die z-Achse des Axonometrie-Dreibeins ist der (halbe) Umriss aus Fig. 4.6 b angeheftet. Auf der z-Achse sind gleiche Höhen abgetragen und in jeder dieser Höhen müssen die Eckpunkte der jeweiligen horizontalen Schnitt-Quadrate konstruiert werden. Man erkennt, wie mühsam hier die Aufbaumethode ist. Da die Kanten nicht geradlinig sind, kann man nicht nur Streckenendpunkte abbilden, sondern muss viele, nahe beieinander liegende Punkte konstruieren und sie näherungsweise zum Bild der Kanten miteinander verbinden.

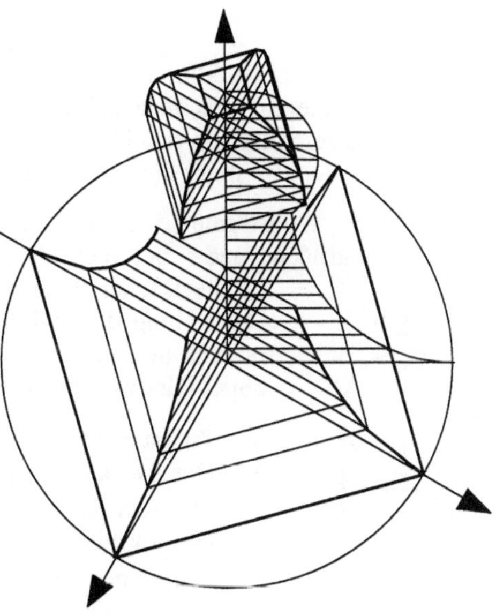

Fig. 4.7

4.1.3 Darstellung von Kreisen mit Hilfe der Kavalier- und Militärprojektion

Als einfache Dachform kann man an ein Dach über einem quaderförmigen Haus in Form eines halben Kreiszylinders denken. Man spricht von einem ***Halbzylinderdach***, manchmal von einem ***Tonnendach***. Punkte eines vertikal gelegenen Rand-Halbkreises werden mit geradlinigen horizontal gelegenen Dachlatten mit dem zweiten Rand-Halbkreis verbunden. Man findet diese Dachform oft als Überdachung von Bahnsteigen. Über dem quaderförmigen dort dann freien Raum ist, gestützt auf Säulen, ein halber Kreiszylinder mit horizontaler Achse – meist aus durchsichtigem Material – als Regenschutzdach aufgebaut. Für die Zeichnung (oder Skizze) haben wir wieder das Problem, mit den Randhalbkreisen eine nicht aus Strecken zusammengesetzte Grenzlinien abbilden zu müssen.

Wir wählen eine Kavalierprojektion (Parallelprojektion, die einen Kavalierriss liefert), bei der diese in vertikalen Ebenen liegenden Halbkreise dann in Hauptebenen liegen und unverzerrt gezeichnet werden können. Fig. 4.8 zeigt das Ergebnis. Dabei sind die Quaderwände (wie bei einem Haus) undurchsichtig dargestellt:

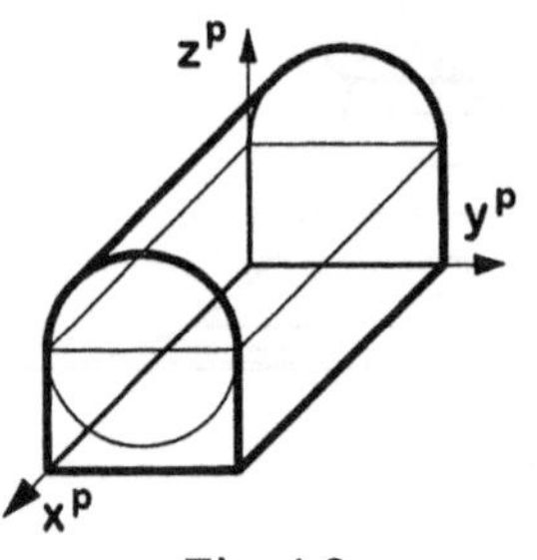

Fig. 4.8

- Man kann den Fronthalbkreis und den hinteren Abschlusshalbkreis in der y^p-z^p-Ebenen sofort zeichnen. Die Mittelpunkte liegen auf der Zylinderachse (Mittelparallele der Deckfläche des Quaders) hintereinander.
- Die Mantellinien des Dachs sind horizontale Verbindungsstrecken (in x-Richtung) entsprechender Kreispunkte.
- Die Umrisslinie des Zylinderdachs ist eine der gemeinsamen Tangenten an die Begrenzungskreise.
- Von dem hinteren Halbkreis ist nur das Stück bis zur Umrisstangente sichtbar.
- Im Bild sind als Hilfslinien noch die horizontalen Durchmesser des Fronthalbkreises und des hinteren Abschlusshalbkreises sowie in deren Endpunkten die Randerzeugenden gezeichnet, die den Halbzylinder begrenzen. Diese Linien sind keine Kanten am Gebäude, also nicht dick zu zeichnen!

Denkt man an Wehrtürme (z. B. am Holstentor in Lübeck), so findet man eine kreisförmige Grundfläche und – bei Wehrtürmen müssen die Dächer begehbar sein – ebensolche Dächer. Hier wählt man aus analogen Überlegungen für die Darstellung die Militärprojektion, weil dann die Kreise des Turmbodens und des Turmdachs in Hauptebenen liegen und unverzerrt abgebildet werden (vgl. Fig. 4.9).

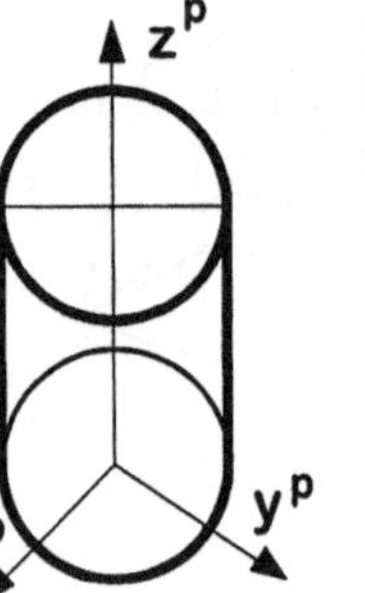

Fig. 4.9

- Zuerst zeichnet man den Grundkreis.
- Der Deckkreis liegt – um ein dem Maßstab entsprechendes Stück in Richtung der z^p-Achse verschoben – genau über dem Grundkreis.
- Die beiden Tangenten in Richtung der z^p-Achse sind die Randerzeugenden, die zum Umriss des Kreiskegels gehören.
- Vom Grundkreis ist nur ein Teil sichtbar – in Fig. 4.9 ist die Sichtbarkeit wie üblich durch Strichstärke angedeutet.

Beispiel 4.3: Das Kegeldach

Wir wollen über einem zylindrischen Turm ein Dach in Form eines Kreiskegels anbringen. Wieder sind wir, wie schon in Abb. 4.9, auf die Militärprojektion festgelegt, weil nur dort die in horizontalen Ebenen liegenden Kreise bzw. Kreisstücke unverzerrt abgebildet werden. Einzige, für eine Zeichnung aber nicht sinnvolle Alternative wäre es (auch für das Zylinderdach aus Fig. 4.8), die Koordinaten vieler, nahe beieinander gelegener Kreispunkte aus der Kreisgleichung zu berechnen und diese Punkte mit Hilfe ihrer Koordinaten axonometrisch abzubilden.

Beim Kegeldach werden Punkte eines horizontal gelegenen Kegel-Grundkreises durch geradlinige Dachsparren mit der Spitze verbunden. Für die Zeichnung muss man Folgendes beachten:

- Man kann den Grundkreis und den Deckkreis in Militärprojektion sofort zeichnen. Die Mittelpunkte liegen – dünn angedeutet – vertikal übereinander.
- Die Umrisserzeugenden des Turms sind die Tangenten an die Kreise.
- Die Kegelspitze liegt vertikal über dem Mittelpunkt des Deckkreises.
- Die Umrisslinien des Kegeldachs sind Tangenten aus dem Bild der Spitze an das Bild des Deckkreises.
- Die Sichtbarkeit ist zu kennzeichnen – hier durch die Strichstärke.

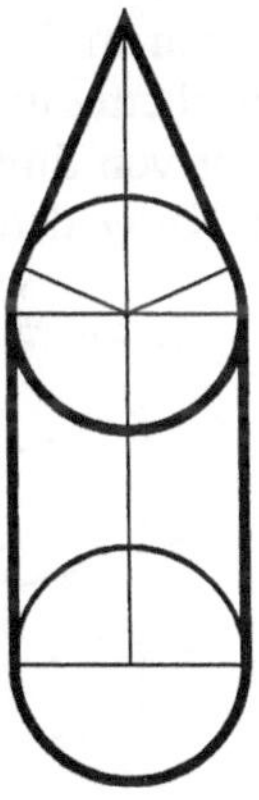

Fig. 4.10F

Oft ist es nicht ein (ganzes) Kegeldach über einem kreisrunden Turm, das zu zeichnen (skizzieren) ist. An einer ebenen Wand befindet sich z. B. ein Anbau mit halbkreisförmigem Grundriss (bei Kirchen: eine ***Apsis***). Diese Apsis ist (halb-)kegelförmig überdacht. Für die Skizze sind die Grundgedanken gleich wie oben. Fig. 4.11 zeigt eine Lösung, wieder mit Militärprojektion.

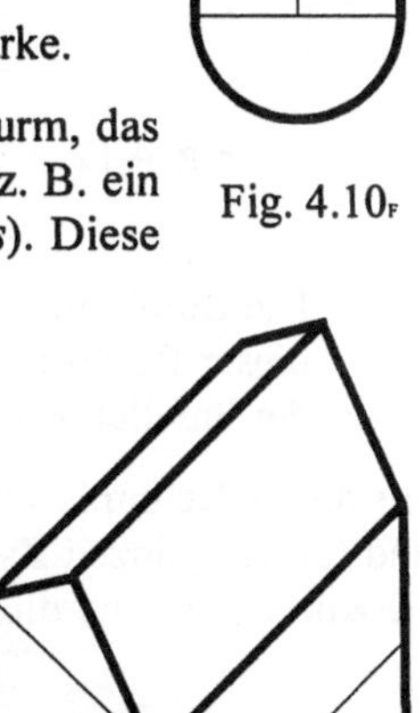

Beschränkt man sich auf die Militärprojektion, ist das Bild – wie hier angegeben – stets zu konstruieren: Die vorkommenden Kreise liegen in horizontalen Ebenen, sie liegen bei Militärprojektion in Hauptebenen und werden deshalb unverzerrt abgebildet.

Will man aber diese Einschränkung aufgeben, fehlt eine allgemeine Konstruktionsanweisung für das Bild eines Kreises bei Parallelprojektion. Hier muss die Theorie der Parallelprojektion noch weiter ausgebaut werden. Anders ausgedrückt: Bis jetzt besteht ein Theorie-Defizit, das die Konstruktion von Schrägbildern im allgemeinen Fall unmöglich macht.

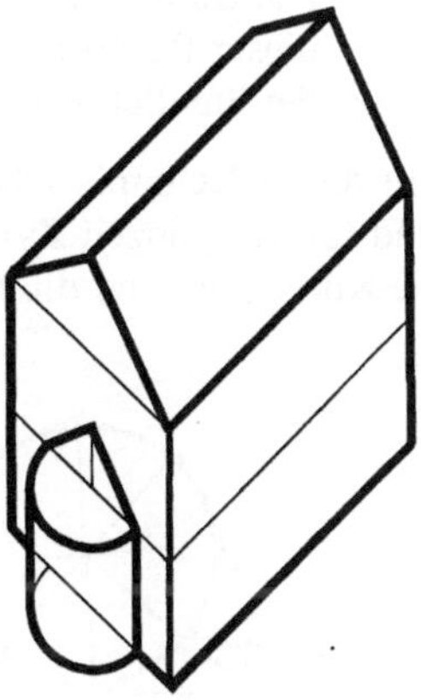

Fig. 4.11

Aufgabe 4.1: Was unterschiedet (als Projektion) die Darstellung in Fig. 4.10 von einer Grundriss-Darstellung des Turms?

Aufgabe 4.2: Sie wollen aus Karton ein Modell eines Kegeldachs bauen. Der Grundkreisradius soll $r = 3$ cm und die Höhe $h = 10$ cm messen. Berechnen Sie insbesondere die Länge s der Kegelerzeugenden und den Winkel α des Kreisausschnitts, der zum Kegelmantel gebogen werden kann.

4.1.4 Skizzieren und Konstruieren von Kreisbildern durch Einbetten in Quader

Um zu Kreisbildern zu kommen, die keine Kreise sind, verwenden wir drei Grundideen zum geometrischen Freihandzeichnen, von denen wir eine schon kennen.

Wir betten – das ist die bekannte Idee – den Körper, den wir abbilden wollen, in Gedanken in berührende Quader ein und versuchen, aus dieser Einbettung Information für das Kreisbild zu bekommen. So gelangen wir zu durchaus ansprechenden Skizzen.

Für die konkrete Durchführung denken wir uns einen liegenden Drehzylinders, den Gedanken in Teil 3.2.1 folgend, in einen Quader (hier speziell eine quadratische Säule) eingebettet und dann aus ihm sozusagen „ausgeschnitten". Jetzt sind es allerdings nicht mehr von Strecken begrenzte einfache ebene Schnitte, aber man kann über den Verlauf der Kurve dennoch etliches aussagen.

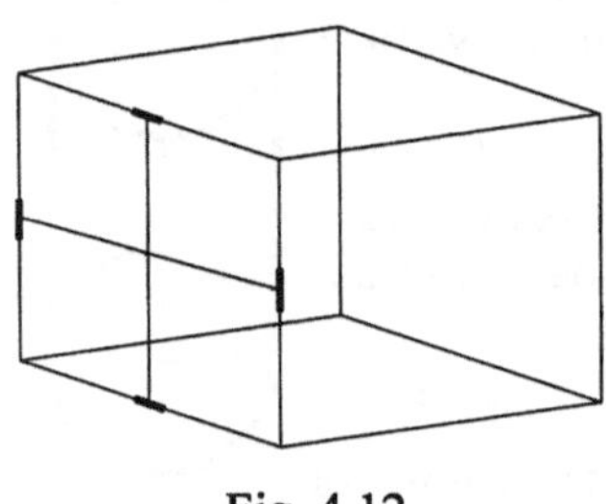

Fig. 4.12

In Fig. 4.12 ist auf der Fläche links vorne schon ansatzweise angedeutet, was man wegen der Teilverhältnistreue der Parallelprojektion und weil die Tangenteneigenschaft bei Parallelprojektion erhalten bleibt, von der Kurve, in die der Kreis abgebildet wird, bereits weiß:

- Da der Kreis das umbeschriebene Quadrat berührt, muss das Bild des Kreises das Bild des Quadrats (ein Parallelogramm) berühren. Diese Tangenten-Eigenschaft kann man in einer Skizze leicht berücksichtigen.
- Die Berührpunkte des Kreises sind die Mittelpunkte der Quadratseiten. Die Bilder dieser Berührpunkte müssen wegen der Teilverhältnistreue also die Mittelpunkte der Parallelogrammseiten sein. Diese Mittelpunkte kann man leicht zeichnen.

Mit dieser Kenntnis könnte man die Kurve schon recht gut einskizzieren. In der Figur sind für den ganzen Zylinder vier „Linienelemente" (gemeint sind der Punkt, durch den die Kurve geht und die Kurven-Richtung in diesem Punkt) eingezeichnet. Sie sind durch kurze, dicker gezeichnete Strecken angedeutet.

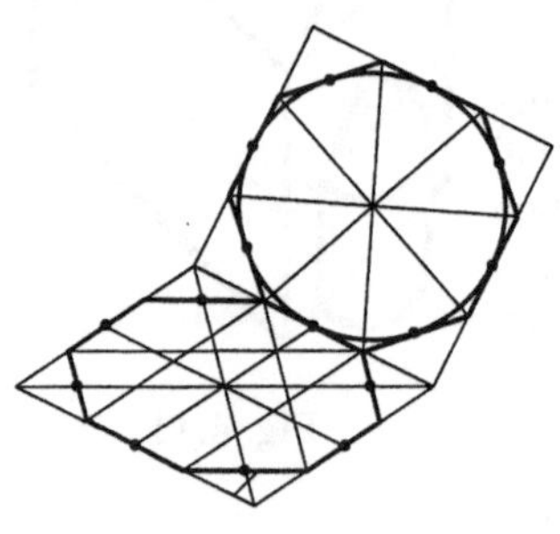

Fig. 4.13

Man kann – die zweite Idee – bei der Kreisabbildung eine Überlegung heranziehen, die wir bei der Abbildung eines regulären Achtecks in Beispiel 3.1 angestellt haben. Es ging darum, wie man einen Schrägriss des (regulären) Achtecks zeichnen kann. Die Aufgabe wurde in Beispiel 3.1 gelöst. Statt einer quadratischen Säule gehen wir jetzt von einer Säule aus, deren Grundfläche ein reguläres Achteck ist. Da ein reguläres Achteck (mit den Berührpunkten) den Kreis besser annähert als ein Quadrat, gilt dies auch für die jeweiligen Bilder.

Dennoch sind diese Überlegungen unbefriedigend: Wir haben ein Theoriedefizit. Ein weiterer Ausbau der allgemeinen Überlegungen dürfte zu einer allgemeinen Lösung führen. Wir werden auf diese Überlegungen zurück kommen.

Beispiel 4.4: Freihandskizzen von Kreisbildern

Fig. 4.14 zeigt verschiedene Körper und die diese Körper jeweils umgebenden Quader. Die Hilfsüberlegungen, die zu den – hier bewusst sehr „grob" gezeichneten – Skizzen führen, sind durch Hilfslinien angedeutet und brauchen keiner weiteren verbalen Erläuterung. Die Ergänzungen der Ideen des geometrischen Freihandzeichnens sind offensichtlich.

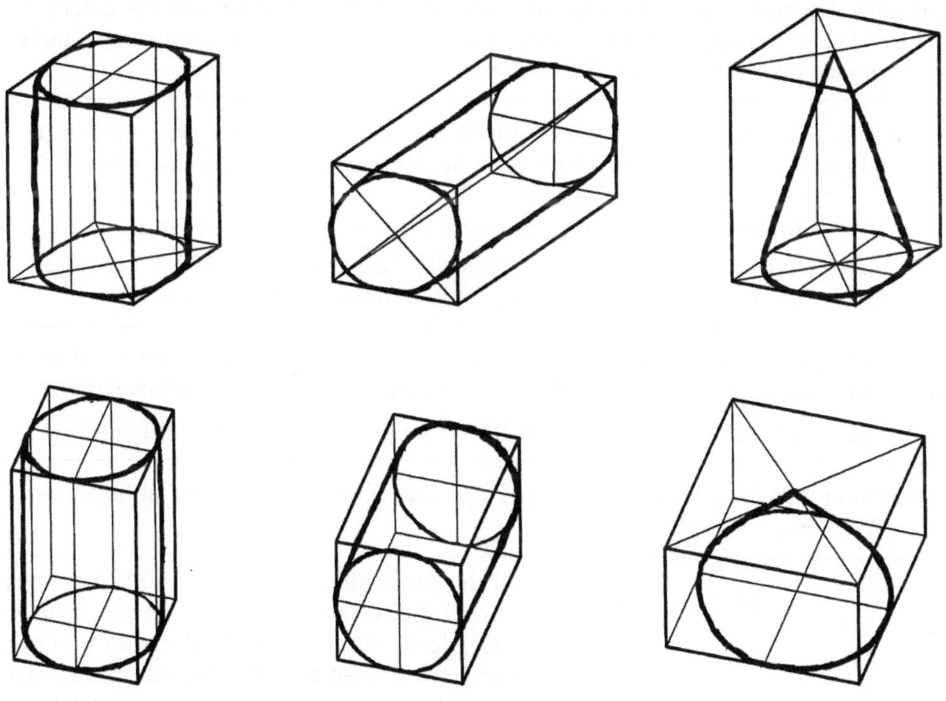

Fig. 4.14

Wir sehen aber, dass je nach dem gewählten (nicht eingezeichneten) axonometrischen Dreibein die Kreisbilder nahezu Kreise (und damit leicht zu zeichnen) oder aber doch auch mit den Linienelementen in den Berührpunkten eher schwierig einzupassen sind.

Für die Randerzeugenden der Zylinder braucht man gemeinsame Tangenten parallel zu entsprechenden Kanten der umgebenden Quader. Es käme wohl niemand auf die Idee, als Randerzeugende die Endpunkte geeigneter Mittelparallelen der Quader-Seiten (bzw. deren Bilder) miteinander zu verbinden. Bei Randerzeugenden der Kegel findet man aber oft (auch in Schulbüchern) Zeichnungen, bei denen so vorgegangen wird. In der Fig. 4.14 rechts unten wird ganz deutlich, dass das nicht richtig sein kann. Wenn man den Kegel noch steiler von oben zeichnen würde, wäre der ganze Kegelmantel sichtbar, das Bild der Kegelspitze läge im Inneren des Grundkreis-Bildes. Auch bei einem Kegel sind als die Umriss-Erzeugenden (wenn sie existieren) die Tangenten zu verwenden.

Aufgabe 4.3: Stellen Sie Skizzen von stehenden und liegenden Zylindern und von stehenden Kegeln für verschiedene Axonometrie-Dreibeine selbst her.

4.2 Die Kegelschnitte

4.2.1 Die Ellipse als Bild eines Kreises bei orthogonaler Affinität

In Beispiel 2.13 fanden wir das Bild einer Kugel bei schiefer Parallelprojektion, indem wir den wahren Umriss – einen Kreis – durch Parallelprojektion in Richtung der Kreisachse abbildeten. Wir fanden, dass der Kreisdurchmesser, der auf einer Hauptlinie liegt, unverzerrt abgebildet wird und dass alle dazu senkrechten Kreissehnen mit einem bestimmten Faktor verlängert werden. Diese Beschreibung des Ergebnisses einer schiefen Parallelprojektion im Raum lässt sich auch rein eben interpretieren:

Definition 4.1: Eine **orthogonale Affinität** mit der **Achse** h und dem **Affinitätsfaktor** $k \in \mathbb{R} \setminus \{0\}$ ist eine Abbildung der Ebene auf sich. Den Bildpunkt P' eines Punktes P erhält man folgendermaßen:
Der **Affinitätsstrahl** l ist das Lot durch P auf h. $l \cap h = \{L\}$ ist der Lotfußpunkt. Von L trägt man auf l die Strecke $|k| \cdot |\overline{LP}|$ bis P' ab. Für $k > 0$ geschieht dies in die Halbebene, in der P liegt, sonst in die andere Halbebene.

Man erkennt, dass man sich auf $k > 0$ beschränken kann. Eine Affinität mit $k < 0$ deutet man als aus einer Affinität mit $|k|$ und einer Achsenspiegelung an h zusammengesetzt.

Wir können in Übereinstimmung mit den Überlegungen aus Beispiel 2.13 definieren:

Definition 4.2: Eine **Ellipse** e ist das Bild eines Kreises k bei einer orthogonalen Affinität.

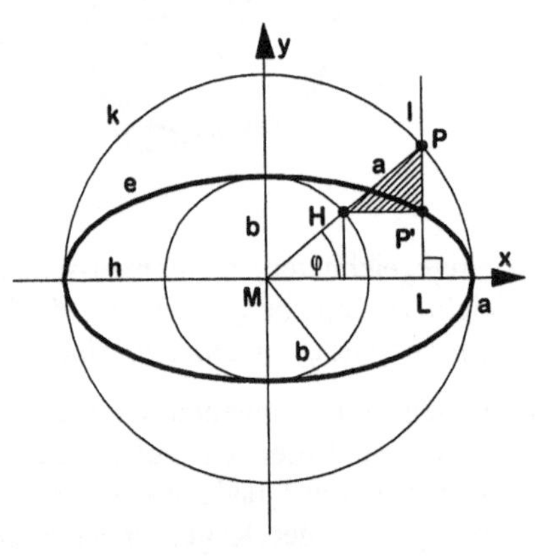

Fig. 4.15

Für die Anwendungen werden wir als Affinitätsachse h meist einen Kreisdurchmesser nehmen. Wenn der Kreis seinen Mittelpunkt im Ursprung eines kartesischen Koordinatensystems hat, dann lautet die Kreisgleichung $x^2 + y^2 = r^2$. Wenn die x-Achse Affinitätsachse ist, dann lauten die Abbildungsgleichungen $x_{P'} = x_P$ und $y_{P'} = k \cdot y_P$. Die Gleichung der Ellipse ergibt sich mit $r = a$ und $k \cdot a = b$, wie in Beispiel 2.13 gezeigt, als

$$b^2 \cdot x^2 + a^2 \cdot y^2 = a^2 \cdot b^2.$$

Fig. 4.15 zeigt für $k = 0{,}5$ den Sachverhalt für einen Punkt P und den Bildpunkt P'. a ist der Kreisradius, (a | 0) und (–a | 0) (**Hauptscheitel**) sowie (0 | b) und (0 | –b) (**Nebenscheitel**) sind die Koordinaten der Schnittpunkte der Ellipse mit den Koordinatenachsen. a und b sind die beiden **Halbachsen** der Ellipse (bzw. deren Längen), die beiden Kreise sind der **Hauptscheitel-** bzw. der **Nebenscheitelkreis**.

In Polarkoordinaten lauten die Gleichungen des Kreises $x = a \cdot \cos \varphi$, $y = a \cdot \sin \varphi$, die der Ellipse $x = a \cdot \cos \varphi$, $y = b \cdot \sin \varphi$. Die Kreisgleichungen liest man in Fig. 4.15 unmittelbar aus ΔMLP ab, für die Ellipse kommt wie oben $y_{P'} = k \cdot y_P$ dazu.

Aufgabe 4.4: Begründen Sie, dass eine orthogonale Affinität folgende Eigenschaften hat:

a) Eine orthogonale Affinität ist eine bijektive Abbildung der Punkte der Ebene auf sich.

b) Die Punkte auf der Achse h sind Fixpunkte der orthogonalen Affinität.

c) Eine orthogonale Affinität ist geradentreu (das Bild einer Geraden ist stets eine Gerade).

d) Eine orthogonale Affinität ist parallelentreu (zueinander parallele Geraden haben zueinander parallele Geraden als Bilder).

e) Eine orthogonale Affinität ist teilverhältnistreu, insbesondere ist das Bild des Mittelpunkts einer Strecke der Mittelpunkt der Bildstrecke.

f) Geraden parallel zur Affinitätsachse h haben Bilder, die parallel zu h sind.

Aufgabe 4.5: Begründen Sie mit dem Strahlensatz, dass mit dem rechtwinkligen Dreieck HPP' in Fig. 4.15 der Punkt P' leicht konstruiert werden kann.

Beispiel 4.5: Konstruktion von Tangenten an eine Ellipse

Wir wollen die orthogonale Affinität nutzen, um im Ellipsenpunkt P die Tangente an die Ellipse und von einem Punkt T außerhalb die Tangenten an die Ellipse zu konstruieren.

Fig. 4.16 zeigt die erste Konstruktion. Man findet den Urpunkt P° des Punktes P über P auf k oder über die beiden Hilfsgeraden g° und g durch den höchsten Punkt des Kreises und der Ellipse. Dabei nutzt man f) aus Aufgabe 4.4. g ist das orthogonal affine Bild von g°. Die Tangente in P findet man folgendermaßen: In P° kann man die Kreistangente t° konstruieren. t° schneidet die Achse h in S. Da S Fixpunkt der orthogonalen Affinität ist, ist (SP) die gesuchte Tangente t.

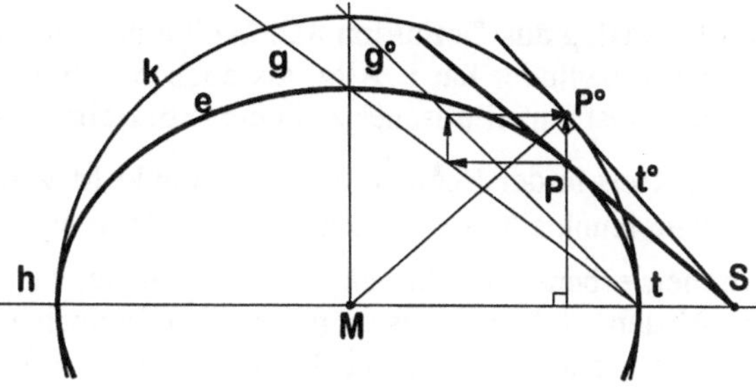

Fig. 4.16

Fig. 4.17 zeigt die zweite Konstruktion. Von einem Punkt T aus sucht man die Tangente an die Ellipse e. Man sucht (wie oben in der zweiten Konstruktion mit den Hilfsgeraden g und g°) den Urpunkt T° von T. Von T° aus konstruiert man (mit dem THALES-Kreis über $\overline{MT°}$) die Tangenten an den Kreis k (das Urbild der Ellipse e). Die Berührpunkte werden orthogonal affin abgebildet.

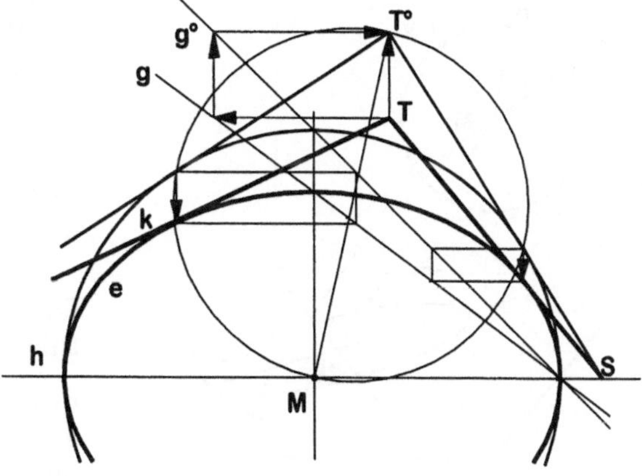

Fig. 4.17

4.2.2 Der Parallelriss von Kreis und Ellipse

Wir wollen, von bekannten Spezialfällen ausgehend und dann allmählich verallgemeinernd, zusammenstellen, wo Ellipsen bei Parallelrissen vorkommen.

Satz 4.1: Für den Parallelriss eines Kreises bzw. einer Ellipse gilt im Allgemeinen:

a) Der Parallelriss eines Kreises in Richtung der Kreisachse ist eine Ellipse. Der ebene Schnitt eines Kreiszylinders ist eine Ellipse.

b) Der Normalriss eines Kreises ist eine Ellipse.

c) Der Parallelriss eines Kreises ist eine Ellipse.

d) Der Parallelriss einer Ellipse ist eine Ellipse.

Beweis: Die Aussagen gelten aus zwei Gründen nur „im Allgemeinen". Die Bilder sind Strecken, wenn die Ausgangsobjekte in projizierenden Ebene liegen. Sie können andererseits in allen Fällen für spezielle Lagen auch Kreise (und nicht echte Ellipsen) sein.

a) folgt aus Definition 4.2 und Satz 2.5 c). Ein Kreisdurchmesser liegt auf einer Hauptlinie und wird daher unverzerrt abgebildet. Die Längen der dazu senkrechten Kreissehnen werden alle mit dem gleichen Verzerrungsfaktor $|k|$ verändert. Der Projektionszylinder hat als ebenen Schnitt senkrecht zu den Erzeugenden einen Kreis.

b) folgt analog aus Definition 4.2. Weil eine Normalprojektion vorliegt, gilt $|k| \leq 1$. Der Projektionszylinder hat i. Allg. als ebenen Schnitt senkrecht zu den Erzeugenden eine Ellipse, es ist ein elliptischer Zylinder. Spezialfall: Der Kreis liegt in einer Hauptebene.

c) Ein Kreis in der Ebene ε mit Mittelpunkt M wird in die Ebene π projiziert. Das Bild des Mittelpunkts M ist M'. ε und π schneiden einander i. Allg. in s (vgl. Fig. 4.18). Die Symmetrieebene ν der Strecke $\overline{MM'}$ schneidet s i. Allg. im Punkt S. S hat von M und M' den Abstand d. Von S aus trägt man d auf s nach X und Y ab. Dann liegen X, Y, M und M' auf einer Kugel um S mit Radius d. Daher gilt $\angle XMY = \angle XM'Y = 90°$. Auf den Schenkeln dieses rechten Winkels wählt man die Achsen x und y bzw. x' und y'.

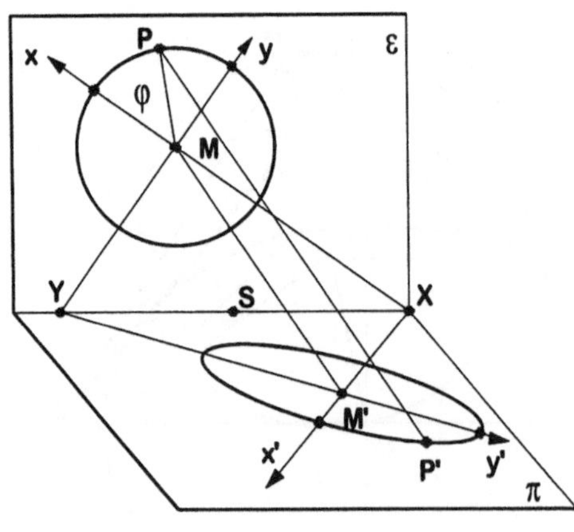

Fig. 4.18

Ein beliebiger Punkt P auf dem Kreis hat die Koordinaten $x = r \cdot \cos \varphi$, $y = r \cdot \sin \varphi$. Der Bildpunkt P' hat im x'-y'-Koordinatensystem die Koordinaten $x' = p \cdot x$, $y' = q \cdot y$, weil die Faktoren $p = |\overline{XM'}| : |\overline{XM}|$ und $q = |\overline{YM'}| : |\overline{YM}|$ die Verzerrungsfaktoren sind, mit denen alle Längen in x- bzw. y-Richtung bei Parallelprojektion multipliziert werden. Mit $a = p \cdot r$ und $b = q \cdot r$ folgt $x' = a \cdot \cos \varphi$ und $y' = b \cdot \sin \varphi$, das Bild des Kreises ist also eine Ellipse.

d) folgt (hier nicht ausgeführt) durch Verallgemeinerung auf schiefwinklige Koordinatensysteme, weil dabei die Gestalt der Gleichung unverändert bleibt. ■

Beispiel 4.6: Raumüberlegungen im Beweis von Satz 4.2 c):

ε und π schneiden einander i. Allg. in s. Wenn ε und π zueinander parallel (punktfremd oder identisch) sind, dann ist das Bild eines Kreises stets ein Kreis.

Wenn ν die Gerade s nicht in einem Punkt S schneidet, muss s || ν sein.

Liegt s ganz in ν, dann liegen π und ε symmetrisch zu ν. Dabei liegt zunächst eine Normalprojektion auf ν vor. Das Bild in ν ist nach b) eine Ellipse. Wegen der Symmetrie der Anordnung ist das Bild in ε dann kongruent zum Ausgangskreis, also ein Kreis.

In Fig. 4.19 ist ein Normalriss in Richtung von s (s ist dann projizierend) für den Fall gezeichnet, dass s und ν punktfremd sind. Alle Kreissehnen in Richtung von s sind Hauptlinien und werden unverzerrt abgebildet. Alle Kreissehnen, die dazu senkrecht stehen, werden daher mit dem gleichen Maßstabsfaktor verzerrt. Das Bild des Kreises ist eine Ellipse.

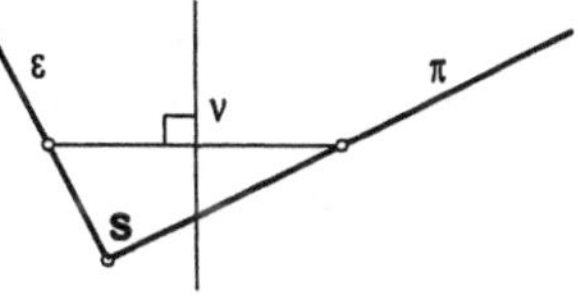

Fig. 4.19

Beispiel 4.7: Raumüberlegungen zum Problem der Parallelprojektion eines Kreises

Hier soll überblicksartig – als Zusammenstellung von Ergebnissen früherer Überlegungen – angegeben werden, was wir über eine Parallelprojektion einer Ebene auf eine andere und über das Paralleldrehen einer Ebene wissen, um diese Aussagen für die Kreisabbildung nutzbar zu machen.

Eine räumliche perspektive Affinität ist eine Einschränkung einer Parallelprojektion vom ganzen Raum auf eine Ebene ε, die nicht parallel zur Bildebene π und die nicht projizierend ist. Achse dieser perspektiven Affinität ist die Schnittgerade $g = ε \cap π$. Kennzeichnende Eigenschaften einer perspektiven Affinität sind – anschaulich gesprochen – die Bijektivität, die Teilverhältnistreue und die Parallelentreue sowie die Eigenschaft, dass zugeordnete Punkte auf zueinander parallelen Affinitätsstrahlen liegen. Diese Überlegungen spielen im Raum und helfen z. B. bei der Betrachtung zweier ebener Schnitte eines Kreiszylinders.

Schließlich wissen wir, dass zwei ebene Schnitte eines Prismas (Polygone) i. Allg. perspektiv affin sind. Wenn wir statt eines Prismas nun einen Kreiszylinder nehmen, kommen wir so zum perspektiv affinen Bild eines Kreises.

Geht man von der räumlichen Anordnung einer räumlichen perspektiven Affinität aus, erhält man durch eine Parallelprojektion dieser Anordnung eine ebene perspektive Affinität, die ebenfalls diese Eigenschaften hat. Die Fixpunktgerade ist die Achse.

Das perspektiv-affine Bilde eines Kreises ist also eine Ellipse. Der Parallelriss eines Kreises ist ein Kreis oder eine Ellipse.

Bei der Untersuchung der Drehung einer Ebene ε in die Ebene π um die Schnittgerade $g = ε \cap π$ erkannten wir, dass die Drehsehnen zueinander parallel sind. Damit sind die Ausgangslage und Endlage zueinander perspektiv affin. Wir haben also neben der Parallelprojektion eine zweite Möglichkeit, anschaulich diese geometrische Verwandtschaft zu begründen.

4.2.3 Ellipse als perspektiv-affines Bild eines Kreises

Wir fassen die Überlegungen aus Beispiel 4.7 in Verbindung mit Satz 4.1 zusammen im

Satz 4.2: Das perspektiv-affine Bild eines Kreises ist eine Ellipse.

Von den Eigenschaften einer perspektiven Affinität betrachten wir zuerst die Parallelentreue und die Teilverhältnistreue (speziell die Mittelpunktstreue), um daraus geometrische Erkenntnisse zu gewinnen. Zuerst führen wir einen Namen ein, um anschließend damit kurz formulieren zu können.

Definition 4.3: Die perspektiv-affinen Bilder zueinander orthogonaler Durchmesser eines Kreises heißen (zueinander) **konjugierte Durchmesser** der Bild-Ellipse. Die Richtungen dieser Durchmesser heißen (zueinander) **konjugierte Richtungen** der Bild-Ellipse.

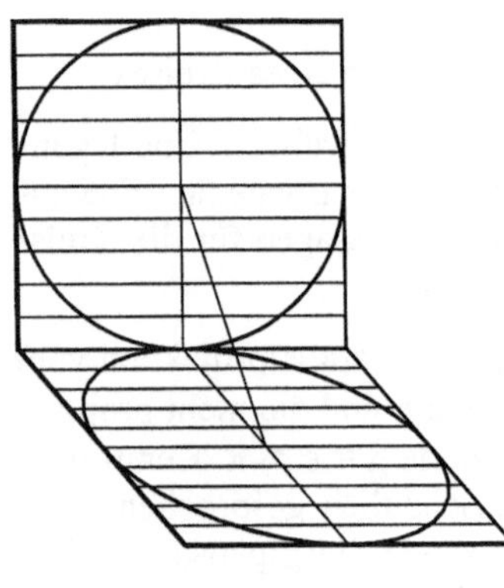

Fig. 4.20

Fig. 4.20 zeigt den Sachverhalt. Da das perspektiv-affine Bild eines Kreises speziell ein Kreis sein kann, gibt es auch bei einem Kreis zueinander konjugierte, nämlich zueinander orthogonale Richtungen. Mit diesem noch ganz abstrakt eingeführten Namen erhalten wir den

Satz 4.3: Konjugierte Richtungen bei Kreis und Ellipse

a) Die Mittelpunkte zueinander paralleler Sehnen liegen auf dem Durchmesser, der zur Sehnenrichtung konjugierte Richtung hat.

b) Die Tangenten in den Endpunkten eines Durchmessers haben zu diesem Durchmesser konjugierte Richtung.

Beweis: Bei einem Kreis sind zueinander orthogonale Kreisdurchmesser zueinander konjugiert. Bei einem Kreis gelten die Aussagen. Diese Aussagen sind invariant gegenüber einer perspektiven Affinität (Mittelpunktstreue, Tangententreue) und gelten deshalb auch bei einer Ellipse. ∎

Ein Kreis ist durch einen Durchmesser festgelegt. Eine Ellipse ist, wie wir wissen, durch die beiden Achsen festgelegt. Da bei vielen Abbildungen aber nicht sofort die Achsen, dagegen oft leicht zwei zueinander konjugierte Ellipsendurchmesser gefunden werden können, ist es lohnend zu überlegen, ob nicht auch schon zwei solche Durchmesser (bzw. in M beginnende Halbmesser) eine Ellipse eindeutig festlegen. Es gilt tatsächlich der (in Beispiel 4.8 bewiesene)

Satz 4.4: Sind P, M und Q drei nicht kollineare Punkte, so gibt es genau eine Ellipse, die M als Mittelpunkt und $\overline{MP}$ sowie $\overline{MQ}$ als zueinander konjugierte Halbmesser hat.

Beispiel 4.8: Wir wollen Satz 4.4 dadurch beweisen, dass wir die eindeutige Konstruktion erläutern.

Sind die zueinander konjugierten Durchmesser zueinander orthogonal, sind es sofort die Achsen der Ellipse. Die Begründung dafür folgt später.

Bei nicht zueinander orthogonalen Durchmessern betrachten wir zwei Halbmesser, die einen stumpfen Winkel einschließen. Fig. 4.21 zeigt die Situation mit den Punkten M, P und Q.

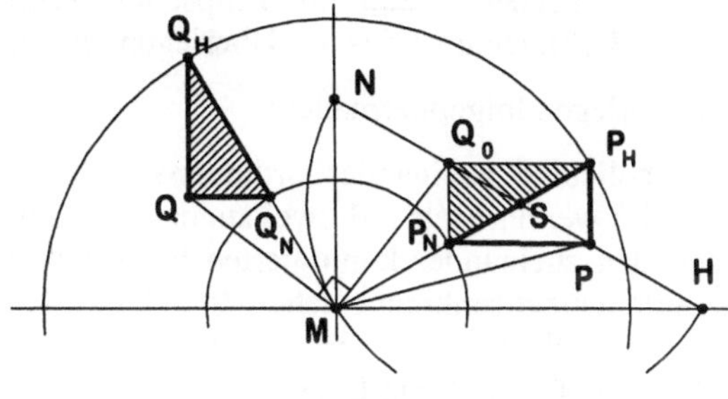

Fig. 4.21

Auf dem Hauptscheitelkreis liegen die Urpunkte P_H von P und Q_H von Q, auf dem Nebenscheitelkreis entsprechend die Hilfspunkte P_N und Q_N (vgl. Aufgabe 4.5). $\overline{MP_H}$ und $\overline{MQ_H}$ sind also die zueinander orthogonalen Hauptscheitelkreis-Radien, aus denen die zueinander konjugierten Halbmesser der Ellipse entstehen. $\Delta P_N P P_H$ und $\Delta Q_N Q Q_H$ sind bei P bzw. Q rechtwinklig. Die Katheten sind parallel zu den Ellipsenachsen. Dreht man $\Delta Q_N Q Q_H$ um M durch 90° so, dass Q_H nach P_H kommt, dann kommt Q nach Q_0 und $P_N P P_H Q_0$ ist ein Rechteck. (Q_0P) schneidet die Haupt- bzw. Nebenachse in H bzw. N. Wegen der Rechtecks-Symmetrie zu den Mittelparallelen und der Parallelität der Seiten von $P_N P P_H Q_0$ zu den Achsen gilt $|\overline{SN}| = |\overline{SM}| = |\overline{SH}|$ sowie $|\overline{PH}| = |\overline{P_N M}| = b$, $|\overline{PN}| = |\overline{P_H M}| = a$.

Mit diesen Bezeichnungen gilt die **Konstruktionsvorschrift**: Seien die Punkte M, P und Q nicht kollinear, $|\overline{MQ}| < |\overline{MP}|$ und $\angle PMQ > 90°$. Dann dreht man Q um M im Winkelfeld von $\angle PMQ$ durch 90° nach Q_0. Der Kreis um den Mittelpunkt S von $\overline{Q_0P}$ durch M schneidet (Q_0P) in den Punkten N und H. N liegt im Winkelfeld von $\angle PMQ$ auf der Neben-, H auf der Hauptachsen-Geraden. $|\overline{PN}| = a$ bzw. $|\overline{PH}| = b$ sind die Längen der Halbachsen. Diese Konstruktionsvorschrift ist unter dem Namen **Achsenkonstruktion nach RYTZ**[2] bekannt.

Aufgabe 4.6: Gegeben seien zwei nicht zueinander orthogonale, zueinander konjugierte Ellipsendurchmesser. Wählen Sie drei nicht kollineare Punkte so aus, dass der Mittelpunkt dabei ist. Zeigen Sie, dass man wie oben stets eindeutig zu den Achsen kommt.

Aufgabe 4.7: Zeichnen Sie ein beliebiges Parallelogramm. Es sei das perspektiv-affine Bild eines Quadrats. Konstruieren Sie das Bild des Quadrat-Inkreises. Begründen Sie genau: Dieses Bild ist eine Ellipse, die jede Parallelogrammseite in ihrem Mittelpunkt berührt, und die Parallelogrammseiten haben bezüglich dieser Ellipse zueinander konjugierte Richtungen. Bestimmen Sie insbesondere die Achsen der Ellipse. Konstruieren Sie in einem beliebigen Ellipsenpunkt die Tangente an die Ellipse.

[2] DAVID RYTZ VON BRUGG, 1801 – 1868, Schweizer Mathematiklehrer.

Die Überlegungen zur Festlegung der Achsen gingen von konjugierten Durchmessern aus, weil in vielen Beispielen solche Durchmesser ganz leicht zu finden sind.

Da zum punktweisen Zeichnen der Ellipse und zum Zeichnen von Tangenten aber die Achsen gebraucht werden, ist es nahe liegend, ohne konjugierte Durchmesser sofort die Achsen zu suchen. Wenn eine Ellipse als perspektiv-affines Bild eines Kreises gesucht ist (Fig. 4.18), dann ist das mit Überlegungen zur perspektiven Affinität auch möglich.

Wir überlegen folgendermaßen:

Zwei beliebige zueinander orthogonale Kreisdurchmesser (also jeweils ein „rechter Winkel") werden stets auf zwei zueinander konjugierte Ellipsendurchmesser abgebildet. Unter den zueinander konjugierten Ellipsendurchmessern gibt es mindestens ein Paar, das aufeinander senkrecht steht, nämlich die Achsen (einen zweiten „rechten Winkel").

Definition 4.4: Wenn bei einer perspektiven Affinität ein rechter Winkel auf einen rechten Winkel abgebildet wird, nennt man die beiden Winkel ein **Rechtwinkelpaar**.

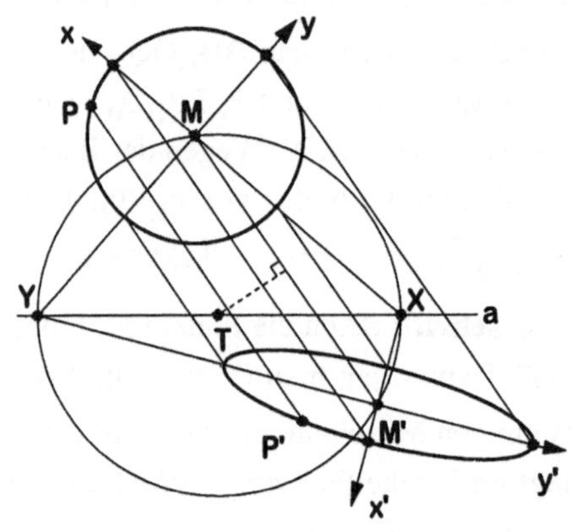

Fig. 4.22

Die perspektive Affinität (vgl. Fig. 4.22) ist durch M, M' und a festgelegt. Wenn es ein Rechtwinkelpaar mit den Scheiteln M und M' gibt, dann müssen sich die Schenkel dieser rechten Winkel auf der Achse a schneiden. Die Schnittpunkte sind X und Y. Das Viereck XMYM' hat bei M und M' rechte Winkel. Es muss also nach dem Satz des THALES einen Umkreis haben, dessen Mittelpunkt T auf (XY) liegt. Da dieser Kreis durch M und M' geht, muss der Mittelpunkt T auch auf dem Mittellot der Strecke $\overline{MM'}$ liegen.

Wenn (MM') nicht senkrecht zu (XY) ist, gibt es diesen Schnittpunkt eindeutig. Ist dagegen (MM') senkrecht zu (XY), liegt eine orthogonale Affinität vor. Insgesamt gilt dann der

Satz 4.5: Eine durch ein zugeordnetes Punktepaar M und M' sowie die Achse a gegebene perspektive Affinität hat in M bzw. M' genau ein Rechtwinkelpaar.

Ist (MM') senkrecht zu a, so ist in M bzw. M' ein Schenkel des rechten Winkels parallel zu a, der andere Schenkel ist orthogonal zu a.

Ist (MM') nicht senkrecht zu a, so sind die Schenkel des rechten Winkels die Verbindungsgeraden von in M bzw. M' mit den Schnittpunkten X und Y des Kreises um T durch M und M'. Dabei ist T der Schnittpunkt des Mittellots der Strecke $\overline{MM'}$ mit a.

Beispiel 4.9: Wir wollen Beispiel 4.3 fortsetzen, um ein axonometrisches Bild nach DIN 5 des Turms mit Kegeldach zu zeichnen. Der Turm soll ohne Dach 10 m hoch sein und einen Durchmesser von 10 m haben. Die Höhe des Kegeldachs sei 7 m.

Das Axonometrie-Dreibein wird aus Fig. 2.9 in die Fig. 4.23 a übernommen. Wir wählen die z-Achse als Achse des Turms. Dann können wir sofort die Mittelpunkte G des Grundkreises und – mit Vorgabe einer Einheit – D des Deckkreises sowie die Spitze S einzeichnen. Auf der x-Achse und auf der y-Achse sind aber auch die Punkte bekannt, in denen der Grundkreis die Achsen schneidet, weil die verwendete Axonometrie eine Dimetrie ist und auf der y-Achse der Maßstabsfaktor 0,5 gilt.

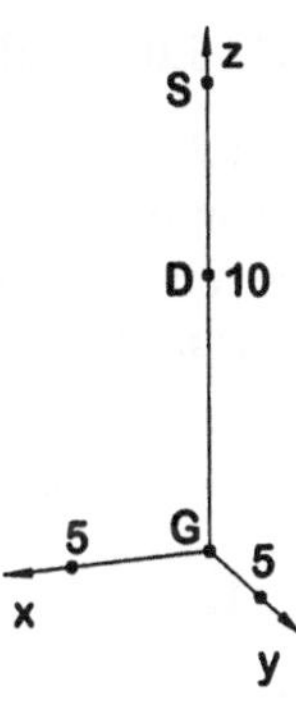

Fig. 4.23 a

In Fig. 4.23 b ist in der Grundebene des Turms die Konstruktion des Kreisbilds nach RYTZ durchgeführt, da die Punkte auf den Achsen zueinander konjugierte Richtungen der Bildellipse festlegen. Das Ergebnis der Konstruktion lässt vermuten, dass die kleine Ellipsenachse genau in die z-Achse fällt. Das ist – hier ohne Beweis – bei der Dimetrie nach DIN 5 wirklich stets so der Fall. Dies ist einer der Gründe, weshalb diese Anordnung in der Technik so häufig verwendet wird.

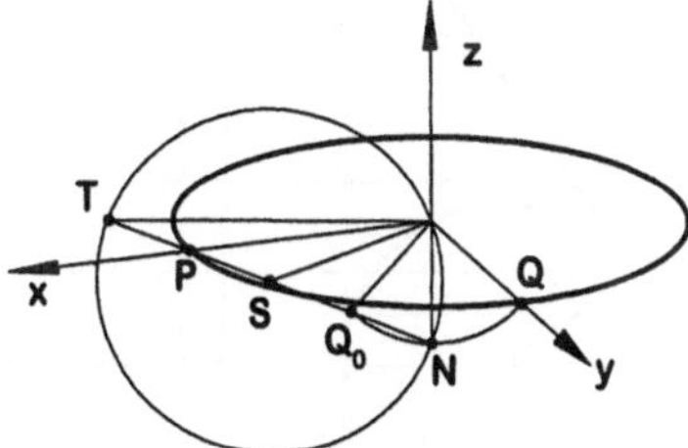

Fig. 4.23 b

Um den Turm vollends zu zeichnen, muss man das Bild des Deckkreises analog zeichnen und die Tangenten parallel zur z-Achse ergänzen – beides ist problemlos möglich.

Dann müssen für die Randerzeugenden des Kegeldaches noch aus dem Bild S der Spitze die Tangenten an das Bild des Deckkreises konstruiert werden. Die Konstruktion nach Beispiel 4.5 ist angedeutet. Es liegt hier der einfache Sonderfall vor, dass S auf der Achse der Ellipse liegt. So ist der THALES-Kreis besonders einfach zu zeichnen.

Schließlich ist die Sichtbarkeit – hier durch die Strichstärke angedeutet – zu bedenken. Fig. 4.23 c zeigt das Ergebnis.

Wenn man nun vergleicht, ist das Ergebnis klar anschaulicher als in Fig. 4.10. Aber der Konstruktionsaufwand war auch erheblich höher – wie immer, wenn Ellipsen auftreten. Vergleicht man aber mit Fig. 4.14, so zeigt sich (dort nur für Kegel bzw. für Zylinder allein, aber die Kombination zum zylindrischen Turm mit Kegeldach ist unproblematisch), dass die geometrische Freihandzeichnung meistens ausreicht.

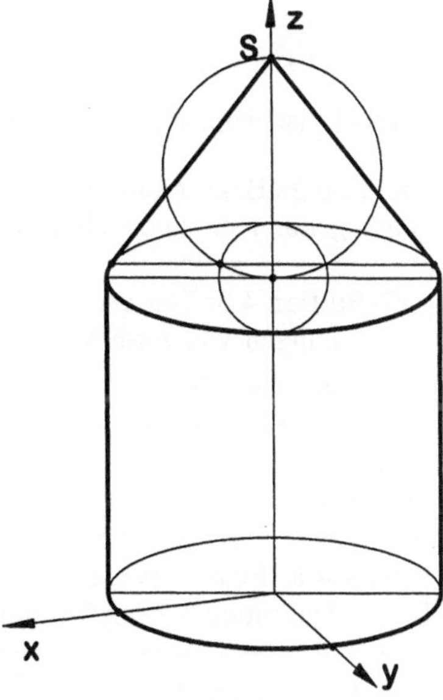

Fig. 4.23 c

4.2.4 Ellipse als Zylinderschnitt

Fig. 4.24 zeigt in Auf- und Kreuzriss einen (durchsichtig gedachten) Kreiszylinder Φ, der von einer zweitprojizierenden Ebene ε geschnitten wird. Die Schnittfigur von ε mit Φ ist eine Ellipse, da die Schnittfigur perspektiv affin zum Deckkreis ist. Wir wollen aber zunächst von dieser Aussage keinen Gebrauch machen, sondern im Raum überlegen.

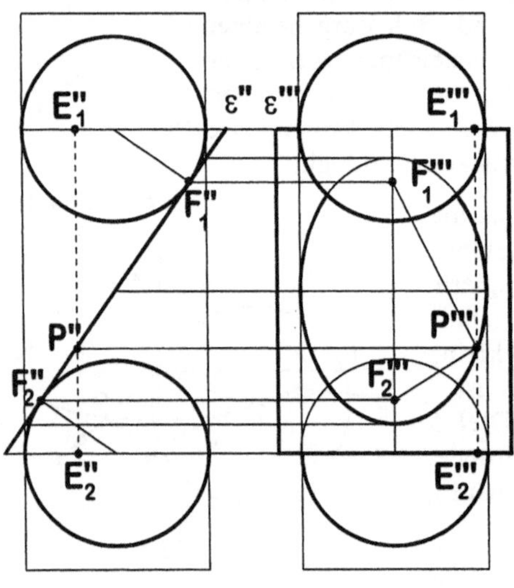

Fig. 4.24

In diesen Zylinder Φ sind von oben und unten Kugeln K_1 und K_2 eingebracht, die Φ in den Kreisen k_1 bzw. k_2 und die Schnittebene ε in den Punkten F_1 bzw. F_2 berühren. P sei ein beliebiger Punkt auf der Schnittkurve von ε und Φ. Um die Fig. 4.24 nicht zu überladen, sind dort nicht alle Bezeichnungen angegeben.

Wir denken uns alle Tangenten von P an K_1 und K_2. Die Strecken zwischen P und den Berührpunkten (die Tangentenabschnitte) sind alle gleich lang. Also gilt $|\overline{PF_1}| = |\overline{PE_1}|$ sowie $|\overline{PF_2}| = |\overline{PE_2}|$. E_1 und E_2 sind dabei die Punkte auf k_1 bzw. k_2, die auch auf der Zylindererzeugenden von P liegen. Im Auf- und Seitenriss erkennt man (gestrichelt eingezeichnet), dass $|\overline{PF_1}| + |\overline{PF_2}| = |\overline{PE_1}| + |\overline{PE_2}|$ konstant und gleich dem Abstand der beiden Ebenen von k_1 und k_2 ist, denn $\overline{E_1E_2}$ ist im Aufriss und im Seitenriss eine Hauptlinie. Vgl. mit Foto 3.

Diese obige Begründung mit Hilfe der sog. DANDELIN'schen Kugeln[3] führt für uns in ε genau genommen zu einem Satz über Ellipsen. Wir formulieren die Aussage aber als

> **Definition 4.5:** Der geometrische Ort aller Punkte P, für die die Summe der Entfernungen von zwei festen Punkten (den **Brennpunkten** F_1 und F_2) konstant ist, ist eine **Ellipse.**

Wir haben nun zwei verschiedene Definitionen für Ellipsen. Dies ist nur möglich, wenn die beiden Definitionen gleichwertig sind. Hier gilt tatsächlich der

> **Satz 4.6:** Eine Kurve, die Definition 4.5 erfüllt („Brennpunktsellipse"), erfüllt auch Definition 4.2 („Affinitätsellipse") und umgekehrt.

Der Beweis folgt als Aufgabe 4.8.

[3] GERMINAL PIERRE DANDELIN, 1794 – 1847, belgischer Ingenieur und Mathematiker.

Beispiel 4.10. Die sog. **Gärtnerkonstruktion** einer Ellipse hat diesen Namen, weil Gärtner Blumenbeete mit ellipsenförmigem Rand nach dieser Handlungsanweisung anlegen können.

Man nutzt die Brennpunktsdefinition zum „Zeichnen" aus und geht dazu folgendermaßen vor: In den Punkten F_1 und F_2 (die wir wegen Satz 4.6 Brennpunkte nennen) werden zwei Pflöcke in den Boden gesteckt. An den Pflöcken bindet man die beiden Enden einer Schnur fest. Mit einem dritten Pflock spannt man die Schnur, bewegt ihn und ritzt so auf dem Boden eine Linie ein. Dabei achtet man beim Bewegen des dritten Pflocks darauf, dass die Schnur stets gespannt bleibt. Die Länge der gespannten Schnur ist daher die konstante Abstandssumme, die wir 2a nennen.

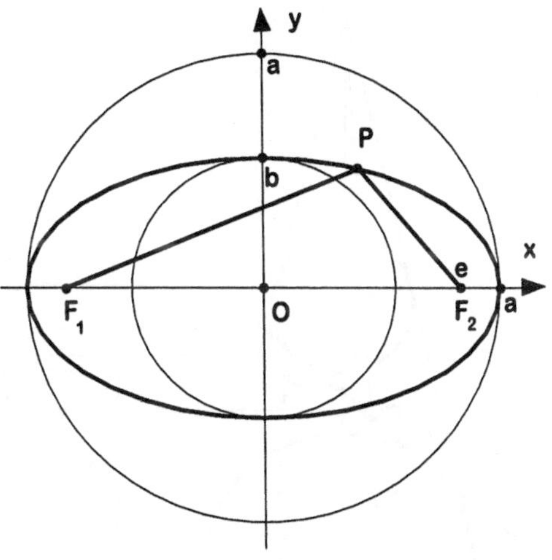

Fig. 4.25

In Fig. 4.25, die die Gärtnerkonstruktion veranschaulichen soll, ist außerdem ein Koordinatensystem angedeutet. Man wählt das Koordinatensystem so, dass die x-Achse durch F_1 und F_2 geht. Der Ursprung des Koordinatensystems ist der Mittelpunkt O der Strecke $\overline{F_1F_2}$.

Wenn die Abstandsumme der Punkte P der Ellipse von den beiden Brennpunkten F_1 und F_2 stets 2a beträgt, dann haben die Ellipsenpunkte auf der x-Achse (die Hauptscheitel) die Koordinaten $(-a \mid 0)$ und $(a \mid 0)$. Man folgert das aber nicht aus der Gleichung der Ellipse (da wir den Satz 4.6 noch nicht bewiesen haben), sondern direkt aus der Gärtnerkonstruktion. Das an einem Hauptscheitel von der Schnur doppelt überdeckte Stück bis zum nächstgelegenen Brennpunkt „fehlt" auf der anderen Seite gerade vom Brennpunkt bis zum anderen Hauptscheitel.

Haben die Brennpunkte die Koordinaten $F_1\ (-e \mid 0)$ und $F_2\ (e \mid 0)$, so erkennt man an den beiden Ellipsenpunkten $(b \mid 0)$ und $(-b \mid 0)$ auf der y-Achse, dass für die Längen e, a und b die Beziehung $e^2 + b^2 = a^2$ gelten muss.

Die Bezeichnungen sind frei wählbar, nehmen aber schon den in Satz 4.6 formulierten Zusammenhang mit der Definition 4.2 vorweg. Diese Überlegungen, das günstig gelegte Koordinatensystem und die Bezeichnungen, helfen bei der Lösung folgender Aufgabe zum noch ausstehenden Beweis von Satz 4.6:

Aufgabe 4.8: a) Zeigen Sie durch die Herleiten der Gleichung der „Brennpunktsellipse": Jede „Brennpunktsellipse" ist eine „Affinitätsellipse".

b) Zeigen Sie: Satz 4.6 gilt.

c) Nutzen Sie Definition 4.5 zur punktweisen Konstruktion einer Ellipse mit den Maßen e = 4 cm und a = 5 cm.

4.2.5 Ausblick: Kegelschnitte

Die Raumüberlegungen zu den DANDELIN'schen Kugeln erlauben eine Verallgemeinerung, die auf perspektive Affinitäten verzichtet. Wir wollen analog zum Zylinderschnitt in Fig. 4.24 Kegelschnitte untersuchen. Dabei sollen jeweils DANDELIN'sche Kugeln zu den Raumüberlegungen herangezogen werden. Die Bezeichnungen werden übernommen.

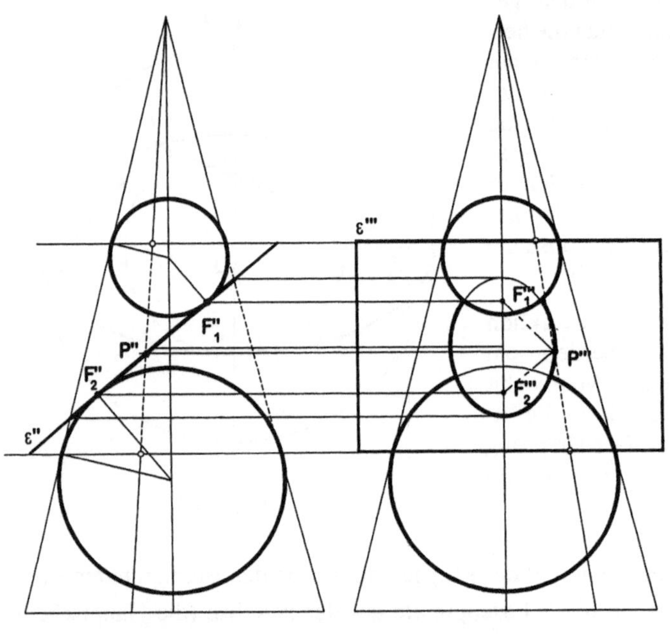

Fig. 4.26

Wir schneiden einen Drehkegel mit einer Ebene ε. Fig. 4.26 zeigt den Auf- und Kreuzriss. Auch jetzt weiß man, dass die Tangentenabschnitte von P an jede der beiden Kugeln gleich lang sind. Man kann daher wieder $|\overline{PF_1}|$ und $|\overline{PF_2}|$ als Repräsentanten für diese Längen nehmen. Die Länge der in Fig. 4.26 gestrichelt gezeichneten Strecken ist gerade die Summe dieser Längen. Diese Kegelerzeugenden sind jetzt aber (anders als vorher beim Zylinder) nicht Hauptlinien. Um ihre wahre Länge zu erkennen, muss man sie auf dem Drehkegel um dessen Drehachse auf die Randerzeugenden des jeweiligen Risses drehen, die Hauptlinien sind. Man kann diesen Abstand also sowohl im Auf- als auch im Kreuzriss direkt ablesen. Vgl. Fig. 4.26 auch mit Foto 4a und Foto 4 b im Anhang 1.

Hier haben wir als Schnittfigur offensichtlich eine Ellipse erhalten. Wir formulieren gleich allgemein die

Definition 4.6: Ein ebener Schnitt eines Kreiskegels ist ein **Kegelschnitt.**

Um herauszufinden, ob es außer den Ellipsen noch andere Kegelschnitte gibt, müssen wir durch Raumüberlegungen eine Klassifizierung der Schnittebenen finden, welche die für die Art des Kegelschnitts unterschiedlichen Fälle kennzeichnet. Dies erfolgt in Beispiel 4.11. Diese Klassifizierung hat als Ergebnis den

Satz 4.7: Kegelschnitte sind Ellipsen, Parabeln und Hyperbeln.

Beispiel 4.11: Klassifizierung der Kegelschnitte
Die Idee der DANDELIN'schen Kugeln gibt das Schema für eine Klassifizierung.

Fig. 4.27 zeigt allgemeine Drehkegel K, die Schnittebene ε und die jeweils möglichen Lagen der DANDELIN'schen Kugeln.

In Fig. 4.27 a gibt es in einem Teil des Doppelkegels zwei Berührkugeln (mit eingezeichneten Berührkreisen). Die Parallebene $\underline{\varepsilon}$ zur Schnittebene ε durch die Kegelspitze hat mit dem Kegel nur die Spitze gemeinsam. Die Schnittfigur von ε mit K ist, wie wir bereits wissen, eine Ellipse.

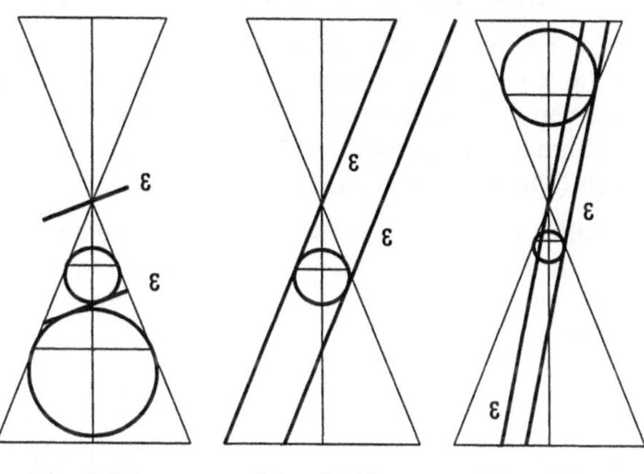

Fig. 4.27 a Fig. 4.27 b Fig. 4.27 c

Fig. 4.27 b zeigt den Fall, dass es nur eine einzige Berührkugel gibt. Die Parallelebene zur Schnittebene ε durch die Kegelspitze hat mit dem Kegel eine Erzeugende des Kegels – die Berührgerade – gemeinsam. Die Schnittfigur ist eine **Parabel**.

Fig. 4.27 c zeigt den Fall, dass es in jedem Teilkegel eine Berührkugel gibt. Die Parallelebene zur Schnittebene ε durch die Kegelspitze hat mit dem Kegel zwei Erzeugende – die Schnittgeraden – gemeinsam. Die Schnittfigur von ε mit K ist eine **Hyperbel**.

Beispiel 4.12: Kegelschnitte als geometrischer Ort[4]

Wir wissen aus Definition 4.5, dass der geometrische Ort aller Punkte P, für die die Summe der Entfernungen von zwei festen Punkten F_1 und F_2 konstant ist, eine Ellipse ist. Die Überlegungen mit den DANDELIN'schen Kugeln führen zu analogen Aussagen, die hier nur – sozusagen auch als Definitionen – angegeben werden sollen:

Der geometrische Ort aller Punkte P, für die die Differenz der Entfernungen von zwei festen Punkten (den Brennpunkten F_1 und F_2) konstant ist, ist eine **Hyperbel**.

Der geometrische Ort aller Punkte P, für die die Entfernung von einem festen Punkt (dem Brennpunkt F) und einer Geraden (der **Leitgeraden** l, der Schnittgeraden der Berührkreisebene κ und der Schnittebene ε) gleich ist, ist eine **Parabel**.

Die räumlichen Überlegungen, die zu diesen Definitionen führen, sind völlig analog zu denen bei der Ellipse. Sie werden hier nicht ausgeführt.

Aufgabe 4.9: a) Zeichnen Sie mit diesen Erklärungen (analog zu Aufgabe 4.8 c) eine Hyperbel und eine Parabel.

b) Gehen Sie wie in Aufgabe 4.8 a vor und leiten Sie aus der Brennpunktsdefinition her, welche Form die Gleichung einer Hyperbel bzw. einer Parabel hat.

---

[4] Im Rahmen einer „Raumgeometrie" können nur die grundlegenden raumgeometrischen Überlegungen zu Kegelschnitten angegeben werden. Für weitere Fragen zu Kegelschnitten vgl. z. B. [Schupp, 1988].

4.3 Anwendungen bei Dächern

4.3.1 Abwicklung eines Zylinders mit Ellipsen-Schnitt

Wenn wir einen geraden Kreiszylinder der Höhe h haben und den Zylindermantel an einer Stelle längs einer Zylindererzeugenden aufschneiden, können wir uns den Zylindermantel verebnet vorstellen – als Handlung mit dem Etikett einer Konservendose leicht durchführbar. Geometrisch spricht man hierbei von einer **Abwicklung** des Zylindermantels (oder kurz des Zylinders) in die Ebene.

Wir wollen nun überlegen, wie die Randkurve aussieht, wenn wir nicht von einem Normalschnitt eines senkrechten Kreiszylinders, sondern von einem schrägen Schnitt, der, wie wir wissen, im Raum eine Ellipse ist, ausgehen. Dieses Problem tritt konkret bei Dachformen auf.

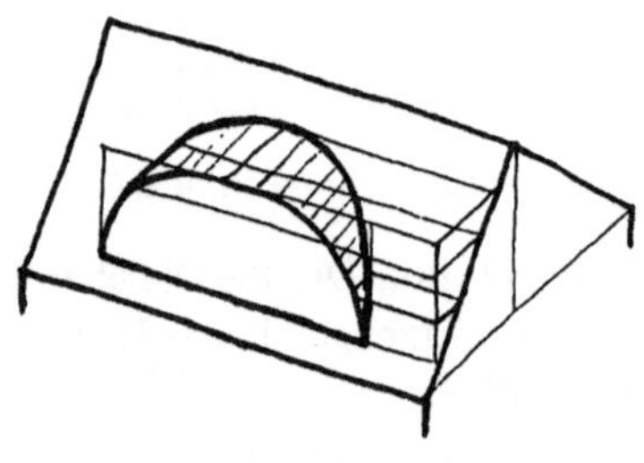

Fig. 4.28

Fig. 4.28 zeigt eine geometrische Freihandzeichnung eines Satteldachs mit einer ***Rundgaube***, die vorne von einem vertikalen Halbkreis, hinten von der schrägen Dachebene und oben von einem Teil eines Kreiszylinders begrenzt wird. Wir wissen, dass die Linie auf der Dachfläche eine halbe Ellipse ist. Das Dach einer solchen Rundgaube wird meist aus Blech gebogen, das zunächst eben ist. Unsere Frage nach der Abwicklung der Dachfläche lautet also, welche Form das Blech ursprünglich hatte.

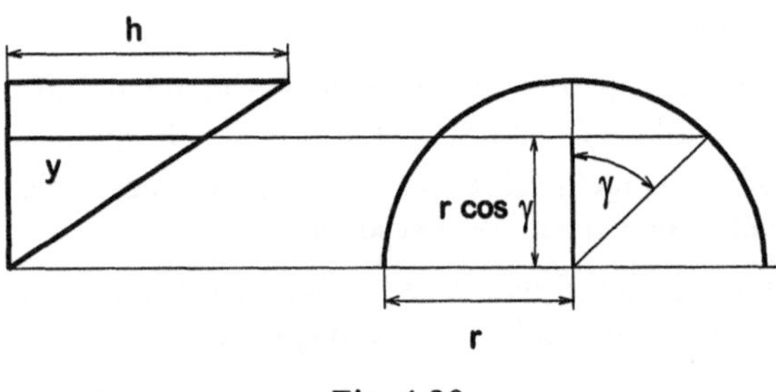

Fig. 4.29

Zuerst wollen wir überlegen, was man bei der Abwicklung als Randlinien erhält. Die Grundidee der Begründung zeigt in einem Auf- und Kreuzriss Fig. 4.29. Wenn γ die Werte (im Bogenmaß) von $-\frac{\pi}{2}$ bis $\frac{\pi}{2}$ bzw. (im Gradmaß) von $-90°$ bis $90°$ durchläuft, hat man das ganze Gaubendach erfasst. Bei der Abwicklung entsteht aus dem Randhalbkreis, wie oben schon begründet, eine Strecke der Länge $r \cdot \pi$. Für die Länge der zum Winkel γ gehörigen Zylindererzeugenden y gilt nach dem Strahlensatz (vgl. dazu Fig. 4.29) $\frac{y}{h} = \frac{r \cdot \cos\gamma}{r}$. Daraus folgt $y = h \cdot \cos\gamma$, die Randkurve ist also eine Kosinuslinie.

Will man die Abwicklung punktweise zeichnen, teilt man den Halbkreis (Mittelpunktswinkel 180°) z. B. in 18 gleiche Teile (jeweils 10°). Man beginnt mit der Abwicklung des Halbkreises und erhält eine Strecke der Länge $r \cdot \pi$. Sie teilt man analog in 18 gleich große Teile. Diese Einteilung in 10°-Intervalle zeichnet man im Aufriss und übernimmt, wie in Fig. 4.29 angedeutet, für jeden Endpunkt der dortigen 10°-Einteilung aus dem Kreuzriss den zugehörigen y-Wert in die Zeichnung der Abwicklung.

Beispiel 4.13: Dieses Beispiel soll zeigen, dass es im Umfeld der Dachformen auch Probleme gibt, die sich der elementaren Berechnung (ohne Integrale) entziehen. An einer Satteldachseite befindet sich eine Rundgaube. Der Halbkreis hat den Radius r, die Länge der höchsten Zylindererzeugenden ist h (statt h kann auch der Neigungswinkel der Satteldachseite gegeben sein). Zu berechnen sind der Flächeninhalt des Gaubendachs und der Rauminhalt der Gaube.

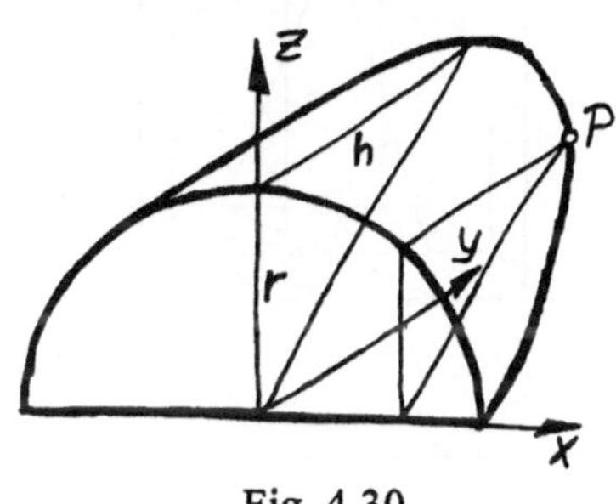

Fig. 4.30

Fig. 4.30 zeigt eine Freihandskizze, in der Hilfslinien andeuten, wie man zu der dort gezeichneten Randkurve der Gaube im Schrägbild kommt. Sie dient ferner dazu, die folgende Berechnung zu veranschaulichen. Grundgedanken für die Erstellung dieser Skizze sind neben dem Satz von POHLKE die Parallelentreue und Mittelpunktstreue der Parallelprojektion. Für die Lage von P nutzt man, dass die beiden Dreiecke zueinander parallele Seiten haben.

Für die Berechnung der Oberfläche des Dachs nutzen wir, dass die Abwicklung von einer Kosinuslinie begrenzt wird. Den Flächeninhalt kann man dann mit einem Integral bestimmen. Man erhält (mit der Bogenlänge $x = r \cdot \gamma$) den Flächeninhalt des Dachs als

$$A = \int_{x=-\frac{\pi}{2}r}^{x=\frac{\pi}{2}r} y\,dx = \int_{-\frac{\pi}{2}r}^{\frac{\pi}{2}r} h \cdot \cos\left(\frac{1}{r}x\right)dx = 2h \cdot \int_{0}^{\frac{\pi}{2}r} \cos\left(\frac{1}{r}x\right)dx = 2hr \cdot \left[\sin\frac{1}{r}x\right]_0^{\frac{\pi}{2}r} = 2 \cdot h \cdot r.$$

Für die Volumenberechnung kann man dreieckige Schichten, deren Flächeninhalt leicht berechenbar ist, heranziehen, und mit Hilfe der Schichtenmethode das Volumen wieder mittels eines Integrals bestimmen. Dazu legt man ein Koordinatensystem so, dass die y-Achse in der Zylinderachse der Rundgaube liegt und die z-Achse die Symmetrieachse des vertikalen Halbkreises ist. In diesem Koordinatensystem hat der Kreis die Gleichung $x^2 + z^2 = r^2$, und daraus folgt $z = \sqrt{r^2 - x^2}$. Der Strahlensatz ergibt $\frac{h}{r} = \frac{y}{z}$, und daraus errechnet man $y = \frac{h}{r}\sqrt{r^2 - x^2}$.

Der Flächeninhalt einer Dreiecksschicht ist $A_\Delta = \frac{1}{2} y \cdot z = \frac{h}{2r}\left(r^2 - x^2\right)$.

Daraus erhält man das Volumen $V = 2 \cdot \int_{x=0}^{r} \frac{h}{2r}\left(r^2 - x^2\right)dx = \frac{h}{r}\left[r^2x - \frac{1}{3}x^3\right]_0^r = \frac{2}{3}hr^2$.

Eine Verallgemeinerung der Gaube, bei der der Gaubenhalbkreis nach vorne verschoben wird, so dass unter dem Halbkreis noch ein Rechteck hinzukommt, führt zu keiner prinzipiell neuen Überlegung, weil die hinzukommenden Gaubenteile (ein halber Kreiszylinder und ein Dreikantprisma – das ist die günstigere Interpretation, aber ein „halber Quader" ist auch eine sachlich richtige Deutung) leicht zu berechnen sind.

4.3.2 Zueinander konjugierte Richtungen nutzen

Wir greifen das Beispiel 2.21 wieder auf, in dem ein Körper gesucht war, der die in Fig. 2.39 gezeigten Linien als Umriss des Grund-, Auf- und Kreuzrisses hat.

Wenn der Grundriss einen Kreis und der Aufriss ein Quadrat als Umriss hat und wenn die Quadratseiten gleiche Länge haben wie der Kreisdurchmesser, kann man den Körper in einen Kreiszylinder in einem Würfel einbetten. Seine Höhe ist gleich lang wie der Durchmesser. Die Mittelparallelen der Parallelogramme, die Bilder des Grund- und Deckquadrats sind, sind zueinander konjugierte Durchmesser der Bild-Ellipsen. Mit der Konstruktion nach RYTZ oder mit Hilfe des Rechtwinkelpaares (so in Fig. 4.31) erhalten wir insgesamt das Bild, in dem die drei definierenden Umrisse angedeutet sind.

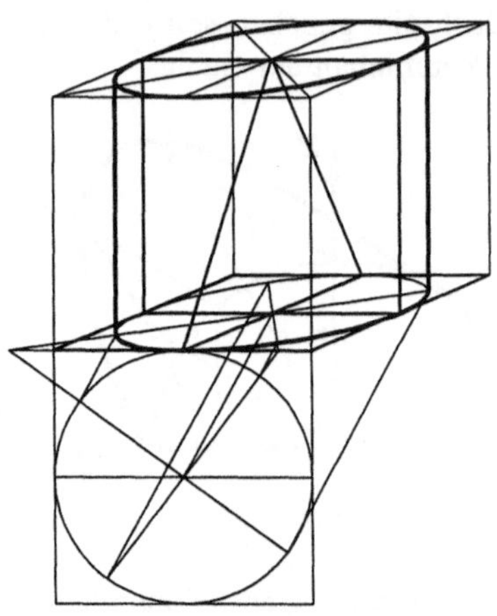

Fig. 4.31

Um als Umriss des Kreuzrisses ein gleichschenkliges Dreieck zu bekommen, dessen Basis und dessen Höhe die gleiche Länge haben wie der Kreisdurchmesser, müssen wir dann von dem Körper noch die Teile abschneiden, die noch überstehen. Wie in Beispiel 2.21 wählen wir zuerst zwei ebene Schnitte.

Die Mittelparallele h des Deckquadrats und die Verbindung d_1 stehen im Raum aufeinander senkrecht. Ihre Bilder sind also zueinander konjugierte Durch- bzw. Halbmesser. Mit der Achsenkonstruktion nach RYTZ kann man die Ellipse (gezeichnet ist in Fig. 4.32 eine Hälfte) konstruieren. Analog ist der hintere Schnitt in der Ebene (hd_2) konstruiert.

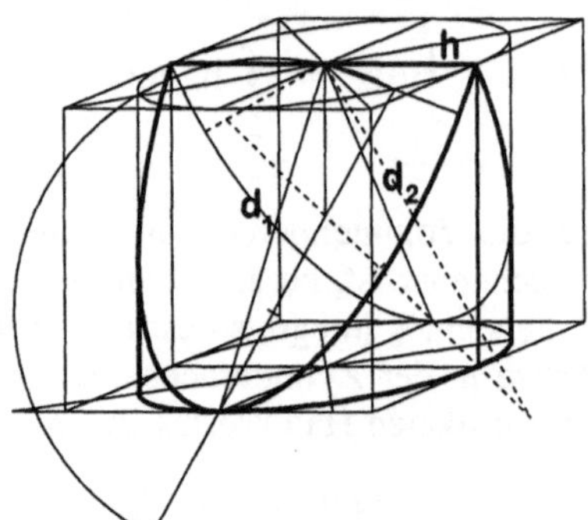

Fig. 4.32

Eine weitere Lösung ist ein Übergangsstück (vgl. Teil 4.1.1), das man auch als Dach findet. Der Körper heißt **PLÜCKER-Konoid**[2]. Er kann folgendermaßen erzeugt werden: Von den Punkten der Firstlinie h gehen Strecken (Dachsparren) aus. Sie liegen in Ebenen senkrecht zu h (Normalebenen von h) und gehen zu den in diesen Ebenen liegenden Punkten des Grundkreises. In Fig. 4.33 sind einige solche Strecken eingezeichnet. Der Umriss wird von diesen Strecken eingehüllt und kann frei Hand ergänzt werden. An den Enden von h merkt man, dass der Umriss noch zu ungenau wäre. Deshalb ist in Fig. 4.22 hier je eine weitere Strecke ergänzt.

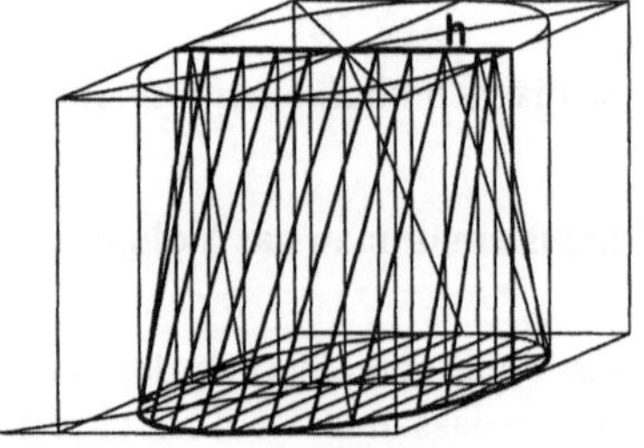

Fig. 4.33

[2] JULIUS PLÜCKER, 1801 – 1868, deutscher Mathematiker und Physiker.

Beispiel 4.14: Kreuzgewölbe im Hauptbahnhof von Karlsruhe

Denkt man sich eine Abschlussfläche eines Gebäudeteils in Form eines halben Kreiszylinders nicht von außen und oben gezeichnet, sondern, wie man in einem Gebäude (oder auf einem Bahnsteig) oft sieht, von unten und sozusagen von innen, dann spricht man in der Sprache der Bauformen von einem ***Tonnengewölbe***. Man zeichnet es meist in Untersicht und meist wird nur den Teil ausgeführt, den man wirklich sieht.

Wir wollen hier gleich einen Schritt weiter gehen: Zwei einander rechtwinklig schneidende Tonnengewölbe mit gleichem Radius der erzeugenden Zylinder bilden ein sog. ***Kreuzgewölbe***. Dafür, dass solche Gewölbe nicht nur bei alten Kirchenbauten vorkommen, ist die Eingangshalle des Hauptbahnhofs in Karlsruhe ein Beleg, der innen (außen am Dach nicht erkennbar!) ein Kreuzgewölbe hat.

Für die Zeichnung interessant ist der Teil, in dem die beiden Zylinder einander schneiden. Um die Konstruktion der Schnittkanten durchführen zu können, wählen wir wieder eine Kavalierprojektion. Fig. 4.34 a zeigt die quadratische Säule, bei der die Höhe halb so lang ist wie jede Grundkante. Auf den sichtbaren Randflächen sind die beiden Kreisteile abgebildet – einmal als Halbkreis, einmal wie in Fig. 4.31 als halbe Ellipse. Dass es sich um eine Untersicht handelt, erschwert das räumliche Deuten etwas!

Zusätzlich ist in Fig. 4.34 a in einer horizontalen Ebene angedeutet, wie man mit Hilfe der in der vorderen vertikalen Quader-Ebene gelegenen Punkte P und Q die entsprechenden Punkte in der rechten vertikalen Quader-Ebene findet. Als Hilfe verwendet man die in der Figur hervorgehobene vertikale Diagonalebene von vorne rechts nach hinten links.

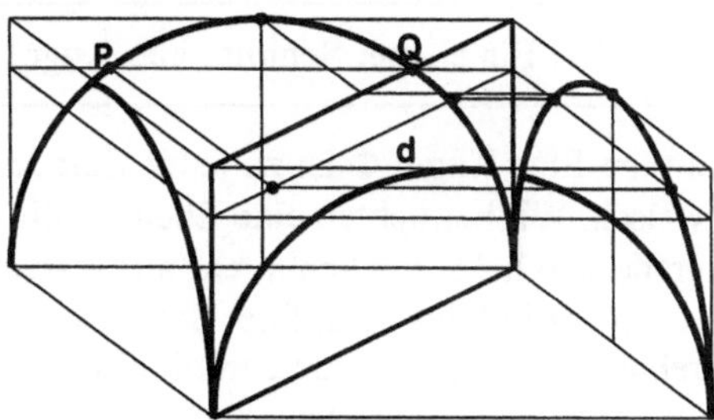

Fig. 4.34 a

Fig. 4.34 b zeigt, was man erhält, wenn man den schon in Fig. 4.34 a eingezeichneten Hilfspunkt in der beschriebenen Diagonalebene weiter nutzt. So könnte man punktweise weiter konstruieren. Statt dies zu tun, überlegt man, dass der ebene Schnitt eines Kreiszylinders eine Ellipse ist und nutzt wieder das Tangentenparallelogramm, das man sofort konstruieren kann. Die Achsen erhält man nach RYTZ. Im Bahnhof sieht man hier eine Gratlinie.

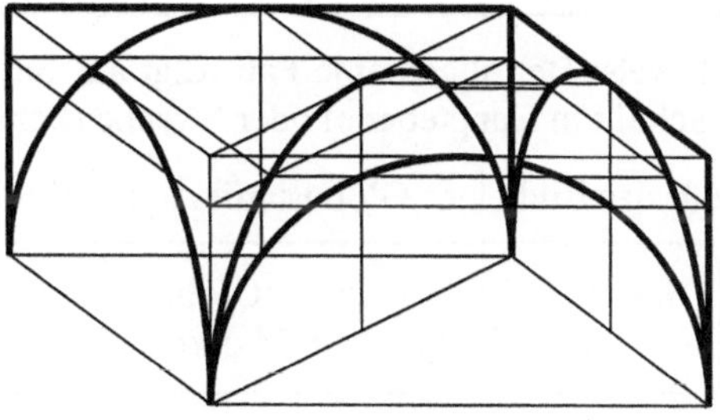

Fig. 4.34 b

Entsprechend kann man auch die Gratlinie in der von hinten rechts nach vorne links verlaufenden Diagonalebene ergänzen.

Aufgabe 4.10: Skizzieren Sie frei Hand von dem in Beispiel 4.14 beschriebenen Gewölbe die Bilder der Randkreise und der Schnittkurve der beiden Tonnengewölbe. Verwenden Sie eine Kavalierprojektion. Überlegen Sie, wie man exakt konstruiert.

5 Die Kugel

5.1 Zeichnen

5.1.1 Parallelriss einer Kugel

Vergleicht man die Standardkörper, so sind die raumgeometrischen Überlegungen zur Kugel sowohl im Hinblick auf Zeichnungen als auf Berechnungen am anspruchsvollsten. Im Folgenden werden zwar die exakten Konstruktionen und Berechnungen dargestellt, zentrales Anliegen sind aber die raumgeometrischen Gedanken, die ihnen zu Grunde liegen. Diese Überlegungen helfen beim Erstellen geometrisch korrekter Skizzen frei Hand und helfen, häufig vorkommende Fehler – auch in Schulbüchern – zu vermeiden.

In Satz 2.7 haben wir festgestellt, dass das Bild einer Kugel bei schiefer Parallelprojektion eine (echte) Ellipse und bei Normalprojektion ein Kreis ist. Da wir immer auf anschauliche Bilder geachtet haben und da wir als Bild einer Kugel einen Kreis erwarten, werden wir Kugeln, wenn irgend möglich, mit Hilfe der Normalprojektion abbilden. Wenn wir aber als ebene Zeichnung einen Kreis sehen, fehlt (anders als z. B. bei einem Würfel-Riss) jede Anregung, die ebene Zeichnung räumlich zu interpretieren. Man findet bei Kugel-Bildern deshalb entweder Schatten oder Verzierungen, z. B. als **Globus** (wir verstehen hier darunter eine Kugel mit Äquator, Längenkreisen und Breitenkreisen und Polen, kurz: mit Koordinatennetz) oder als Wasserball. Wir formulieren zuerst den

Satz 5.1: Ein ebener Schnitt einer Kugel ist ein Kreis.

Beweis: Eine Kugel Φ ist zu jeder Geraden g durch den Mittelpunkt M von Φ drehsymmetrisch. Wir betrachten eine Ebene ε, die Φ in einer Kurve s schneidet. Wir nehmen die Gerade durch M, die senkrecht auf ε steht, als Drehgerade g. ε ist bei dieser Drehung Fixebene. Ein Punkt P auf der Schnittkurve s bleibt wegen der Drehsymmetrie von Φ bei Drehung um g auf s: Die Schnittkurve s ist ein Kreis mit der Drehgeraden g als Achse. ■

Daraus ergibt sich unmittelbar der

Satz 5.2: Der Normalriss eines ebenen Kugelschnitts ist i. Allg. eine echte Ellipse.

Beweis: Der allgemeine Fall folgt aus Satz 5.1 mit Satz 4.1. Als Ausnahmen sind Kreis (Schnitt in Hauptebene) oder Strecke (Schnitt in projizierender Ebene) möglich. ■

Für das Bild eines Globus' mit Äquatorkreis k und Polen N und S gilt i. Allg. der

Satz 5.3: Dreht man im Globus-Normalriss die Brennpunkte des Äquatorbildes um das Mittelpunktsbild durch 90°, so erhält man die Bilder der Pole.

Beweis: Wir betrachten erst die Sonderfälle: Liegt der Äquator in einer Hauptebene, ist das Mittelpunktsbild auch Bild beider Pole. Liegt der Äquator in einer projizierenden Ebene, ist sein Bild eine Strecke. Die Pole liegen auf dem Mittellot dieser Strecke und auf dem scheinbaren Umriss. Der allgemeine Fall wird in Beispiel 5.1 behandelt. ■

Beispiel 5.1: Normalriss eines Globus' (hier: Kugel mit Äquatorkreis und Polen).

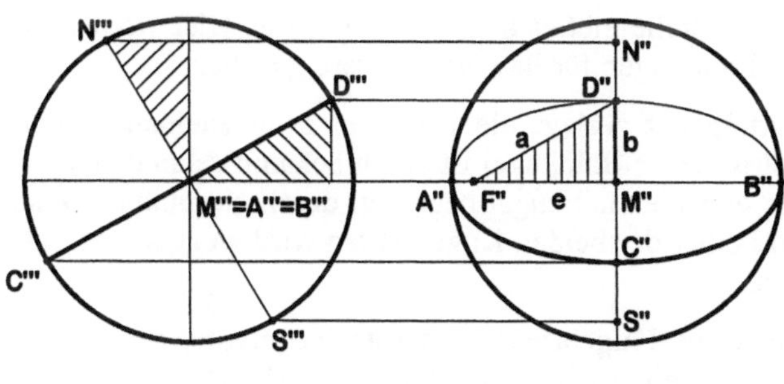

Fig. 5.1

Fig. 5.1 zeigt einen Globus mit Polen N und S sowie dem Äquatorkreis in Auf- und Kreuzriss. Der Äquatordurchmesser $\overline{AB}$ liegt in der Aufrissebene. Die Achse (NS) ist um den Winkel α (in Fig. 5.1: 30°) gegen die Aufrissebene nach vorne geneigt. Wir wählen die Ebene (NMC) als Kreuzrissebene. Der Äquatordurchmesser $\overline{CD}$ liegt in ihr. α ist dort unverzerrt sichtbar.

Das Bild des Äquators ist im Kreuzriss die Strecke $\overline{C'''D'''}$, im Aufriss die Ellipse mit den Achsen $\overline{A''B''}$ und $\overline{C''D''}$. Im Aufriss ist ΔF"M"D" mit den Seiten a, b und e schraffiert. Es ist kongruent zu ΔM'''B'''D''', weil jeweils a = r (Kugelradius) gilt und weil b von Riss zu Riss übertragen wird. ΔM'''B'''D''' wird im Kreuzriss um M''' durch 90° nach links (Eckpunkt dann N''') gedreht: N''' (und damit auch N") liegen in der Höhe e über (AB). Analog überlegt man für S. Das ist aber die Aussage von Satz 5.3.

Damit erkennt man, dass viele Zeichnungen der Erdkugel, bei denen der Äquator wie in Fig. 5.1 rechts als Ellipse dargestellt ist, bei denen aber der Nord- und Südpol auf dem Kugelumriss gezeichnet sind, falsch sein müssen.

Beispiel 5.2: Normalriss eines Globus' (hier: Bilder der Breitenkreise).

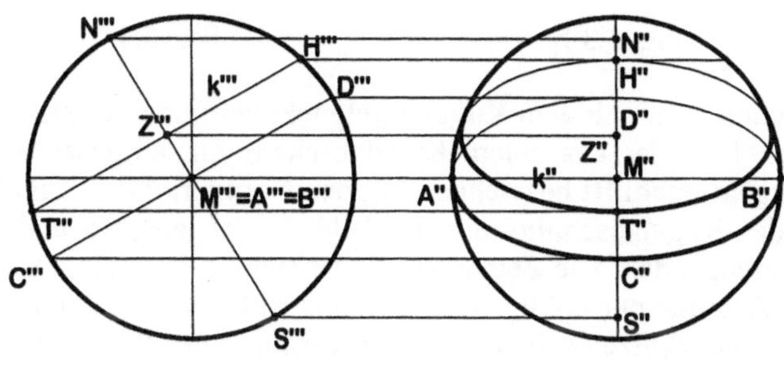

Fig. 5.2

Wir überlegen wie in Beispiel 5.1 und ergänzen einen Breitenkreis k im Kreuzriss. H und T sind der höchste bzw. tiefste Punkt von k. Der Aufriss k" soll gezeichnet werden. Im Kreuzriss ist die Länge der großen Halbachse $\underline{a}$ der Bildellipse, es ist $|\overline{Z'''H'''}|$, in wahrer Größe abzulesen. Für den Aufriss verwendet man den Mittelpunkt Z", $|\overline{Z''H''}| = \underline{b}$ und $\underline{a}$ oder, dass das Achsenverhältnis $\underline{a} : \underline{b}$ für Äquator- und Breitenkreisellipse gleich ist.

Aufgabe 5.1: a) Begründen Sie genau, dass die Breitenkreisellipse den Umriss berührt.

b) Übertragen Sie die Überlegungen auf die Längenkreise (Bild eines Wasserballs).

c) Zeichen Sie in der Isometrie aus Beispiel 2.15 einen Würfel, die ihn innen berührende Kugel sowie die Normalprojektionen der Kugel auf die Würfelflächen.

5.1.2 Halbkugeln und andere Kugelteile

Für die Abbildung der gängigen Kugelteile gibt es keine neue Theorie. Hier werden nur diese Kugelteile benannt und Beschreibungen für ihre Normalrisse gegeben.

Eine Ebene durch den Kugelmittelpunkt zerlegt die Kugel in zwei zueinander kongruente **Halbkugeln**. Der Normalriss einer Halbkugel ist damit bekannt. Man denkt sich eine Kugel mit einem **Großkreis**, der die Halbkugel begrenzt, durch Normalprojektion abgebildet. Der scheinbare Umriss einer der beiden Kugelhälften wird weggelassen. Die Zeichnung findet sich in Fig. 5.3 a.

Die Halbkugel ist ein Spezialfall eines **Kugelabschnitts/Kugelsegments**, der/das entsteht, wenn man als Schnittebene statt einer Ebene durch den Kugelmittelpunkt mit einem Großkreis als Schnittlinie eine Ebene nimmt, die nicht durch den Mittelpunkt geht und die Kugel in einem Kreis schneidet, der wie ein Breitenkreis bei einem Globus liegt. Man nennt einen solchen Kreis oft einen **Kleinkreis**. Der Normalriss eines Kugelabschnitts ist damit bekannt. Man denkt sich eine Kugel mit einem Kleinkreis durch Normalprojektion abgebildet. Der scheinbare Umriss einer der beiden Kugelabschnitte wird weggelassen. Die Zeichnung findet sich in Fig. 5.3 b. h legt den Kugelabschnitt fest.

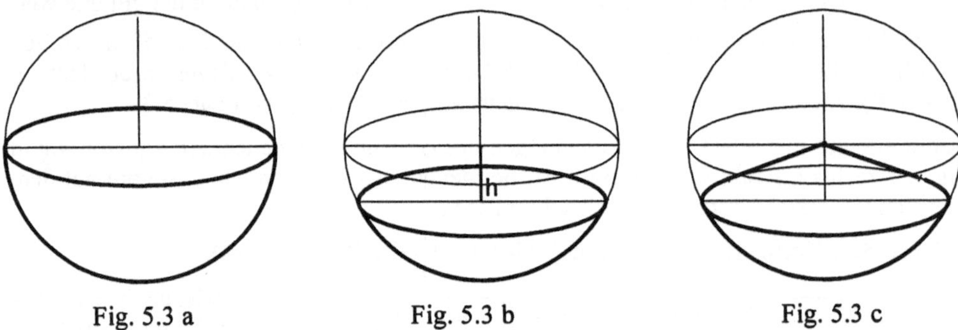

Fig. 5.3 a Fig. 5.3 b Fig. 5.3 c

Wenn man die Punkte eines Kleinkreises mit dem Kugelmittelpunkt verbindet, entstehen ebenfalls zwei Teilkörper. Der Teil, der aus einem Kugelabschnitt mit aufgesetztem Drehkegel besteht, wird als **Kugelausschnitt** bezeichnet. Für den Normalriss des Kugelausschnitts ergänzt man den des Kugelabschnitts um das Bild der Kegelspitze und i. Allg. um die Bilder der Randerzeugenden. Die Zeichnung findet sich in Fig. 5.3 c. Man erkennt dort auch, weshalb die Aussage nur i. Allg. gilt. Wäre die Höhe des aufgesetzten Kegels so klein, dass das Bild seiner Spitze im Inneren der Bild-Ellipse des Kleinkreises liegt, gäbe es für diese Darstellung keine Randerzeugenden. Ohne Bild sei noch erwähnt, dass eine **Kugelschicht** aus einem Kugelabschnitt dadurch entsteht, dass parallel zum Randkreis ein (kleinerer) Kugelabschnitt abgeschnitten wird.

Wie schon in Teil 5.1.1 ist es auch hier nicht das Ziel, weitere Konstruktionen einzuführen. Vielmehr kommt es auf räumliche Überlegungen an, mit deren Hilfe die Gestalt der Teilstücke der Figuren und deren gegenseitige Lage beschrieben und in Skizzen verwendet werden kann. Zentrale Ideen sind, dass der Kugelumriss bei Normalprojektion ein Kreis (oder ein Teil davon) ist, dass Kleinkreise auf Ellipsen abgebildet werden und dass – anschaulich formuliert – die Ellipsen die Kreise meist berühren.

Beispiel 5.3: Kugeln kommen als Dächer nur selten vor, weil sie (vgl. dazu Teil 5.2.2) nicht aus zunächst ebenen Werkstoffen realisiert werden können. Näherungen findet man aber oft. Die Grundidee aus Beispiel 4.2 (dort über quadratischer Grundfläche) wird bei den Türmen der Frauenkirche in München über einem regulären Achteck (Oktogon) verwendet. Es handelt sich um sog. „Welsche Hauben". Nahezu Kugelform haben die Kuppeldächer über den Treppentürmen am Dreikonchenchor von St. Peter in München. Diesem Vorbild ist folgendes Problem (Maße nicht original) nachempfunden: Auf einem zylinderförmigen Turm, der 8 m Durchmesser hat, sitzt eine kugelförmige Haube. Die Kugel hat einen Durchmesser von 12 m. Wir wollen ein Bild des Turmes (Untersicht, vom Turm selbst sollen noch 10 m zu sehen sein) zeichnen. Für die Zeichnung sind eine geeignete Aufstellung und ein geeigneter Maßstab zu wählen.

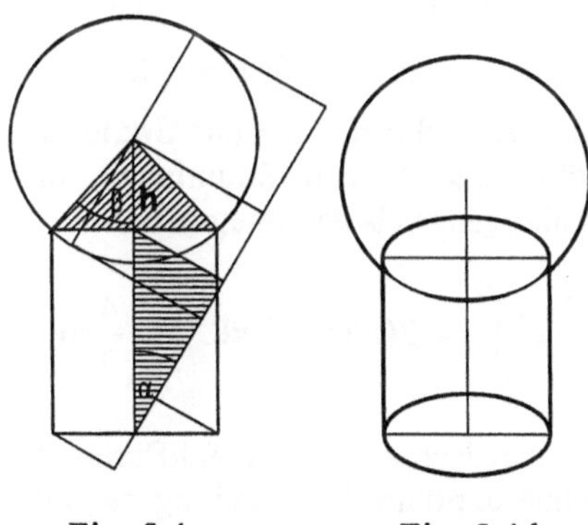

Fig. 5.4 a Fig. 5.4 b

Fig. 5.4 a gibt Hinweise zur zeichnerischen oder rechnerischen Bestimmung der Maße für einen Normalriss. Wir nehmen für diese Normalprojektion eine Bildebene π, die um eine horizontale Gerade durch $\alpha = 30°$ gegen eine vertikale Symmetrieebene des Turmes gedreht wurde. π ist in Fig. 5.4 a projizierend.

Die Höhe h des Kugelmittelpunkts über der Deckfläche des zylinderförmigen Teils ergibt sich zeichnerisch über ein gleichschenkliges Dreieck (in der Figur schraffiert) oder rechnerisch über $\sin\beta = \frac{4}{6}$ und $h = 6 \cdot \cos\beta$.

Die Längen der Normalprojektionen von Strecken in Richtung der Turmachse (und damit auch die Länge der kurzen Halbachse der Bild-Ellipse von Grund- und Deckkreis des Zylinderstücks) erhält man rechnerisch, indem man alle Originallängen mit $\cos\alpha$ multipliziert. Zeichnerisch ist die Lösung für die Höhe des Zylinderteils im horizontal schraffierten Dreieck in Fig. 5.4 a angedeutet. Analog sind die Längen der kurzen Halbachsen der Bild-Ellipse von Grund- und Deckkreis zu bestimmen.

Die Breite des Zylinderstücks (und damit auch die große Halbachse der Bild-Ellipse von Grund- und Deckkreis) und der Durchmesser der Kugel werden unverzerrt abgebildet, da die entsprechenden Durchmesser am Objekt auf Hauptlinien liegen.

Alle Überlegungen sind bei der Konstruktion von Fig. 5.4 b genutzt. Sie zeigt das Turmstück wie gefordert in Untersicht.

Aufgabe 5.2: a) Wie entstehen die Mondphasen und wie entsteht eine Mondfinsternis?

b) Wie sieht der beleuchtete Teil des Mondes bei Vollmond, „Dreiviertelmond", Halbmond und „Viertelmond" aus?

c) Warum sieht man bei Neumond den Mond nicht?

Geben Sie erst eine mathematisierte Beschreibung des räumlichen Sachverhalts an, und beantworten Sie dann die Frage. Vergleichen Sie Ihre Antwort mit Darstellungen der Mondphasen in Kalendern.

5.2 Rechnen

5.2.1 Das Volumen einer Kugel

Wir wollen zunächst das Kugelvolumen mit Hilfe der Schichtenmethode aus Teil 3.2 wie in Beispiel 4.13 über ein Integral bestimmen.

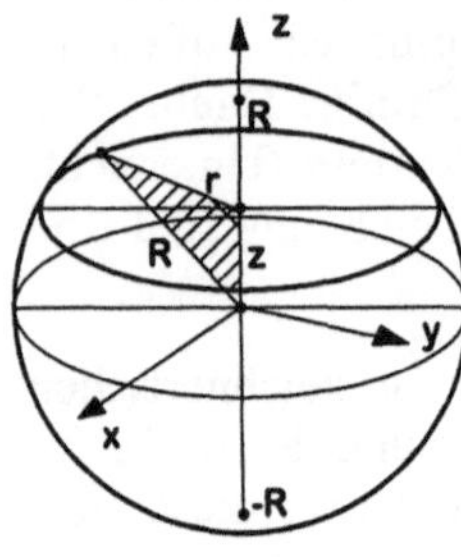

Fig. 5.5

Dazu legen wir, wie in Fig. 5.5 dargestellt, den Ursprung eines kartesischen Koordinatensystems in den Mittelpunkt der Kugel mit Radius R. Die x- und y-Achse liegen in der „Äquatorebene", die z-Achse steht auf ihr senkrecht.

Ein ebener Schnitt der Kugel parallel zur Ebene mit der Gleichung $z = 0$ in der Höhe z ist ein Kreis mit Radius r. Der Satz des PYTHAGORAS (schraffiertes Dreieck) ergibt $r = \sqrt{R^2 - z^2}$. Als Schicht nehmen wir einen Zylinder mit diesem Grundkreis und einer sehr kleinen Höhe. Den Gesamt-Rauminhalt aller Schichten erhält man (Grenzübergang) als das Integral

$$V_{Ku} = \int_{z=-R}^{z=R} r^2\pi\,dz = 2\cdot\int_0^R (R^2 - z^2)\pi\,dz = 2\pi\left[R^2 z - \frac{1}{3}z^3\right]_0^R = 2(\pi R^3 - \frac{1}{3}\pi R^3) = \frac{4}{3}\pi R^3.$$

Der vorletzte Term in der letzten Zeile lässt sich geometrisch als Volumendifferenz interpretieren und gibt Anlass zu einer Überlegung ohne explizite Verwendung der Integralrechnung. Vielmehr wird auf das CAVALIERI-Prinzip zurückgegriffen:

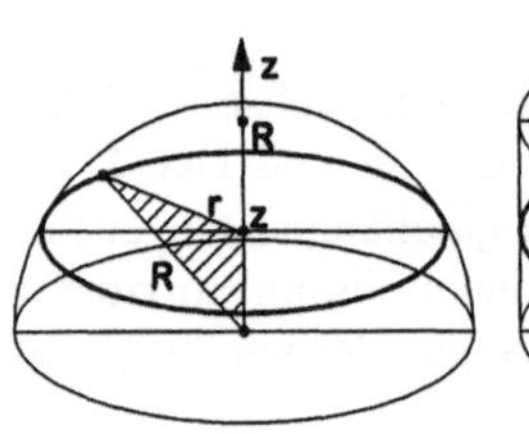

Fig. 5.6 a

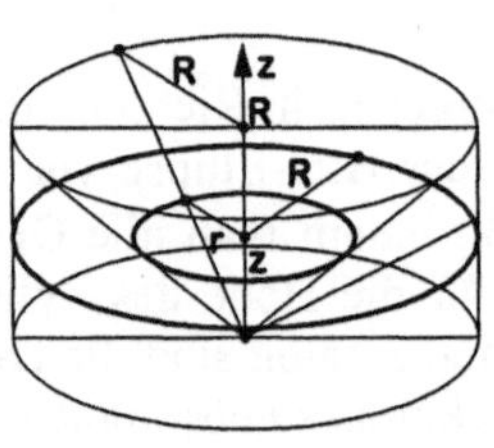

Fig. 5.6 b

Wir nehmen eine Halbkugel mit Radius R und den Körper, der übrig bleibt, wenn man aus einem Zylinder mit Radius R und Höhe R von oben einen Drehkegel mit dem Grundkreisradius R und der Höhe R ausbohrt.

Wir vergleichen die Schnittflächen beider Körper in der Höhe z. Bei der Kugel ist es ein Kreis mit Radius r und dem Flächeninhalt $(R^2 - z^2)\cdot\pi$. Für den Radius des Kegel-Schnittkreises folgt aus dem Strahlensatz $r : R = z : R$, also $r = z$. Damit hat der Kreisring des Restkörpers in Fig. 5.6 b den Flächeninhalt $(R^2 - z^2)\cdot\pi$.

Da dies in jeder Höhe z gilt, hat demnach nach Satz 3.11, dem Prinzip von CAVALIERI, die Halbkugel dasselbe Volumen wie der Restkörper. Das Restkörpervolumen (und damit das Halbkugelvolumen) berechnet sich durch Differenzbildung als

$V_{Restkörper} = V_{Zylinder} - V_{Kegel} = R^2\pi\cdot R - \frac{1}{3}R^2\pi\cdot R = \frac{2}{3}R^3\pi = V_{Halbkugel}$. Es folgt

> **Satz 5.4:** Das Volumen einer Kugel mit Radius R ist $V_{Kugel} = \frac{4}{3}\pi\cdot R^3$.

Beispiel 5.4: Wir wollen auch für das Volumen der Halbkugel, des Kugelabschnitts und des Kugelausschnitts einen Weg finden, eine Formel anzugeben. Es geht dabei nicht um die explizite Herleitung einer Formel, die man in einer Formelsammlung finden kann, sondern um raumgeometrische Überlegungen dazu, wie man eine solche Formel herleiten könnte, wenn man sie braucht.

Wir knüpfen an die Darstellung in Fig. 5.3 und Fig. 5.6 an und übernehmen von dort die Bezeichnungen (R für den Kugelradius, h für den Abstand usw.).

Halbkugel: Das Volumen ist wegen der Symmetrie der Kugel zu jeder Ebene durch den Kugelmittelpunkt das halbe Kugelvolumen, also $V_{\text{Halbkugel}} = \frac{2}{3}\pi \cdot R^3$. Hier ist die raumgeometrische Überlegung sehr einfach. Wir hatten wegen dieser Überlegung die Formel für das Kugelvolumen nach dem Prinzip von CAVALIERI schon über das Halbkugel-Volumen herleiten können. Das nutzen wir für den nächsten Schritt.

Kugelabschnitt: Wir überlegen wie bei der Herleitung der Halbkugelformel mit dem CAVALIERI-Prinzip und den dort verwendeten ebenen Schnitten. Das Volumen eines Kugelabschnitts lässt sich als Volumen eines Kreiszylinders (mit Radius R und Höhe R – h), vermindert um das Volumen eines Kegelstumpfs (Höhe R – h, Grundkreisradius R, Deckkreisradius h), berechnen. Das Volumen dieses Kegelstumpfes ist das Volumen des Gesamtkegels (Höhe und Grundkreisradius des Gesamtkegels wäre R), vermindert um das Volumen des wegfallenden Kegels (Höhe h und Grundkreisradius h).

Bei solchen Überlegungen kommt es oft auf die Lage eines Koordinatensystems bzw. auf die Art der Bezeichnungen an. In 5.1.2 war es, besonders für die Kegelhöhe beim Kugelausschnitt, nahe liegend, h als kennzeichnende Größe für den Kugelabschnitt einzuführen. Das hat sich bei dem Integral-Ansatz und bei der Schichtenmethode bewährt, weil h genau das dort verwendete z ist. Denkt man aber an den Kugelabschnitt als realen Körper, so kommt dort h gar nicht vor. Dagegen kann man am Körper die Dicke d = R – h direkt messen. Fig. 5.7 lässt erkennen, dass man auch mit der Kegelstumpf-Höhe d statt mit der Ergänzungskegel-Höhe h überlegen könnte.

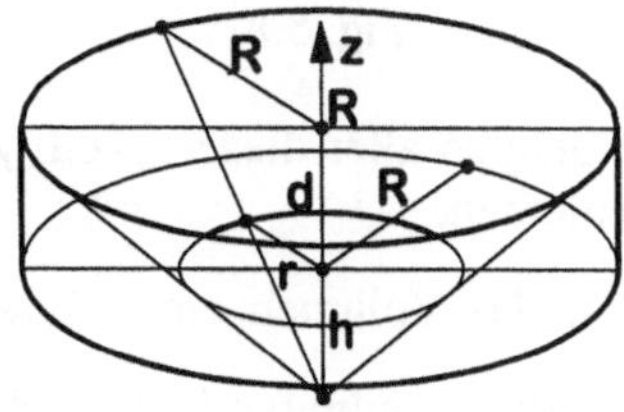

Fig. 5.7

Das muss aber kein Vorteil sein. Entnimmt man aus einer Formelsammlung die Volumenformel für einen Kegelstumpf mit Grundkreisradius R, Deckkreisradius r und Höhe d als $V_{\text{Kegelstumpf}} = \frac{1}{3}\pi \cdot d \cdot (R^2 + R \cdot r + r^2)$, so kommt dort zwar d vor, aber auch r, und wir wissen, dass r = h ist. Allerdings kann r am Objekt gemessen werden.

Kugelausschnitt: Man zerlegt den Kugelausschnitt in einen Kugelabschnitt und den auf den Begrenzungskreis aufgesetzten Kegel mit Spitze im Kugelmittelpunkt. Der Grundkreisradius des Kegels ist demnach $r = \sqrt{R^2 - h^2}$, seine Höhe ist h. Das Volumen des Kugelabschnitts erhält man dann als Summe der Volumina dieser beiden Teile.

5.2.2 Die Oberfläche einer Kugel: Berechnung und Zentralprojektion

Wir haben mit der Schichtenmethode oder nach dem Prinzip von CAVALIERI eine Formel zur Berechnung des Kugelvolumens erhalten.

Es wäre nahe liegend den Gedanken solcher Schichten auch für die Berechnung des Flächeninhalts der Oberfläche (der Sphäre) heranzuziehen. Wenn man es versucht, erhält man ein wesentlich komplizierteres Integral und zudem (der Vergleich mit der Formelsammlung zeigt es) ein Ergebnis, das falsch ist. Wir haben hier nämlich nicht untersucht, ob die Annäherung nach dem Grenzübergang geometrisch korrekt ist. Dies muss der Analysis überlassen bleiben.

Hier soll ein oft auch in der Schule verwendeter Weg dargestellt werden, um die Formel für den Flächeninhalt der Kugeloberfläche zu gewinnen. Dieser Weg enthält auch Überlegungen mit einem Grenzübergang, kommt aber ohne explizite Integralrechnung aus:

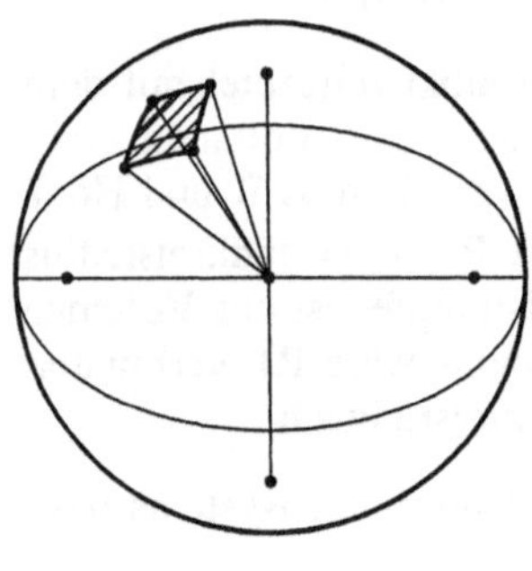

Fig. 5.8

Wir denken uns die Oberfläche der Kugel mit einem Netz kleiner „Vierecke“ (oder auch „Dreiecke“ – kurz „Teile“) überzogen, deren Seiten Stücke von Kreisen sind, deren Mittelpunkt der Kugelmittelpunkt ist. Wenn die einzelnen „Teile“ sehr klein sind, dann sind die Kanten „fast“ Strecken, die Bezeichnung „Viereck“ (bzw. „Dreieck“) ist dann sinnvoll. Die Summe der Flächeninhalte aller dieser „Teile“ ist offensichtlich der Flächeninhalt der Kugeloberfläche. Ein solches „Viereck“ ist in Fig. 5.8 zu sehen.

Verbindet man die Eckpunkte dieser „Teile“ mit dem Kugelmittelpunkt, entstehen Körper, die näherungsweise „Pyramiden“ mit der Höhe R sind. Berechnet man das Volumen aller dieser „Teilpyramiden“ und bildet deren Summe, erhält man das Kugelvolumen.

Für das Volumen einer Pyramide mit Grundfläche G und Höhe h gilt $V_{Py} = \frac{1}{3} G \cdot h$. Unsere „Teilpyramiden“ haben alle die Höhe R. Für die Summe aller Volumina gilt daher $V_{Kugel} = \frac{1}{3} O_{Kugel} \cdot R = \frac{4}{3} \pi \cdot R^3$. Daraus ergibt sich unmittelbar

Satz 5.5: Der Flächeninhalt der Oberfläche einer Kugel (Radius R) ist $O_{Kugel} = 4\pi R^2$.

Die Schwierigkeit bei der Berechnung der Oberfläche einer Kugel rührt daher, dass man die Sphäre nicht in die Ebene abwickeln kann, wie wir es in 4.3.1 bei einem Zylinder machten und wie es auch bei einem Kegel möglich ist. Dies kann hier nicht weiter begründet werden[1]. Man muss für ein ebenes Bild der ganzen Sphäre deshalb eine andere Überlegung verwenden. Das Problem ist bei der Abbildung eines Globus' besonders deutlich. Beispiel 5.5 zeigt als Anwendung von Raumüberlegungen Lösungsansätze für dieses Problem einer „Weltkarte“, das für die Geographie interessant ist.

[1] Es wird in einer Teildisziplin der Mathematik bewiesen, die „Differentialgeometrie“ heißt.

Beispiel 5.5: Die Grundideen der Weltkarten (**Kartennetzentwürfe**)

Wenn man eine Landkarte herstellen will, kann man den Normalriss auf eine Tangentialebene im Mittelpunkt des gesuchten Ausschnitts nehmen und verkleinern. Will man den ganzen Globus (deshalb „Weltkarte" oder „Erdkarte", mit Koordinatennetz, daher „Kartennetzentwürfe") abbilden, hilft eine Parallelprojektion nicht, weil man damit nur die Hälfte der Oberfläche erfasst. Man nutzt deshalb Zentralprojektionen. Da man als Ergebnis eine ebene Karte will und da ein Zylinder- bzw. Kegelmantel unverzerrt in die Ebene abgewickelt werden kann, verwendet man als Projektionsflächen eine Ebene oder einen Zylinder- bzw. Kegelmantel. Die Lage der Projektionsflächen und das Projektionszentrum kann man wählen. Hier werden nur die Grundideen solcher Abbildungen dargestellt.

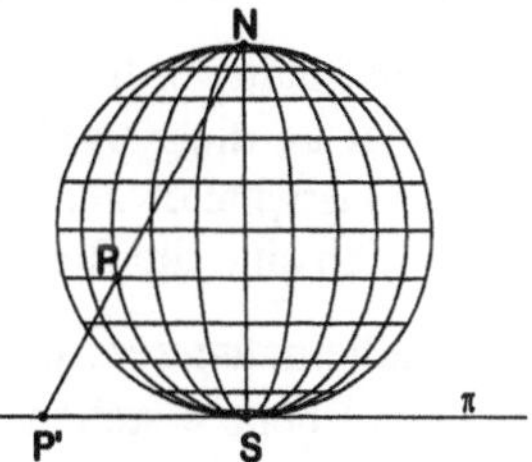

Fig. 5.9 a

Fig. 5.9 a deutet die Projektion aus dem Nordpol N auf die Tangentialebene im Südpol S an (**stereographische Projektion, azimutale Abbildung**). Bilder der Breitenkreise werden Kreise, weil diese Kreise in Hauptebenen liegen. Bilder der Meridiane werden Geraden durch den Fixpunkt S, weil diese Kreise in Ebenen liegen, die das Projektionszentrum N enthalten. Man könnte auch Parallelebenen zu π, insbesondere die Äquatorebene, als Bildebene nehmen.

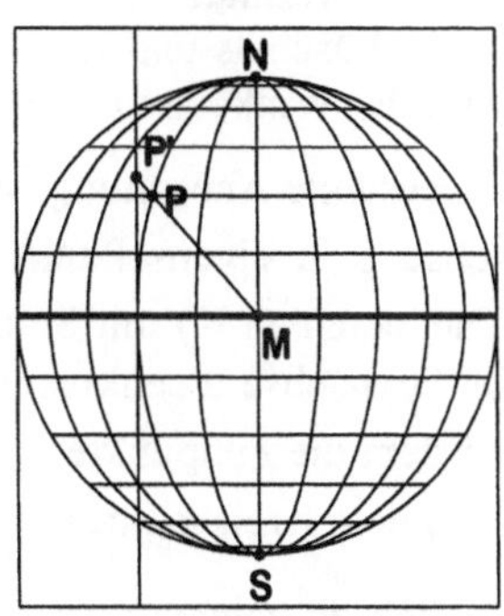

Fig. 5.9 b

Fig. 5.9 b deutet die Projektion aus dem Kugelmittelpunkt M auf den Zylinder an, der den Globus längs des Äquators berührt (**Zylinderabbildung**). Man könnte einen beliebigen Berührkreis wählen oder den Zylinder auch die Kugel schneiden lassen. Die Zylinderachse muss aber durch M gehen. Der bekannte Landkartenentwurf nach MERCATOR[2] ist ein Zylinderentwurf, wie er hier beschrieben wurde.

Fig. 5.9 c deutet die Projektion aus dem Südpol auf einen Kegelmantel an, der den Globus längs eines Breitenkreises berührt (**Kegelabbildung**). Man könnte eine beliebige Lage des Berührkreises wählen oder sogar den Kegel den Globus schneiden lassen. Die Kegelachse muss aber durch den Kugelmittelpunkt gehen.

Aufgabe 5.3: a) Was stimmt bei den Zylinder- bzw. Kegelabbildungen mit der Zentralprojektion aus Teil 2.2.2 überein und was ist anders?

b) Wo kann das Projektionszentrum liegen?

c) Was sind bei diesen Abbildungen Bilder der Breitenkreise bzw. der Meridiane?

d) Konstruieren Sie für die Zylinderabbildung das Bild der Längen- und Breitenkreise im Bereich 0° bis 75° nördlicher Breite.

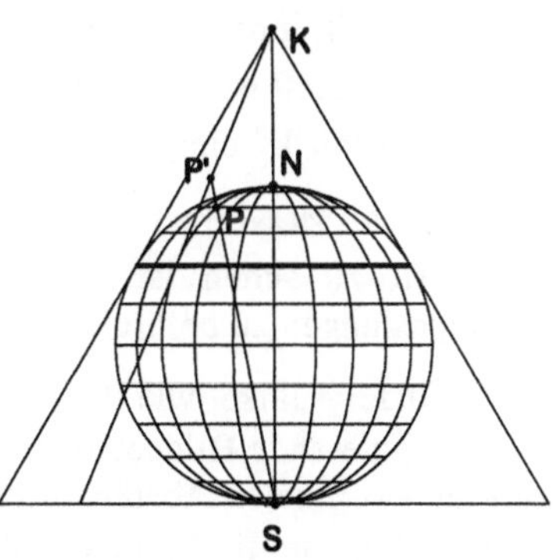

Fig. 5.9 c

[2] Beschrieben von GERARDUS MERCATOR (GERHARD KREMER), 1512 – 1594, mathematisch begründet von NICOLAUS MERCATOR (NIKLAUS KAUFMANN), 1619 – 1687.

5.3 Anwendungen

5.3.1 Räumliches Denken bei einem Gasbehälter

In diesem Anwendungs-Teil soll keine neue Theorie entwickelt werden. Zweck dieser Darstellung ist vielmehr, raumgeometrische Überlegungen aus früheren Teilen zusammenzufassen und im Umfeld der Kugel, dem anspruchsvollsten Bereich der Raumgeometrie, der üblicherweise in der Schule behandelt wird, anzuwenden. Dort sollen Fragen zur Situation im Raum und deren Abbildung in die Ebene geklärt werden – kurz: es geht um räumliches Denken und Anwenden der Überlegungen bei einer Kugel.

In vielen Städten gibt es kugelförmige Gasbehälter. Diese Gasbehälter werden meist von tangential an die Kugel anliegenden Stützen gehalten. Wir wollen überlegen, wie man diesen Gasbehälter zeichnen (frei Hand skizzieren oder Konstruieren des Bildes) kann. Wesentlich sind die Raumüberlegungen, weniger ist es die Konstruktion.

Wir mathematisieren: Der Gasbehälter (Kugel K mit Mittelpunkt M) soll auf einer horizontalen Ebene ε stehen. Zunächst gehen wir von sechs in vertikalen Ebenen liegenden Stützen (Strecken bzw. deren Trägergeraden s_1 bis s_6 – kurz s_i, wenn alle gemeint sind) aus. Die vertikale Gerade a durch den Kugelmittelpunkt ist dann Trägergerade eines Ebenenbüschels und jede Stütze spannt mit a eine Büschelebene auf. Bei sechs Stützen misst der Winkel zwischen zwei Nachbarebenen je 60°.

Die gesamte Anordnung ist zu a drehsymmetrisch. Deshalb schneiden alle Geraden s_i die Achse a in einem Punkt Z. Die Geraden s_i sind Erzeugenden des Tangentenkegels (Tangenten an K) mit Spitze Z. Wegen der Drehsymmetrie ist dies ein Drehkegel. Weil die Drehachse a senkrecht zu ε ist, schneidet der Tangentenkegel ε in einem Kreis k_1, auf dem die Fußpunkte F_i liegen. Entsprechend liegen die Berührpunkte B_i von s_i mit K auf einem Kreis k_2, der parallel zu k_1 verläuft.

Einfach zu zeichnen ist ein Aufriss der gesamten Anordnung. Wir wählen den Kugelradius, den Abstand der Ebene ε von K und den Radius von k_1 frei. Die Lage von k_2 (im Aufriss wie k_1 projizierend) ergibt sich eindeutig, da die Stützen-Geraden Tangenten sind. In Fig. 5.10 ist rechts der Aufriss gezeichnet, in dem auch die Schnittpunkte S_i der Geraden s_i mit k_1 eingezeichnet sind. Die Schnittpunkte S_i erhält man mit Hilfe eines Seitenrisses (MONGE'sche Drehung parallel zur Grundrissebene nach k_1^{IV}), in dem k_1 unverzerrt zu sehen ist. Bei den Bezeichnungen wird in der Figur, wenn keine Verwechslungen zu befürchten sind, auf Projektionszeiger (", "' usw.) verzichtet.

Fig. 5.10 zeigt links, wie die räumliche Anordnung mit einer Normalprojektion auf eine zweitprojizierende Bildebene π abgebildet wird. Die Maße für die Normalprojektion der im Raum vertikalen Abstände werden nach links übertragen. Der Hilfsriss wird in zugeordneter Lage in die Bildebene gelegt. Da der Neigungswinkel α von π gegen die Vertikale fest ist, werden die Höhen alle mit cos α (vgl. Teil 3.2.1) multipliziert. Insbesondere ist die (in der Realität nicht vorhandene, das Denken aber unterstützende) Kegelspitze Z eingezeichnet.

Beispiel 5.6: Wie sieht der Gasbehälter nun aus?

In Fig. 5.10 sind die Überlegungen, die wir angestellt haben, umgesetzt.

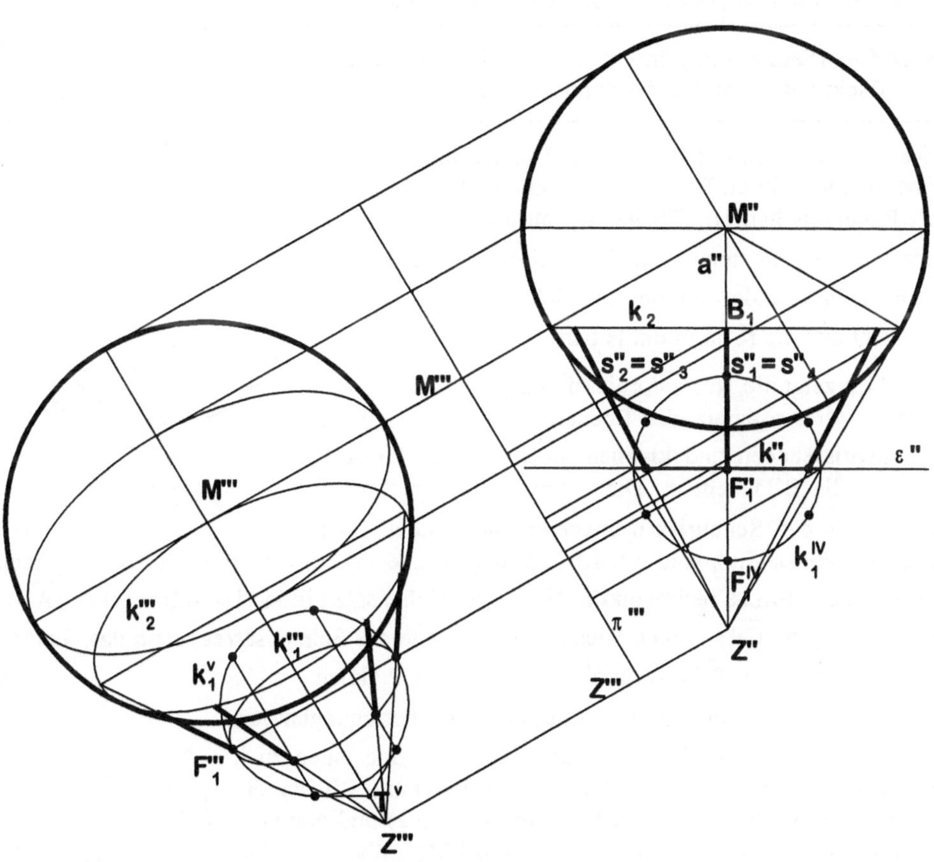

Fig. 5.10

Aufgabe 5.4: In Wirklichkeit sind nicht sechs Stützen in vertikalen Ebenen, sondern 12 Stützen vorhanden, die die Kugel in den Punkten B_i berühren und in den durch s_i und k_2 bestimmten Tangentialebenen τ_i liegen. Die Ebenen τ_i schneiden die Standebene ε in den Geraden t_i. Zwei benachbarte Geraden t_i und t_j haben in ε einen Schnittpunkt. Als ein Vertreter für diese Schnittpunkte ist in Fig. 5.10 T (als T^V) eingezeichnet. Insgesamt entstehen so sechs Punkte T_i, die auf einem Kreis liegen. Die zwölf Stützen verlaufen von jedem Punkt B_i zu den beiden zugehörigen Punkten T_i. Beschreiben Sie mit Worten, wie die „schrägen" Stützen gezeichnet werden können.

Aufgabe 5.5: Geben Sie Beispiele dafür an, wo solche Körper – eine Kugel mit einem (möglichst wie hier tangential) anschließenden Kreiskegel – vorkommen.

5.3.2 Kugeln als Denkhilfe

Räumliches Denken im Zusammenhang mit Kugeln kann bei Problemen als Denkhilfe herangezogen werden, bei denen Kugeln zunächst keine Rolle spielen.

Satz 5.6: (Sehnensatz) In einem Kreis k ist für alle Sehnen durch einen inneren Punkt P das Produkt der durch P festgelegten Sehnenabschnitts-Längen gleich.

Beweis: In einer Ebene ε seien k, P und zwei beliebige Sehnen u und v durch P gegeben. K sei die Halbkugel, die k als Randkreis hat. Die Ebenen ε_1 und ε_2 senkrecht zu ε durch u und v schneiden K in Halbkreisen a und b. ε_1 und ε_2 schneiden einander in einer Geraden, die in P senkrecht auf ε steht und die K im Punkt H trifft.

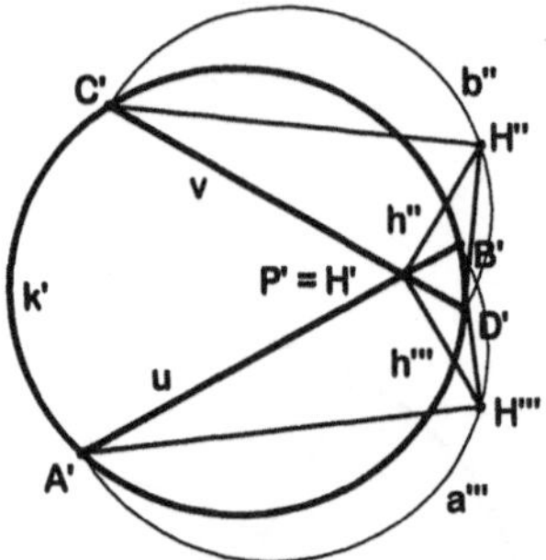

Fig. 5.11 a

Fig. 5.11 a zeigt die Normalprojektion auf ε als Grundrissebene. Die erstprojizierenden Ebenen ε_1 und ε_2 deuten wir als Seitenrissebenen und klappen die Schnitthalbkreise a und b in die Bildebene ε. Die erstprojizierende Strecke $\overline{PH}$ wird in den Seitenrissen unverzerrt abgebildet. Da a und b Halbkreise sind, sind ΔAHB und ΔCHD (und ihre unverzerrten Seitenrisse) nach dem Satz des THALES rechtwinklig. Nach dem Höhensatz gilt in diesen Dreiecken $|\overline{AP}| \cdot |\overline{PB}| = |\overline{PH}|^2 = |\overline{CP}| \cdot |\overline{PD}|$. Dies ist die Aussage des Sehnensatzes, denn das Quadrat der Höhenlänge $h = |\overline{PH}|$ ist für alle Sehnen durch P gleich. ■

Wir betrachten als Verallgemeinerung unserer Überlegungen von A ausgehende Sehnen $\overline{AB}$ auf u und $\overline{AC}$ auf v und einen zu k konzentrischen Kreis l durch P. Bezüglich l sind u und v Sekanten, auf denen je zweimal eine Strecke p (im Kreisring) und einmal q (innerhalb von l) auftreten. Wo immer P auf l liegt, die Höhe über P hat stets die Länge h. Analog zum Beweis des Sehnsatzes gilt nun $|p| \cdot |p + q| = |\overline{PH}|^2$, das Produkt ist also für alle von A ausgehenden Sekanten, die l schneiden, konstant. Die ganze Überlegung gilt selbst für den Grenzfall, dass die Gerade durch A den Kreis l in einem Punkt berührt (Tangente ist). Es gilt

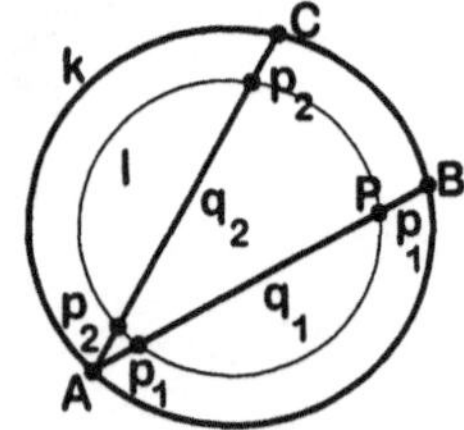

Fig. 5.11 b

Satz 5.7: Sätze mit Sekanten

a) **(Sekantensatz)** Schneiden sich zwei Sekanten eines Kreises l in einem Punkt A außerhalb von l, so sind die Produkte der Längen der in A beginnenden Sekantenabschnitte gleich.

b) **(Sekanten-Tangenten-Satz)** Schneiden sich eine Sekante und eine Tangente eines Kreises l in einem Punkt A, so ist das Produkt der Längen der in A beginnenden Sekantenabschnitte gleich dem Quadrat der Länge des Tangentenabschnitts.

Beispiel 5.7: Rechtwinklige Dreiecke in einem quaderförmigen Behälter

Wir haben einen genügend hohen quaderförmigen Behälter und rechtwinklige Dreiecke. Deren Hypotenusen c haben die gleiche Länge wie die Diagonale d des Behälterbodens. Ein Dreieck wird so in den Behälter gelegt, dass c auf d und eine Kathete in einer Seitenwand liegt. Was ist der geometrische Ort aller Scheitel dieser rechten Winkel?

Zuerst denkt man nur an ein einziges Dreieck – und findet keinen Zugang zu einer Lösung. Denkt man in einer Ebene aus dem Büschel mit der Geraden durch c = d als Trägergeraden, kann man überlegen, wo dort die Scheitel der rechten Winkel liegen können. Nach der Umkehrung des THALES-Satzes muss der Scheitel auf dem Kreis liegen, dessen Durchmesser c ist. Man erkennt aber nicht, wo dieser THALES-Kreis die Seitenwände überall trifft. Überlegt man dagegen dynamisch, was passiert, wenn man alle denkbaren Ebenen betrachtet, kann man den Sachverhalt beschreiben:

In jeder Ebene des Büschels liegt ein THALES-Kreis gleicher Größe, weil der Durchmesser immer c = d ist. Dreht man diese Ebene um die Büschelgerade, so überstreichen die THALES-Kreise eine Kugel K, von der nur die Halbkugel oberhalb der Grundfläche interessiert. Da die Scheitel der rechten Winkel auf dieser Halbkugel und auf den Seitenwänden des Behälters liegen, ist die Frage nach dem geometrischen Ort nun zu beantworten: Die Scheitel der rechten Winkel liegen auf den vier Schnitt-Halbkreisen der oberen Halbkugel mit den Seitenwänden.

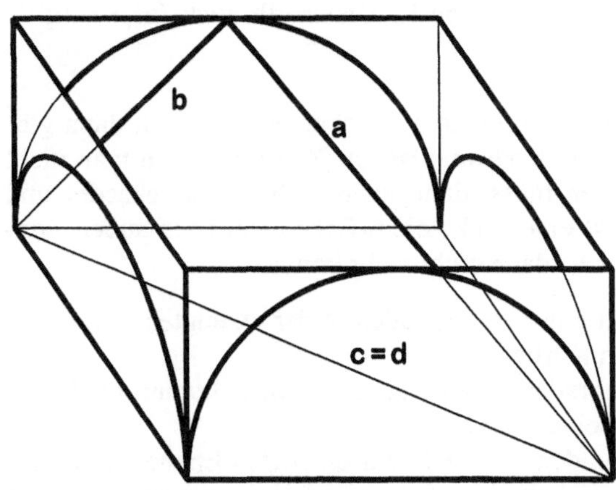

Fig. 5.12

Fig. 5.12 zeigt den Sachverhalt in einem Schrägriss. Der Quader ist als oben offen dargestellt. Das Dreieck, mit den Seiten a, b und c, das in der hinteren Ebene im höchsten Punkt des Schnitt-Halbkreises den Scheitel seines rechten Winkels hat, ist eingezeichnet. Es mag verblüffen, dass dieses Dreieck offensichtlich niemals gleichschenklig ist.

Beispiel 5.8: Ein Ausblick

Umgangssprachlich sagen wir: „Die Sonne bewegt sich am Himmel von Osten nach Westen“, obgleich wir wissen, dass sich die Erde und nicht die Sonne bewegt. Der Hintergrund ist, dass wir mit einem Denkmodell, bei dem wir die Sonne (analog den Mond bzw. die Sterne) auf eine große Himmelskugel projizieren, in deren Mittelpunkt die Erde ist, viele Phänomene gut beschreiben können. In diesem Modell kann man die Frage stellen, wann (Uhrzeit) wo (am Horizont) und wie (Richtung steil oder eher flach zum Horizont) an einem bestimmten Tag an einem bestimmten Ort die Sonne untergeht[3]. Die zur Beantwortung notwendigen geometrischen Kenntnisse sind hier alle bereitgestellt.

[3] Diese Idee verdanke ich H. - G. BIGALKE.

6 Lösungshinweise zu den Aufgaben

6.1 Aufgaben aus Kapitel 1

Aufgabe 1.1: Wo möglich, ist ein Beispiel für eine Gerade mit und ohne Würfelkante gegeben. Überlegen Sie jeweils auch eine Begründung!
a) (AB), (BC), (CD), (DA), (AE), (BF), (CG), (DH), (EF), (FG), (GH), (HE).
b) (AB) || (CD), (AF) || (DG) usw.
c) (AB) und (BC), (AF) und (BE), (AG) und (DF).
d) (AB) und (CG), (AF) und (CH), (BE) und (AG).

Aufgabe 1.2: Beispiele (ohne Angabe, welche Festlegung zutrifft) sind: Tennisnetz zwischen zwei Pfosten, Tischtennisplatte auf zwei Böcken, Surfbrettsegel, Boden einer Schublade, 3-m-Sprungbrett. Beispiele, die nicht zu Satz 1.2 passen, sind: Fahrrad-Hinterrad, Lenkrad eines Autos.

Aufgabe 1.3: Mit den Bezeichnungen aus dem Beispiel 1.3 gilt: Wenn man statt P einen anderen Punkt P_1 als Schnittpunkt von der Parallelen h_2 zu h und g genommen hätte, hätte man die gleiche Ebene $(gh_1) = (gh_2)$ erhalten, weil h_1 und h_2 zueinander parallel sind (g, h_1 und h_2 liegen alle in dieser Ebene). Wenn man die gleiche Ebene erhalten hätte, hätte auch das Lot l_2 die gleiche Richtung wie l_1. Daher gilt auch $(gl_1) = (gl_2)$. Somit ist schließlich $\{Q\} = (gl_1) \cap h = (gl_2) \cap h$.

Aufgabe 1.4: Wenn verschiedene Sorten von regulären n-Ecken erlaubt sind, dann gibt es noch viele weitere Körper, z. B. die sog. **Archimedischen Körper**. Wenn man nicht jede Ecke in jede andere bewegen können muss, dann kann es beim Dodekaeder und beim Ikosaeder sein, dass an (mindestens) einer Ecke die n-Ecke nicht nach außen, sondern nach innen geneigt sind: Der Körper ist dann nicht mehr konvex.

Aufgabe 1.5: a) Ein Geradenbüschel mit einer Hilfsgeraden in der erzeugten Ebene findet man z. B. an Böden von geflochtenen Körben.
b) Ein Parallelenbüschel mit einer Hilfsgeraden in der erzeugten Ebene kommt bei Bahnschranken, Dachlatten, Geweben (z. B. Leinen) usw. vor.
c) Ein Geradenbüschel mit einer Hilfsgeraden senkrecht zur erzeugten Ebene kommt bei Speichen eines Wagenrades bzw. bei Speichen eines Fahrzeug-Lenkrads oder bei einem Papierschirm (als Eisbecher-Dekoration), wenn er ganz aufgespannt ist, vor.

Aufgabe 1.6: a) Man geht aus von einer Ebene ε und einer ε schneidenden Geraden g. Durchstoßpunkt sei P. Nun verschiebt man ε so zu sich selbst derart parallel, dass P auf g läuft.
b) Zwei Ebenen gehören immer zu einem Büschel, deshalb sind solche Beispiele trivial. Drehtüre, Türe in Bewegung, aufgeblättertes Buch, Rad eines Raddampfers usw., aber auch die Zimmerdecken-Ebenen eines mehrgeschossigen Hauses (Parallelbüschel) usw.

Aufgabe 1.7: Zwei Wandebenen und die Boden- bzw. Deckenebene, die in einer Zimmerecke zusammenstoßen; Ebenen, die die Ventilatorblätter oder Windmühlenflügel durchlaufen; Ebenen, die ein (eben gedachtes) Ruderblatt beim Rudern durchläuft; usw.

6.2 Aufgaben aus Kapitel 2

Aufgabe 2.1: Es folgen Beispiele, die mit DGS erstellt wurden.

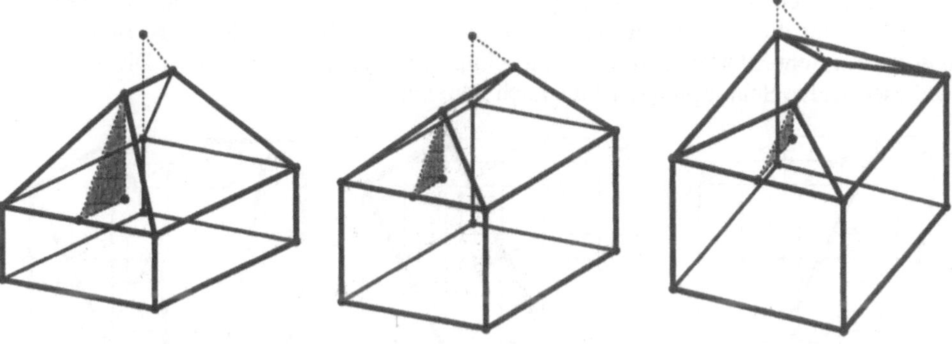

Fig. 6.2.1 a Fig. 6.2.1 b Fig. 6.2.1 c

Aufgabe 2.2: Für die Lösung macht man erst je eine neue Figur, in der alle Linien gleich dünn eingezeichnet sind (Zwischenschritt). Dies ist rechts für die Aufgabe a) ausgeführt. Erst dann sollte man durch dickeres Nachzeichnen die Untersicht herstellen.

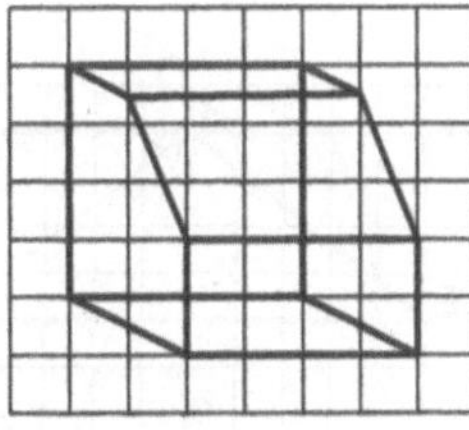

Fig. 6.2.2 a

Die Lösungen sind unten dargestellt. Es fällt auf, dass der Umriss der Figur jedes Mal dick ausgezeichnet ist: Der Umriss einer Figur ist immer sichtbar. Dabei spielt es keine Rolle, ob man Unter- oder Obersicht verwendet.

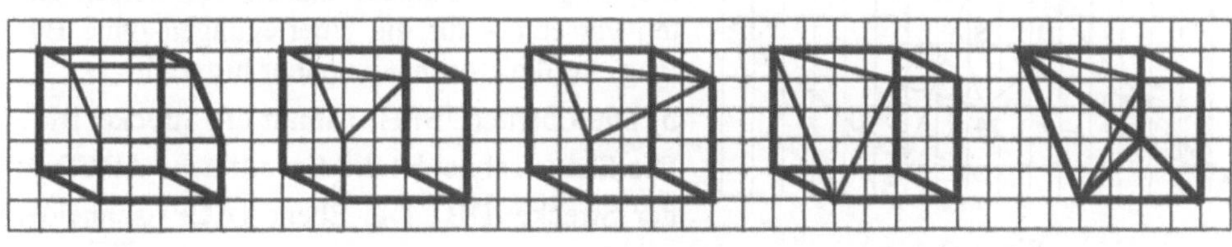

Fig. 6.2.2 b Fig. 6.2.2 c Fig. 6.2.2 d Fig. 6.2.2 e Fig. 6.2.2 f

Die in b), c), und d) in Untersicht dargestellten Körper stimmen mit den ursprünglich gezeichneten Körpern überein (weil sie eine „passende" Symmetrie haben), die in e) und f) dargestellten Körper sind zu dem entsprechenden Körper in Obersicht ebenensymmetrisch (wie linker Schuh und rechter Schuh).

Aufgabe 2.3: In den Figuren 6.2.3 auf der nächsten Seite werden nacheinander die Schnittfläche des linken Sägeschnitts (die Schnittfigur ist im Raum und im Bild ein Trapez; die Deckfläche und Bodenfläche des Würfels sind zueinander parallel, die Schnittlinien mit der Schnittebene müssen also auch zueinander parallel sein; dann ist auch das Bild wegen der Parallelentreue ein Trapez) und die Schnittfläche des Würfels mit der zweiten Sägeebene eingezeichnet. Die Schnittfigur ist im Raum ein Rechteck (ein Parallelogramm, weil die Vierecksseiten paarweise in Würfel-Gegenflächen liegen; die Würfelkante rechts oben steht senkrecht auf der Vorderfläche und der hinteren Fläche, also senkrecht auf allen Geraden in diesen Flächen; deshalb entsteht z. B. im Endpunkt vorne oben ein rechter Winkel). Die Figur rechts zeigt schließlich den gesuchten Körper. Der Schnittpunkt der beiden Sägeebenen in der hinteren Ebene ist leicht zu finden, da man dort zwei Schnittlinien kennt. Analog schließt man in der Grundebene. Die Verbindung dieser beiden Schnittpunkte ist die noch fehlende Kante.

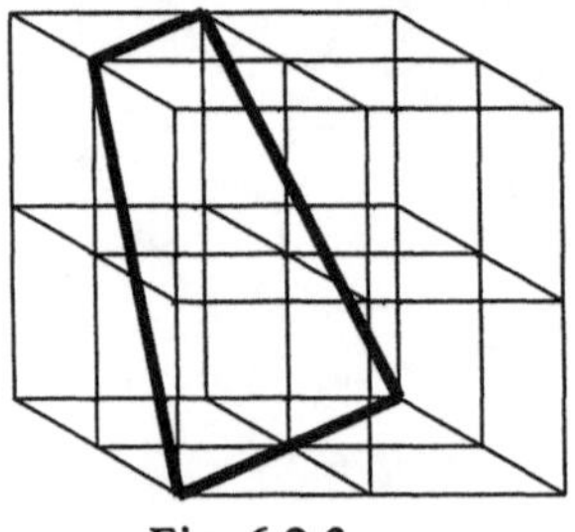

Fig. 6.2.3 a

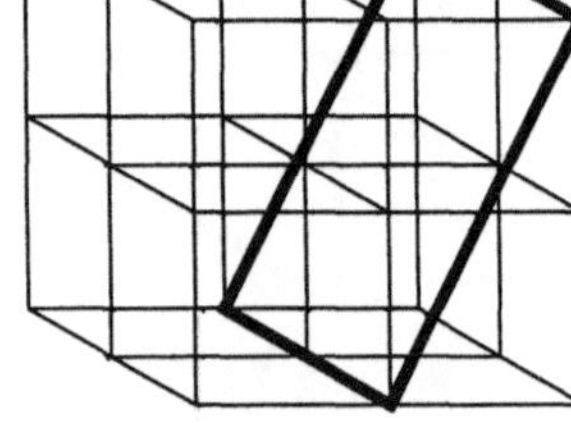

Fig. 6.2.3 b

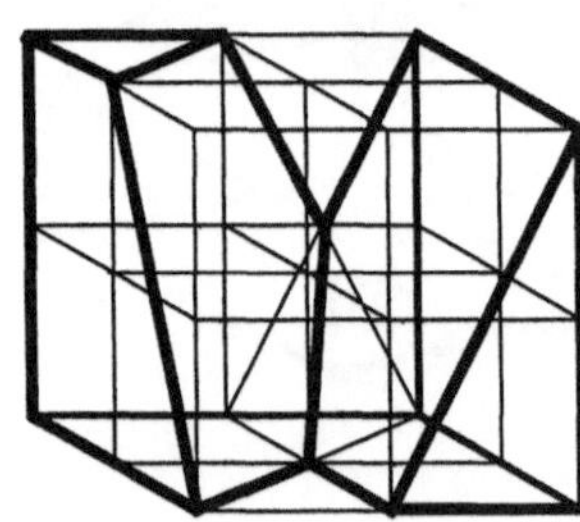

Fig. 6.2.3 c

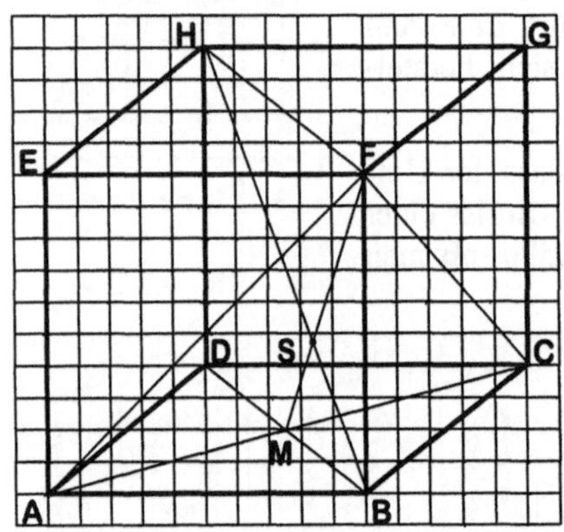

Fig. 6.2.4

Aufgabe 2.4: a) Zur Lösung zeichnet man unter Nutzung des Karorasters den Würfel. Bei der Konstruktion von S zeigt sich, dass die Angaben der Aufgaben für den Kavalierriss bei der Lösung nicht sehr günstig sind. Das Bild von S liegt auf dem Bild von CD. Deshalb ist in der Fig. 6.2.4 der Punkt D gegenüber der ursprünglichen Angabe um ein Karo nach unten versetzt – für die Überlegungen ohne Belang, für die Anschauung aber hilfreich.

b) Die Ebene (DBFH) enthält die Strecke $\overline{BH}$. Die Ebene schneidet die Grundfläche ABCD in der Strecke $\overline{DB}$. Die Ebene (ACF) schneidet die Grundfläche ABCD in der Strecke $\overline{AC}$. Der Schnittpunkt M dieser beiden Strecken ist also ein Punkt der Schnittgeraden der beiden Ebenen. Außerdem gehört F zu beiden Ebenen, ist also auch ein Punkt der Schnittgeraden. Damit ist S als Schnitt von $\overline{BH}$ mit $\overline{FM}$ der gesuchte Schnittpunkt.

c) Das Rechteck DBFH hat die Seitenlängen 5 und $5\sqrt{2}$ (Kante des Würfels und Diagonale einer Würfelfläche). Wegen der Symmetrie des Würfels zur Ebene (DBFH) genügt es zu zeigen, dass der Winkel ∠(BSF) 90° misst. Für diese Orthogonalität sollen drei verschiedene Begründungen angedeutet werden:

1. Die ΔMBF und ΔHDB sind zueinander ähnlich (Rechter Winkel und Seitenverhältnisse). Dann sind die Winkel ∠(BFM) und ∠(DBH) gleich groß und ∠(BFM) und ∠(FMB) ergänzen einander zu 90°. Damit müssen ∠(MSB) und ∠(BSF) je 90° messen. Somit steht (HB) senkrecht auf (MF) in (ACF).

2. Strahlensatz mit Zentrum S, weil HF und MB zueinander parallel sind. $\overline{BS}$ ist halb so lang wie $\overline{SH}$. Deshalb teilt S $\overline{BH}$ im Verhältnis 2 : 1. Man kann die Längen berechnen. Die Umkehrung des Satzes des PYTHAGORAS anwenden!

3. Man kann ein geeignetes Koordinatensystem wählen und Steigungen betrachten.

Aufgabe 2.5: Hier ist ein Haus mit Walmdach gewählt. Man betrachtet zuerst alle Projektionsstrahlen durch die vertikale Hauskante unter P. Sie erzeugen eine Projektionsebene σ, die die Standebene ε des Hauses in einer Geraden schneidet, von der man den Durchstoßpunkt P^s des Projektionsstrahls s durch den Punkt P mit ε und den unteren Endpunkt der Hauskante kennt. Die Verbindungsstrecke kann man einzeichnen (für die Bezeichnungen vgl. Fig. 6.2.5). Die Hauskante, die Strecke $\overline{PP^s}$ und diese Verbindungsstrecke bilden ein Dreieck, das außer für P (in Fig. 6.2.5 stets mit zwei gestrichelten Seiten dargestellt) für jeden Endpunkt einer Hauskante eingezeichnet werden kann.

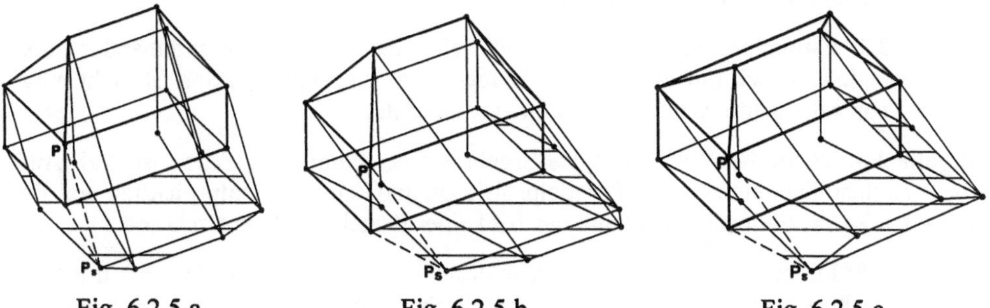

Fig. 6.2.5 a Fig. 6.2.5 b Fig. 6.2.5 c

Wegen der Parallelen- und der Mittelpunktstreue der Parallelprojektion (es ist günstig, sie jetzt für die Überlegung heranzuziehen) kann man das Bild der Mittelparallelen der Bodenfläche als Mittelparallele des Bilds der Bodenfläche (des gezeichneten Parallelogramms) bestimmen. Die Mittelparallele der Grundfläche trifft die Lote von den Firstendpunkten auf die Grundfläche (parallel zu den Hauskanten) je in einem Punkt, deren Bilder als Schnittpunkte der Bilder der Lote mit dem Bild der Mittelparallelen konstruierbar sind. Für diese fiktiven im Raum vertikalen Kanten kann man Dreiecke analog zu denen zu den Hauskanten konstruieren. Nicht der Schatten der (ja am Objekt nicht vorhandenen) Kanten ist von Interesse, sondern nur der Schatten der Endpunkte dieser vertikalen Kanten, die zugleich Endpunkte des im Raum horizontalen Firsts sind. Auf diese Weise ist – als Verbindung dieser Schattenpunkte – der Schatten des Firsts zu konstruieren. Je nach der gewählten Axonometrie legen unterschiedliche Hauskanten-Schatten und First-Schatten die Schattengrenze fest. In Fig. 6.2.5 b und c ist der Schatten der Hauskante rechts vorne keine Randlinie. Die außerdem konstruierten Schattenpunkte der First-Endpunkte liegen bei den gewählten Walmdach-Höhen in Fig. 6.2.5a und b außerhalb der Schattengrenze des Grundquaders (weil das Dach hoch genug ist bzw. weil die Sonne flach genug steht). Die Schattenfläche des Hauses wird hier also erweitert. In Fig. 6.2.5 c liegt der Schatten des Firsts nicht außerhalb des Schattens des Hausquaders. Die Schattenfläche ist in Fig. 6.2.5 (auch dort, wo sie vom ja nicht „durchsichtigen“ Haus verdeckt wird) horizontal schraffiert.

Aufgabe 2.6: Sonnenstand und Schattenlänge

a) In Fig. 6.2.6 ist allgemein abzulesen, dass für s, h und α der Zusammenhang h : s = cot α gilt. Aus s = 7 m und α = 30° folgt dann h ≈ 12,10 m. Vgl. auch Teil 3.2.

b) Wenn h = 1 m und α = 7,2° sind, errechnet sich die Schattenlänge zu s ≈ 12,6 cm.

c) Wenn α = 7,1° gilt, dann errechnet man (mit dem Taschenrechner) s = 12,456 cm. α = 7,2° führt entsprechend auf s = 12,633 cm. Die Schattenlänge muss bei einer Stablänge von 1 m also auf etwa 2 mm genau gemessen werden.

d) Es ist eher unwahrscheinlich, dass so genau gemessen werden konnte. Noch unsicherer sind die Messung der Entfernung von Alexandria nach Syene und der Umrechnungsfaktor zwischen Stadien und Kilometer.

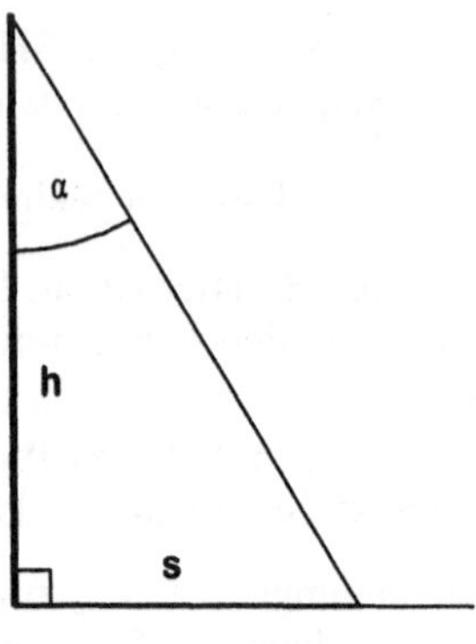

Fig. 6.2.6

Aufgabe 2.7: Parallelprojektionen wären möglich. Man denkt an die aufeinander senkrecht stehenden Achsen mit gleichen Maßstäben. Eine Normalprojektion ist nicht möglich, weil sonst die dritte Achse projizierend sein müsste.

Aufgabe 2.8: Wenn das Würfelbild das Ergebnis einer Parallelprojektion ist (vgl. Aufgabe 2.7), dann liegt eine schiefe Parallelprojektion und keine Normalprojektion vor. Bei einer schiefen Parallelprojektion kann das Bild einer Kugel aber kein Kreis sein.

Aufgabe 2.9: Für α = 60° entsteht als Giebeldreieck ein gleichseitiges Dreieck mit 5 cm Seitenlänge, für α = 45° ein rechtwinklig-gleichschenkliges Dreieck mit 5 cm Kathetenlänge. Im Unterschied zum Beispiel 2.16 ist hier nicht der Abstand der Höhenlinien voneinander, sondern realistisch die Höhenkote (in 1-cm-Stufen) vorgegeben. Die Figur 6.2.9 a zeigt die Lösung für 60°, die Fig. 6.2.9 b für 45°.

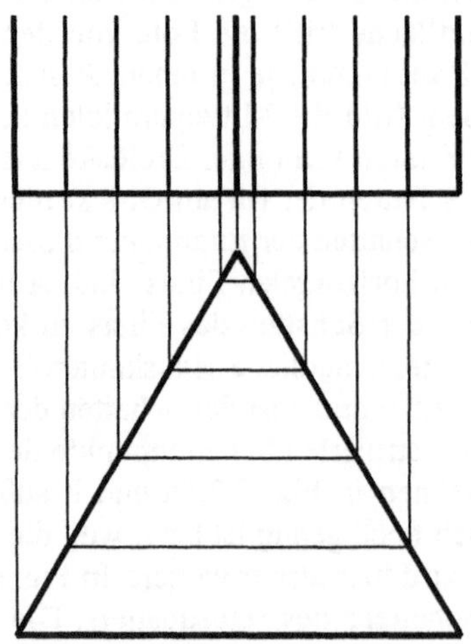
Fig. 6.2.9 a

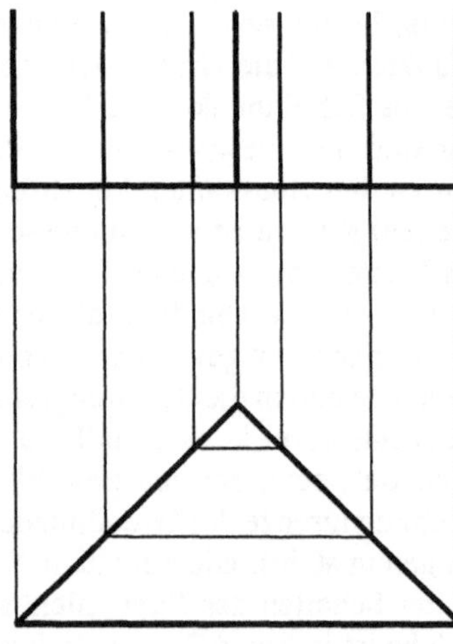
Fig. 6..2.9 b

Aufgabe 2.10: In Fig. 6.2.10 a ist gezeichnet, wie das Verkehrszeichen für die abknickende Vorfahrt an der Stelle A angebracht ist. Eine gedachte MONGE'sche Drehung legt das Verkehrszeichen sozusagen auf die Mitte der Kreuzung – es enthält stilisiert einen verkleinerten Grundriss der Kreuzung. In Fig. 6.2.10 b ist (wie in einem Stadtplan-Grundriss) eingezeichnet, wie die Vorfahrtsstrasse verläuft und wo die Ecken A, B, C und D sind. Das Verkehrszeichen mit diesem Verlauf muss man nun – nacheinander in den Standorten B, C und D – nur wieder durch eine gedachte MONGE'sche Drehung – von der horizontalen Lage auf der Kreuzung in die vertikale Lage des an dieser Stelle zu montierenden Verkehrszeichens bringen. Die Lösungen für die Punkte B, C und D (in dieser Reihenfolge) sind den in Fig. 6.2.10 c, d und e nacheinander angegeben.

Fig. 6.2.10 a

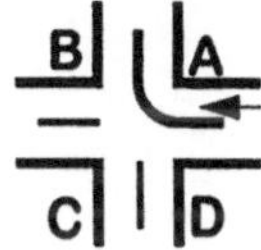

Fig. 6.2.10 b

Fig. 6.2.10 c

Fig. 6.2.10 d

Fig. 6.2.10 e

Aufgabe 2.11: a) In Fig. 6.2.11 sind die Koordinatensysteme für den Grund- und Aufriss so gelegt, dass man die Lage auch als Ergebnis einer MONGE'sche Drehung um die y-Achse deuten kann. Grund- und Aufriss der Punkte können dann mit Hilfe der Koordinaten sofort gezeichnet werden. Die Dreiecksseiten werden ergänzt.

b) Zur Bestimmung der wahren Gestalt durch Paralleldrehen geht man folgendermaßen vor:

Durch A zeichnet man eine 1. Hauptlinie h – zuerst ihren Aufriss horizontal durch A", dann durch A' und den Schnittpunkt von h' mit B'C' (senkrecht unter h" $\cap$ (B"C")).

Wenn man das Dreieck um diese Hauptlinie dreht, bewegen sich die Punkte B und C auf Kreisen, für die h die Achse ist. Die Kreise werden daher im Grundriss als Strecken abgebildet, die senkrecht auf h' durch die jeweiligen Punkte gehen.

Man ergänzt für B' und C' jeweils das Stützdreieck. Die horizontale Kathete ist im Grundriss unverzerrt, die vertikale im Aufriss – sie wird in den Grundriss übertragen. Die Länge der Hypotenuse gibt den Radius des Bahnkreises. Er ist in der gedrehten Lage in wahrer Größe zu sehen. So erhält man B° und C°. Die gedrehte Lage von ΔABC ist ΔA°B°C°.

c) Die größte Kugel, die gerade durch einen Durchbruch der Form des Dreiecks ABC passt, ist so groß, dass sie in der Grenzlage den Inkreis des Dreiecks A°B°C° vollständig ausfüllt: Wäre die Kugel kleiner, könnte man sie bis zu diesem Maß vergrößern – wäre sie größer, würde das Hindurchschieben am dann zu kleinen Inkreis scheitern. Dieser Inkreis ist in Fig. 6.2.11 mit Hilfe zweier Winkelhalbierender und eines Lots konstruiert. Sein Radius ist – der Zeichnung entnommen – 1,5 cm.

Die Konstruktion ist in Fig. 6.2.11 auf der nächsten Seite dargestellt.

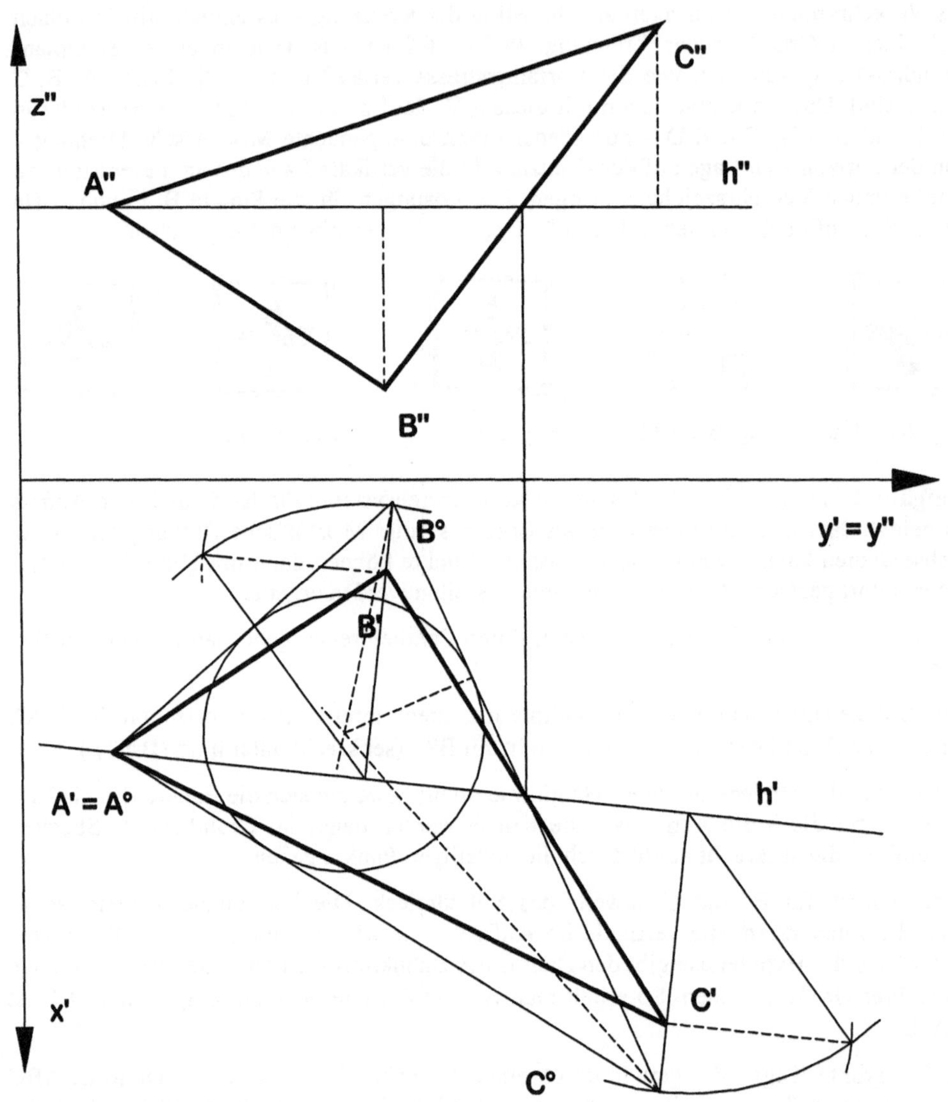

Fig. 6.2.11

6.3 Aufgaben aus Kapitel 3

Aufgabe 3.1: Einen möglichen Militärriss zeigt Fig. 6.3.1 a. Die x- bzw. y-Achse ist hier gegen die Horizontale um 30° bzw. 60° geneigt. Als Maßstabsfaktor auf der z-Achse wurde 0,8 (mit dem Faktor 1 auf der x- und y-Achse) genommen. Variation – mit DGS – wäre auch hier leicht möglich. Man muss nur dafür sorgen, dass die x-Achse auf der y-Achse senkrecht steht (über „Lot" konstruieren) und gleichen Maßstab haben (z. B. über einen Kreis konstruieren). Die z-Achse sollte parallel zum linken Blattrand sein. Das kann erreichen, wenn man den Ursprung des Militärriss-Koordinatensystems in den Ursprung eines ebenen x-y-Koordinatensystems und den Eckpunkt hinten oben des umbeschriebenen Würfels auf die y-Achse des ebenen Koordinatensystems legt. Diesen Ansatz deutet Fig. 6.3.1 b an.

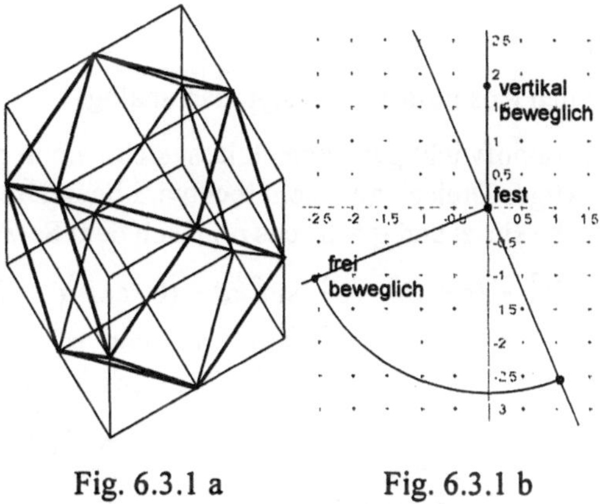

Fig. 6.3.1 a Fig. 6.3.1 b

Aufgabe 3.2: Das Satteldach mit Schleppgaube kann frei skizziert werden. Ob die zweite Gaube sichtbar ist, hängt von der Wahl der Darstellung ab. Hier werden in Fig. 3.6.2 a bis c – nicht als Freihandzeichnung, sondern mit DGS erzeugt – drei unterschiedliche Möglichkeiten (mit Berücksichtigung der Sichtbarkeit) angegeben.

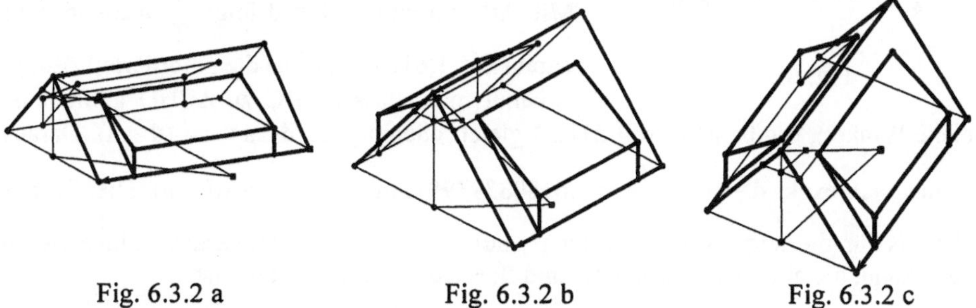

Fig. 6.3.2 a Fig. 6.3.2 b Fig. 6.3.2 c

Aufgabe 3.3: Zunächst die Überlegungen für den Sinussatz:

Für ein stumpfwinkliges Dreieck überlegt man analog. Man muss nur berücksichtigen, dass zwei der drei Höhen außerhalb des Dreiecks liegen. Mit den Bezeichnungen in Fig. 6.3.3 werden die Überlegungen für h_c durchgeführt. Mit $h_c = a \cdot \sin\beta$, $h_c = b \cdot \sin\alpha'$ und $\sin\alpha' = \sin\alpha$ gilt dann $\frac{a}{b} = \frac{\sin\alpha}{\sin\beta}$.

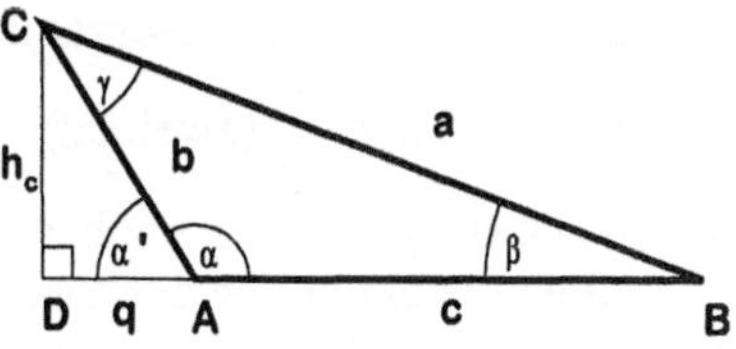

Fig. 6.3.3

Zeichnet man die von A ausgehende Höhe h_a ein,

folgt wie im spitzwinkligen Dreieck $\frac{b}{c} = \frac{\sin\beta}{\sin\gamma}$. Für h_b folgt wie für h_c, dass $\frac{a}{c} = \frac{\sin\alpha}{\sin\gamma}$ gilt.

Für den Kosinussatz überlegt man analog:

Ein stumpfwinkliges Dreieck lässt sich, wie in der Fig. 6.3.3 angegeben, durch ein rechtwinkliges Dreieck zu einem rechtwinkligen Dreieck ergänzen. In ΔACD gilt nun $h_c = b \cdot \sin\alpha'$ und $q = b \cdot \cos\alpha'$. Nach dem Satz des PYTHAGORAS in ΔBDC ist

$$a^2 = h_c^2 + (q+c)^2 = b^2 \cdot \sin^2\alpha' + (b\cdot\cos\alpha' + c)^2 =$$
$$b^2 \cdot (\sin^2\alpha' + \cos^2\alpha') + 2bc\cdot\cos\alpha' + c^2 =$$
$$b^2 + c^2 + 2bc\cdot\cos\alpha' = b^2 + c^2 - 2bc\cdot\cos\alpha.$$

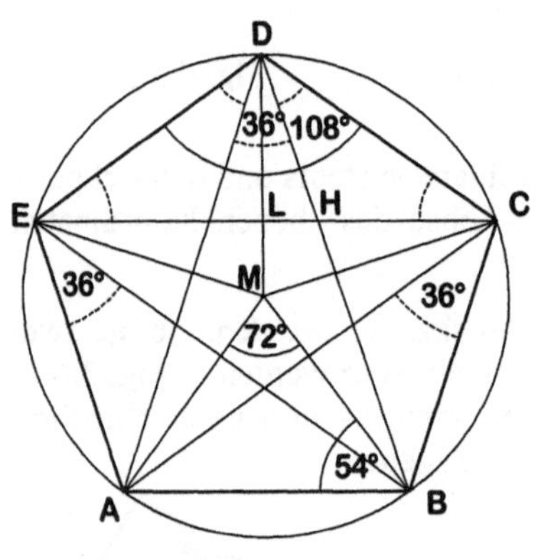

Fig. 6.3.4

Aufgabe 3.4: Fig. 6.3.4 zeigt ein regelmäßiges Fünfeck mit Mittelpunkt M und den Eckpunkten A, B, C, D und E. Ein Teilwinkel bei M misst 360° : 5 = 72° – Mittelpunktswinkel über der Sehne $\overline{AB}$. Als Umfangwinkel dazu ist das Maß 36° eingetragen. Analog erhält man (gestrichelt dargestellt) das Maß 36° noch an anderen Stellen. Daraus erhält man das Maß 108° – das man auch aus dem Maß 54° (es ergibt sich aus der Winkelsumme in ΔABM) erhält.

Mit $\overline{AB} = a$ und $\overline{AC} = d$ folgt $\frac{d}{2} = a\cdot\cos 36°$ und daraus $d \approx 1{,}618 \cdot a$. Das ist die geforderte Lösung. Erkennt man, dass ΔABC zu ΔCHD ähnlich ist (gleiche Winkel), ergibt sich, weil ΔHED gleichschenklig ist, d : a = a : (d – a). Daraus errechnet sich exakt $d = a\frac{1+\sqrt{5}}{2} \approx 1{,}6180339899$ und d : a = a = (d – a). Dies ist das Verhältnis für die sog. „stetige Teilung", auf die hier nur ausblicksartig hingewiesen werden kann, die aber bei Dodekaeder und Ikosaeder von Bedeutung ist.

Aufgabe 3.5: Es gibt Lücken im sog. „Schaufelradbeweis": Es muss zuerst gezeigt werden, dass die vier Teile in der gezeichneten Weise in das Hypotenusenquadrat passen. Dann ist zu zeigen, dass das frei bleibende Viereck ein Quadrat mit der Seitenlänge b ist.

Aufgabe 3.6: Die vier Teile (Schaufeln) sind zueinander kongruent und c legt mit der Parallelen zu c ein Parallelogramm fest. Daraus ergibt sich: Die Seitenlängen der vier Schaufeln sind $u = \frac{c}{2}$ (zweimal), $v = \frac{a+b}{2}$ und $w = \frac{a-b}{2}$. Die Schaufeln werden nur zu sich selbst parallel verschoben. Deshalb entsteht über der Hypotenuse (Überlegungen mit Stufenwinkeln helfen zur Begründung) ein Quadrat der Seitenlänge c. Die Lücke hat wegen der Parallelverschiebung (analoge Überlegungen) auch vier rechte Winkel. Die Seitenlänge errechnet sich je zu v – w = b. Damit ist der Beweis geführt.

Aufgabe 3.7: Mit den Bezeichnungen der Aufgabe gilt bei der Zerlegung $V_S \approx 36{,}8\ m^3$ und $V_P \approx 49{,}1\ m^3$. Als Summe erhält man $V_W \approx 85{,}9\ m^3$.

Bei der Ergänzung erhält man $V_S \approx 110.4\ m^3$, $V_P \approx 12{,}27\ m^3$ und daraus durch Differenzbildung schließlich $V_W = V_S - 2V_P \approx 85{,}9\ m^3$.

Aufgabe 3.8: Die Firstlänge des Satteldachs ist a, die Firstlänge des Walmdachs bei 45° Dachneigung ist $f = a - b = 6$ m. Die Dachhöhe ist bei 45° Dachneigung $h = \frac{b}{2} = 6$ m.

a) Für das Volumen kann man das Walmdach in Gedanken in ein Satteldach mit Firstlänge f und eine quadratische Pyramide (zwei Hälften) mit der Grundkantenlänge b und der Höhe h zerlegen. Dann ist $V_{Sattel} = \frac{1}{2} \cdot b \cdot h \cdot f$, $V_{Pyramide} = \frac{1}{3} \cdot b^2 \cdot h$ und daraus $V_{Walm} = V_{Sattel} + V_{Pyramide} = 216\ m^3 + 288\ m^3 = 504\ m^3$.

Man kann in Gedanken das Walmdach auch zum Satteldach mit Firstlänge a, Breite b und Höhe h ergänzen und zuerst dessen Volumen berechnen. Davon sind die Volumina der beiden Ergänzungsstücke – es sind dreiseitige Pyramiden – abzuziehen. Bei 45° Dachneigung haben sie auch die Höhe h. Es ergibt sich

$$V_{Sattel} = \frac{1}{2} \cdot b \cdot h \cdot a = \frac{b^2}{4} \cdot a \quad \text{und } V_{Pyramide} = \frac{1}{3} \cdot \frac{1}{2}\left(b \cdot \frac{b}{2}\right) \cdot \frac{b}{2} = \frac{b^2}{24} \cdot b \quad \text{und somit}$$

$$V_{Walm} = V_{Sattel} - 2 \cdot V_{Pyramide} = \left(\frac{b^2 \cdot a}{4} - \frac{b^3}{12}\right) = \frac{b^2}{4} \cdot \left(a - \frac{b}{3}\right) \approx 504\ m^3.$$

b) Wenn der Giebel und das dahinter liegende Dachstück rechts ergänzt werden, kommt eine dreiseitige Pyramide hinzu. Da der Giebel in 1,5 m Höhe beginnt, hat das Giebeldreieck die Basislänge 9 m und die Dreieckshöhe 4,5 m. Die ergänzende Pyramide hat die Pyramidenhöhe 4,5 m. Daraus ergibt sich für die Ergänzungspyramide das Volumen $V_P = \frac{1}{3} \cdot \left(\frac{1}{2} \cdot 9\,m \cdot 4{,}5\,m\right) \cdot 4{,}5\,m \approx 30{,}375\ m^3$. Das Gesamtvolumen ist demnach

$V \approx 504\ m^3 + 30{,}375\ m^3 = 534{,}375\ m^3$.

c) Die Gaube wird in drei Teilkörper zerlegt, nämlich

- eine Dreikantsäule mir dem Frontrechteck (4 m breit, 1,5 m hoch) als eine Seitenfläche und dem Backendreieck (rechtwinklig-gleichschenklig, Kathetenlänge 1,5 m) als Grundfläche,
- eine Dreikantsäule mit dem Giebeldreieck (4 m breit laut Angabe, 2 m hoch wegen der 45°-Dachneigung) als Grundfläche und der Oberkante des Backendreiecks (1,5 m) als Höhe,
- eine Pyramide mit einen zum Giebeldreieck parallelen Dreieck als Grundfläche und dem Rest des Gaubengiebels (1,5 m + 2 m – 1,5 m = 2 m) als Höhe. Es folgt $V_1 = \frac{1}{2} \cdot 1{,}5\,m \cdot 1{,}5\,m \cdot 4\,m = 4{,}5\,m^3$, $V_2 = \frac{1}{2} \cdot 4\,m \cdot 2\,m \cdot 1{,}5\,m = 6\,m^3$ und daraus

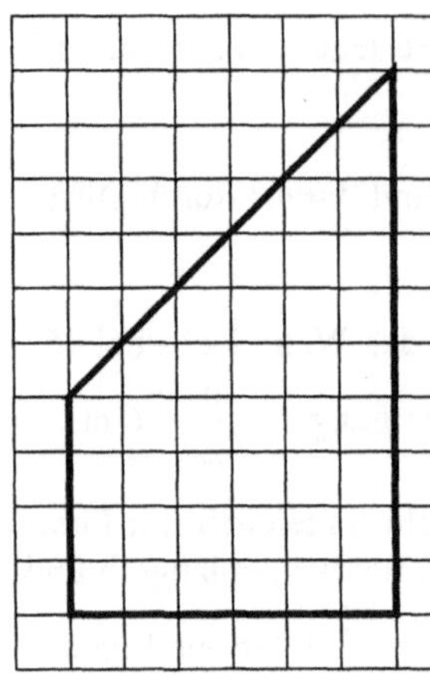

Fig. 6.3.8

$$V_3 = \frac{1}{3} \cdot \frac{1}{2} \cdot 4\,\text{m} \cdot 2\,\text{m} \cdot 2\,\text{m} = \frac{8}{3}\,\text{m}^3$$

Das Gesamtvolumen ist $V = V_1 + V_2 + V_3 = 13\frac{1}{6}$ m³.

d) Die Dachflächen sind Trapeze mit den Grundseitenlängen 1,5 m und 3,5 m und der Trapezhöhe $2 \cdot \sqrt{2}$ m. Damit ist der Flächeninhalt beider Dachflächen

$(1{,}5\text{ m} + 3{,}5\text{ m}) \cdot 2 \cdot \sqrt{2}\text{ m} \approx 14{,}14\text{m}^2$.

e) Wenn die vordere Fläche des Einschnitts 1 m und die hintere Fläche 2,5 m hoch sind, dann ist der Einschnitt bei 45° Dachneigung 1,5 m breit.

Die Ansicht der Einschnitt-Seitenwand ist in Fig. 6.3.8 gezeichnet.

f) Das Volumen errechnet sich als Produkt aus Trapezflächeninhalt mal Breite, also $V = 1{,}5\text{ m} \cdot \frac{1}{2} \cdot (1\text{ m} + 2{,}5\text{ m}) \cdot 4\text{ m} = 10{,}5\text{ m}^3$.

g) Die Fläche setzt sich zusammen aus dem Trapez des ursprünglichen Walmdachs und dem rechts dazukommenden Dreieck. Dann fällt das Stück des Dacheinschnitts noch weg. Das ergibt insgesamt

$$\begin{aligned} A &= 0{,}5 \cdot (18\text{ m} + 6\text{ m}) \cdot 6 \cdot \sqrt{2}\text{ m} + 0{,}5 \cdot (6\text{ m} - 1{,}5\text{ m}) \cdot (4{,}5 \cdot \sqrt{2}\text{ m}) - (1{,}5 \cdot \sqrt{2}\text{ m}) \cdot 4\text{ m} \\ &\approx 101{,}82\text{ m}^2 + 14{,}31\text{ m}^2 - 8{,}49\text{ m}^2 \approx 107{,}66\text{ m}^2. \end{aligned}$$

Aufgabe 3.9: Freie Wahl für Skizze.

Aufgabe 3.10: Ein Schrägbild eines Tetraeders wird frei Hand gezeichnet. Die Seitenmittelpunkte werden wegen der Teilverhältnistreue in die Mittelpunkte der Seiten des Schrägbilds abgebildet. Der Mittelpunkt eines gleichseitigen Dreiecks ist Schwerpunkt und kann daher im Schrägbild auch leicht angegeben werden.

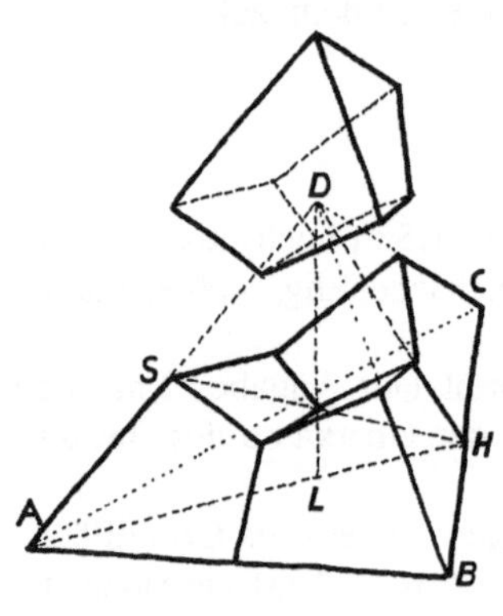

Fig. 6.3.10

Offen ist noch, wie die Teilung im Inneren des Tetraeders erfolgt. Nahe liegend ist es, zwei von benachbarten Seitenmittelpunkten ausgehende Strecken zur Festlegung einer Ebene ε zu nehmen, die das Tetraeder teilt. Zwei Nachbarteilstücke haben genau eine solche Ebene ε gemeinsam, längs der sie einander berühren. Etwas schwieriger ist es zu klären, in welchem Punkt die drei zu einem Teilkörper gehörenden Ebenen ε_1, ε_2 und ε_3 einander schneiden. Eine solche Ebene ε (vgl. Fig. 6.3.10) geht durch den Mittelpunkt S einer Tetraederkante s und durch die zu s windschiefe Tetraederkante $\overline{BC}$. Sie ist daher eine Symmetrieebene des Tetraeders, geht also durch den „Mittelpunkt“ M des Tetraeders. „Mittelpunkt“ ist der Mittelpunkt einer

Kugel, die durch alle vier Tetraederecken geht. M liegt daher in allen drei zu einem Teilkörper gehörenden solchen Ebenen – es ist deren eindeutiger Schnittpunkt.

Man kann die Aufgabenstellung umformulieren: Ein Tetraeder ist gerecht (voll symmetrisch) an seine vier Ecken zu verteilen. Diese Aufgabe lässt sich in zwei Richtungen verallgemeinern: Ein Platonischer Körper soll gerecht an seine Ecken (analog: Flächen, Kanten) verteilt werden. Beim Würfel sind die Antworten am einfachsten, für Kanten bei allen genannten Körpern (im Vergleich zu Flächen bzw. Ecken) am schwersten!

Aufgabe 3.11: Gerade bei einem Würfelbild sind wir üblicherweise sehr kritisch. Entweder wir haben den Eindruck, einen Quader zu sehen, oder wir akzeptieren die Winkel nicht als Bilder von rechten Winkeln. Eine Hilfe kann hier das Karoraster sein. Beispiele zeigt die Figur 6.3.11. Experimentieren Sie weiter und merken Sie sich dann einige wenige besonders günstige Anordnungen, um sie künftig zu verwenden!

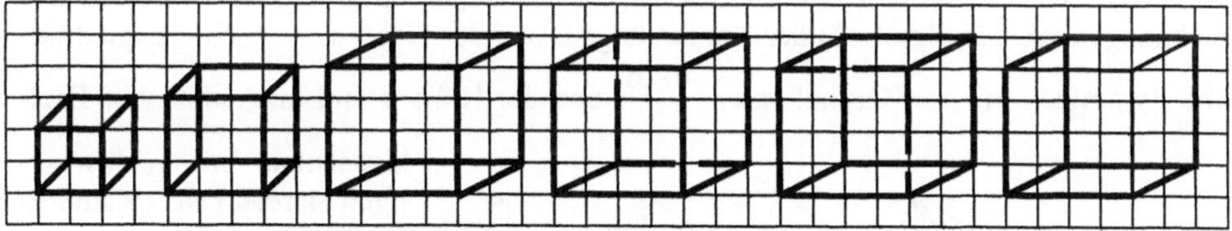

Fig. 6.3.11

Aufgabe 3.12: Fig. 6.3.12 zeigt die Gaube mit weiteren Hilfslinien, mit deren Hilfe das Entstehen der Skizze genau beschrieben werden kann.

Auf dem vorderen Ortgang o trägt man von der Giebelspitze aus fünf gleich lange Strecken ab. Mit Hilfe des Strahlensatzes erhält man auf der Höhe h des Giebeldreiecks eine – vertikale – Meter-Einteilung. Diese Teilung überträgt man (wieder Strahlensatz) auf die vordere Hälfte der Grundseite b des Giebeldreiecks und erhält so dort eine Metereinteilung. Analog (nicht gezeichnet) teilt man die vordere Traufline t in zwölf gleich lange Teile für eine Metereinteilung in dieser Richtung. Man kann jetzt A als Ursprung eines Koordinatensystems interpretieren, bei dem die x-Achse in Richtung von b, die y-Achse in Richtung von t und die z-Achse parallel zu h verläuft und die Axonometrie-Idee mit verwenden.

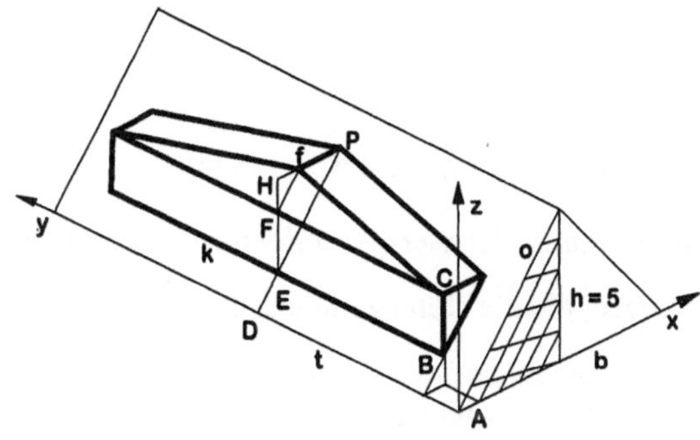

Fig. 6.3.12

Die Gaube soll symmetrisch liegen. Von A aus zeichnet man daher einen Koordinatenweg zum Punkt B (1 | 1 | 1). Die Parallelen zu o durch B und die z-Parallele durch B bestimmen die rechte Seitenwand der Gaube. C liegt 2 m über B, und diese Höhe kann übertragen werden. Damit ist die rechte Seitenwand der Gaube zu zeichnen.

D ist der Mittelpunkt von t. Die Parallele zu o durch D trifft die y-Parallele durch B im Mittelpunkt E der Gaubenunterkante k. Damit liegt k fest. Die Parallele zu k durch C ist die vordere Trauflinie des Gaubendachs. Auf der z-Parallelen durch E werden von E aus nach oben 3 m bis H abgetragen. Die x-Parallele durch H schneidet die Parallele zu o durch D in P, dem hinteren Endpunkt des Dauben-Firsts f. Der vordere Endpunkt liegt auf der Parallelen zu o durch F. Wir verwenden dabei, dass diese Dachfläche parallel zum Satteldach sein soll. Weil b doppelt so lang ist wie h, soll die Neigung also ebenfalls 45° betragen. So kann man die rechte Dachfläche des Gaubendachs zeichnen. Die linke Gaubenhälfte wird symmetrisch ergänzt.

Aufgabe 3.13: a) Die Strahlensatz-Überlegungen gelten für jede beliebige Grundfläche. Wenn die Grundfläche ein Polygon ist, kann man sie in Dreiecke teilen.

b) Man denkt sich durch die Kanten des Deckquadrats vier vertikale Schnittebenen. Diese Ebenen zerlegen den Pyramidenstumpf in eine quadratische Säule (mit den Bezeichnungen aus der Fig. 3.38) der Kantenlänge b und der Höhe u, vier schiefe quadratische Pyramiden mit den Grundkanten $\frac{a-b}{2}$ und der Höhe u und insgesamt vier Dreikantsäulen mit rechtwinkligen Dreiecken (Katheten $\frac{a-b}{2}$ und u) als Grundseiten und b als Höhe. Vgl. Fig. 6.3.13 mit einer „Explosionszeichnung“ der erwähnten Teilstücke – dort ohne die Bezeichnungen aus der Fig. 3.38.

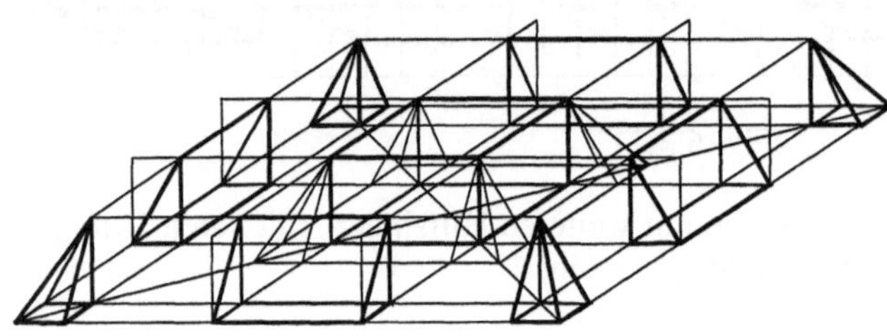

Fig. 6.3.13

Das Volumen der quadratischen Säule ist $V_S = b^2u$.

Das Volumen der vier Pyramiden (man kann sie zu einer einzigen Pyramide zusammenschieben, die die Höhe gemeinsam haben) ist $V_P = \frac{1}{3}(a-b)^2 \cdot u$.

Das Volumen der vier Dreikantsäulen (man kann sie zu einem einzigen Quader mit den Kanten a – b, b und u zusammenlegen, wenn man je zwei der Dreikantsäulen um eine ihrer Höhen um 180° dreht) ist $V_D = (a-b) \cdot u \cdot b$.

Durch Summieren erhält man für den gesamten Pyramidenstumpf

$$\begin{aligned} V_{Stumpf} &= b^2u + \frac{1}{3}(a-b)^2 \cdot u + (a-b) \cdot u \cdot b \\ &= \frac{1}{3}u \cdot (3b^2 + a^2 - 2ab + b^2 + 3ab - 3b^2) \\ &= \frac{1}{3}u \cdot (a^2 + b^2 + ab). \end{aligned}$$

Aufgabe 3.14:

a) In einer Ebene, die die Höhe der Pyramide und die Diagonale des Grundquadrats enthält, erkennt man: Aus $s^2 = v^2 + \left(\frac{b}{2}\sqrt{2}\right)^2$ folgt $s \approx 8{,}18$ m.

b) In einer Ebene durch die Höhe und durch die Mittelparallele des Grundquadrats der Pyramide erkennt man: Aus $h^2 = v^2 + \left(\frac{b}{2}\right)^2$ folgt $h \approx 8{,}09$ m.

c) In der Ebene aus b) erkennt man: Aus $\tan\alpha = \frac{v}{\frac{b}{2}} = \frac{2v}{b}$ folgt $\alpha \approx 81{,}47°$.

d) In der Ebene aus a) erkennt man: Aus $\sin\beta = \frac{v}{s}$ folgt $\beta \approx 77{,}96°$.

e) Der Mantel setzt sich aus vier Dreiecken zusammen. Sein Flächeninhalt ist $A = 2 \cdot b \cdot h \approx 38{,}83\ \text{m}^2$.

f) Das Volumen berechnet sich als $V = V_{Pyramide} + V_{Stumpf}$ mit

$V_{Pyramide} = \frac{1}{3} \cdot b^2 \cdot v \approx 15{,}36\ \text{m}^3$ und

$V_{Stumpf} = \frac{u}{3}\left(A_G + A_D + \sqrt{A_G A_D}\right) = \frac{u}{3}(a^2 + b^2 + ab) =$

$0{,}5\text{m} \cdot (a^2 + 5{,}76\ \text{m}^2 + 2{,}4\ \text{m} \cdot a)$.

Somit gilt (ohne Maßbezeichnungen) $45{,}7 = 15{,}36 + 0{,}5a^2 + 0{,}5 \cdot 5{,}76 + 0{,}5 \cdot 2{,}4a$; daraus folgt $a^2 + 2{,}4a - 54{,}92 = 0$.

Lösung der quadratischen Gleichung: $a = -1{,}2 \pm \sqrt{1{,}2^2 + 54{,}92} \approx -1{,}2 \pm 7{,}51$.

Da nur der positive Wert geometrisch interessant ist, ergibt sich daraus $a \approx 6{,}31$ m.

g) In der Ebene aus a) gilt: Aus $\tan\gamma = \frac{u}{\frac{a}{2}\sqrt{2} - \frac{b}{2}\sqrt{2}} = \frac{u\sqrt{2}}{a - b}$ folgt

$\tan\gamma \approx 0{,}54$ und $\gamma \approx 28{,}48°$.

h) In der Ebene aus b) gilt: Aus $h^2 = v^2 + \left(\frac{b}{2}\right)^2$ folgt $h^2 = 121e^2 + 4e^2 = 125\ e^2$

und daraus $h = 5\sqrt{5}\ e$.

In der gleichen Ebene gilt:

Aus $w^2 = u^2 + [0{,}5 \cdot (a - b)]^2$ folgt $w^2 = e^2 + e^2$ und daraus $w = e \cdot \sqrt{2}$.

Die Dachfläche errechnet sich aus $A = A_{Pyramide} + A_{Stumpf} = 2 \cdot b \cdot h + 2 \cdot w \cdot (a + b)$.

Dann ist $A = 2 \cdot 4 \cdot e \cdot 5 \cdot \sqrt{5} \cdot e + 2 \cdot e \cdot \sqrt{2} \cdot 10 \cdot e = 20e^2 \cdot (2 \cdot \sqrt{5} + \sqrt{2})$.

Aufgabe 3.15: Für eine Schrägbild-Skizze wählt man eine geeignete Lage und nach dem Satz von POHLKE geeignete Maßstäbe. Ein Beispiel, bei dem die L-Form „von innen" gesehen wird, gibt Fig. 6.3.15 an. Der First ist 2 m über der Trauflinienhöhe (24° Neigung).

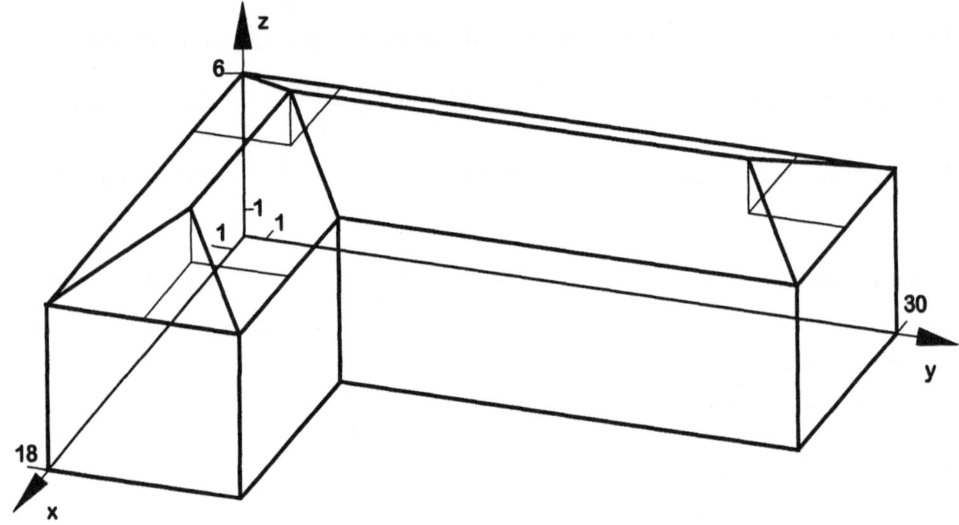

Fig. 6.3.15

Man könnte (was hier nicht geschehen soll) diese Aufgabe noch abwandeln in ein rechteckiges Haus mit rechteckigem Innenhof, bei dem wieder alle Teile gleiche Breite haben.

Aufgabe 3.16: Begründungen zu der Dachkonstruktion in Fig. 3.49

a) Ein Paar von Gegenseiten ist zueinander parallel. Daher ist die Summe der Winkel, die an einer der nicht parallelen Seiten (an einem Schenkel) anliegen, 180°.

b) Die Schenkel des fraglichen Winkels sind Winkelhalbierende zweier Winkel, die Winkelhalbierende zweier Trapezwinkel an einem Schenkel sind, die also nach a) die Summe 180° haben. Die Summe der halben Winkel ist daher 90°. Die Maßaussage für den fraglichen Winkel ergibt sich über die Winkelsumme im Dreieck.

c) Spiegelt man den Grundriss eines Dach-Dreiecks an einer Kathete, endet das Bild der anderen Kathete auf einer der Parallelen, weil die Spiegelgerade Winkelhalbierende ist. Der Scheitel des rechten Winkels liegt daher auf der Mittelparallelen (der Firstgeraden).

d), e) die Höhe ist vertikal, also bezüglich des Auf- und Kreuzrisses Hauptlinie.

f) Für den Kreuzriss ist der First projizierend, die dazu senkrechten Sparren sind daher Hauptlinien und werden unverzerrt abgebildet. Bei der Umklappung parallel zur Grundrissebene sind die Sparren in der Endlage wieder Hauptlinien, also unverzerrt.

g) Die Sparrenlänge s ist für die trapezförmigen und die dreieckigen Dachflächen gleich, da alle Dachflächen gleiche Neigung gegen die Horizontale haben.

Aufgabe 3.17: Fig. 6.3.17 a zeigt die rechteckige Grundfläche.

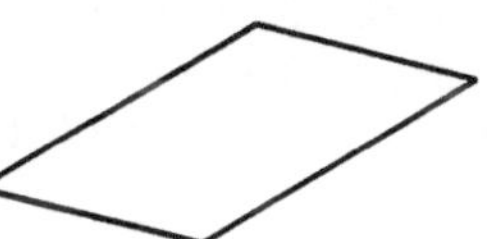

Fig. 6.3.17 a

Würde man ein Satteldach über diesem Rechteck errichten, dann wäre das Giebeldreieck gleichschenklig mit 45° Basiswinkel. Es ist in Fig. 6.3.17 b mit dünnen Hilfslinien angedeutet. Den First des Satteldachs könnte man mit zwei vertikalen Balken stützen. Im Karton-Modell soll stattdessen ein Rechteck als Stütze vorgesehen werden. Es ist 15 cm lang und (bei 45° Neigungswinkel) 5 cm hoch. In Fig. 6.3.17 b ist dieses Rechteck im Schrägbild eingezeichnet.

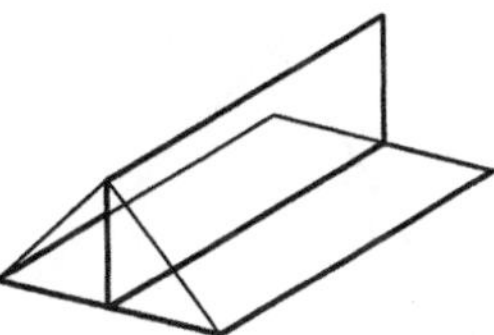

Fig. 6.3.17 b

Dieses Rechteck ist in Fig. 6.3.17 c (in einem geeigneten Maßstab) gezeichnet. Da wir kein Satteldach, sondern ein Walmdach bauen wollen, ist dort eingezeichnet, wie durch die beim Walmdach ebenfalls 45° gegen die Grundebene geneigten Dachflächen vom Rechteck Teile weg geschnitten werden müssen: Aus dem Stützrechteck wird ein Trapez als Stütze. Meist spricht man nur die Teile der Stütze an, die unterhalb der weg geschnittenen Teile liegen. Es sind Stützdreiecke (eines davon ist schraffiert).

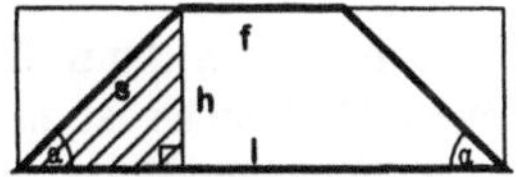

Fig. 6.3.17 c

Da bei unserem Walmdach-Modell alle vier Dachebenen gleich geneigt sind, können wir auch die Dachflächen des ursprünglichen Satteldachs wieder durch entsprechende Stützdreiecke in den Enden der Firstlinien links und rechts des Firsts besser stützen. Fig. 6.3.17 d zeigt das Modell mit möglichen Stützen. Wieder können Stützdreiecke (z. B. von unten) und das Stütztrapez (dann von oben) bis zur halben Höhe eingekerbt werden, damit man die Kartonstücke zusammenstecken kann.

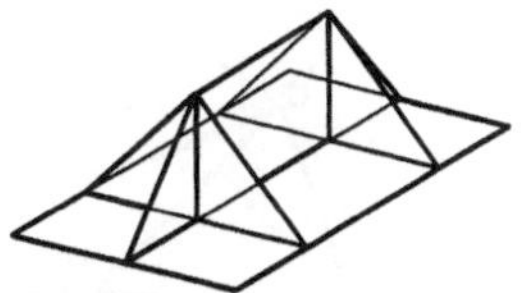

Fig. 6.3.17 d

Im Modell fehlen noch die Dachflächen (es handelt sich um gleichschenklige Dreiecke bzw. gleichschenklige Trapeze). Die Längen der unteren Seiten stimmen mit der Breite bzw. Länge des Hauses überein, sind also bekannt. Die Höhe der Dreiecke bzw. Trapeze muss nun über die Stützdreiecke berechnet werden.

Für einen beliebigen Winkel α erkennt man in Fig. 6.3.17 c im schraffierten Dreieck, dass $\cos\alpha = \frac{h}{s}$ gilt. Für a = 45° ist also $s = h \cdot \sqrt{2}$. Damit sind die gleichseitigen Dachdreiecke an den Schmalseiten festgelegt. Für die gleichschenkligen Trapeze an den Längsseiten hat die Basisseite die Länge l und der First die Länge $f = l - 2 \cdot h$. Diese Dachdreiecke und Dachtrapeze können an den jeweiligen Basisseiten mit Klebeband befestigt und – dynamisch – an ihre Position geklappt werden. Die Stützdreiecke legen die Endlagen eindeutig fest.

Die letzte Überlegung deutet bereits an, wie man für einen beliebigen Winkel α vorgehen müsste. Man kann die hier angestellten Überlegungen leicht auf beliebige Winkel übertragen.

Aufgabe 3.18: Die hier angegebene Lösung der Aufgabe nutzt intensiv dynamisches Denken. Bei der Arbeit mit Material ergeben sich die hier angegebenen Ergebnisse durch „Versuch und Irrtum“.

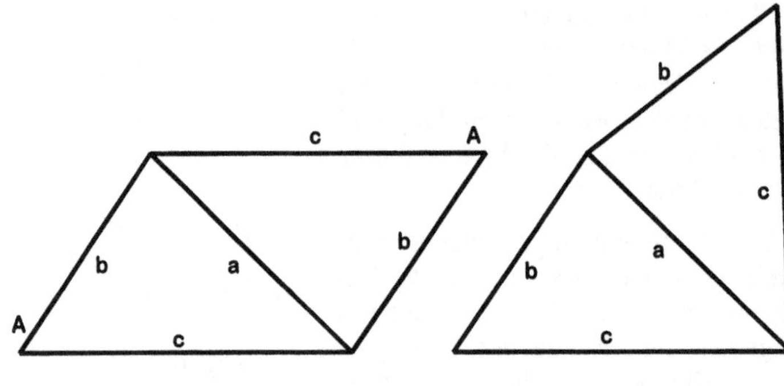

Fig. 6.3.18 a Fig. 6.3.18 b

Man geht aus von zwei zueinander kongruenten Dreiecken, die an einer Seite (hier a) zusammenhängen. Dafür gibt es die in Fig. 6.3.18 a und 6.3.18 b angegebenen Möglichkeiten, da man bei festem erstem Dreieck das zweite mit dem Mittellot von a als Achse wenden kann.

Denkt man sich dann die beiden Dreiecke gleichmäßig so nach oben bewegt, dass die Seite a Drehachse ist, so kann für die Anordnung, die in Fig. 6.3.18 b gezeigt ist, nur je ein gleichschenkliges, also nicht je ein zum Ausgangsdreieck kongruentes Dreiecke als Ergänzung zu einem Tetraeder genommen werden. Dieser Fall scheidet damit als Lösung des gegebenen Problems aus.

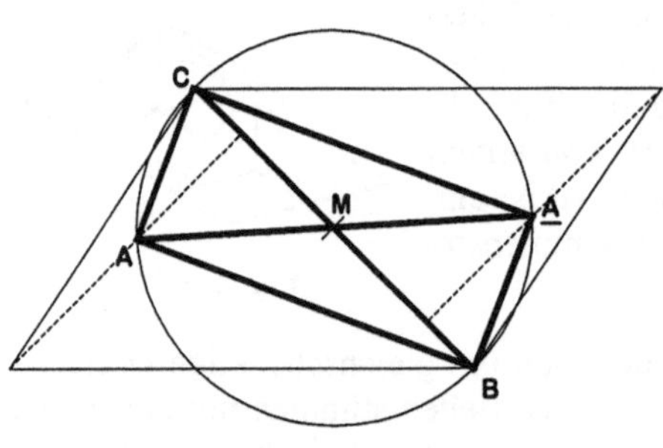

Fig. 6.3.18 c

Für die Anordnung in Fig. 6.3.18 a denkt man sich die Dreiecke in einer horizontalen Ebene gelegt. Man dreht in Gedanken die beiden Dreiecke wieder gleichzeitig so nach oben, dass A und $\underline{A}$ stets gleich hoch über der Strecke (Drehachse) a = $\overline{BC}$ liegen. Man muss so weit drehen, bis der Abstand von A und $\underline{A}$ gerade ebenfalls a wird. In der Ausgangslage ist der Abstand offensichtlich am größten. Wenn die beiden Dreiecke in einer gemeinsamen (dann vertikalen) Ebene liegen, ist der Abstand am kürzesten. Für die Maße in Fig. 6.3.18 a zeigt die Fig. 6.3.18 c die Normalprojektion (dort ohne Projektionszeiger ' gezeichnet) der gesuchten Lage auf die Ausgangsebene. Da die Strecken $\overline{BC}$ und $\overline{A\underline{A}}$ horizontal liegen, werden sie als Hauptlinien unverzerrt abgebildet. Damit ist A'B'$\underline{A}$'C' ein Viereck mit zwei gleich langen Diagonalen, die im Punkt M halbiert werden (A'B'$\underline{A}$'C' ist ein Rechteck). Die Grundrisse der Bahnkreise von A und $\underline{A}$ sind in Fig. 6.3.18 d gestrichelt eingezeichnet. Sie stehen senkrecht auf $\overline{BC}$. A' und $\underline{A}$' sind die Schnittpunkte dieser Linien mit dem THALES-Kreis über $\overline{BC}$. Daraus ist sofort zu erkennen, dass es für ein stumpfwinkliges ΔABC kein solches Tetraeder geben kann. Für jedes spitzwinklige Dreieck ist die Lösung aber – den hier angegebenen Überlegungen folgend – immer eindeutig.

Deutet man die Linien (AB), (B$\underline{A}$), ($\underline{A}$C) und (CA) in Fig. 6.3.18 c als Grundrisse vertikaler Ebenen, erkennt man, dass das Tetraeder in eine – zunächst unendlich ausgedehnte – rechteckige Säule eingebettet ist. Weil die Überlegung aber analog für jede „Grundkante“ gilt, folgt, dass das Tetraeder in einen Quader eingebettet ist. Fig. 6.3.18 d zeigt ein Schrägbild (den Quader mit dem „einbeschriebenen“ Tetraeder, dessen Kanten bestimmte Quaderdiagonalen sind) dieses Ergebnisses als exakte Konstruktion. Durch den Quader, in den das Tetraeder eingebettet ist, bietet sich hier selbstverständlich sofort auch eine geometrische Freihandzeichnung an.

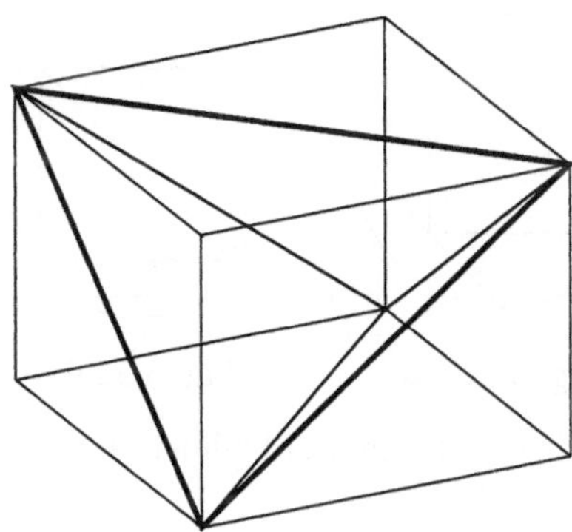

Fig. 6.3.18 d

Aufgabe 3.19: Da die entstehenden quadratischen Säulen alle gleich lang sind, kann man sich um den entstehenden Gesamtkörper einen Würfel denken. Damit bietet sich wieder eine geometrische Freihandzeichnung an. Fig. 6.3.19 a zeigt das Ergebnis, wenn nur in einer, Fig. 6.3.19 b, wenn in zwei und Fig. 3.19 c schließlich, wenn in allen drei Richtungen die Quader eingezeichnet sind.

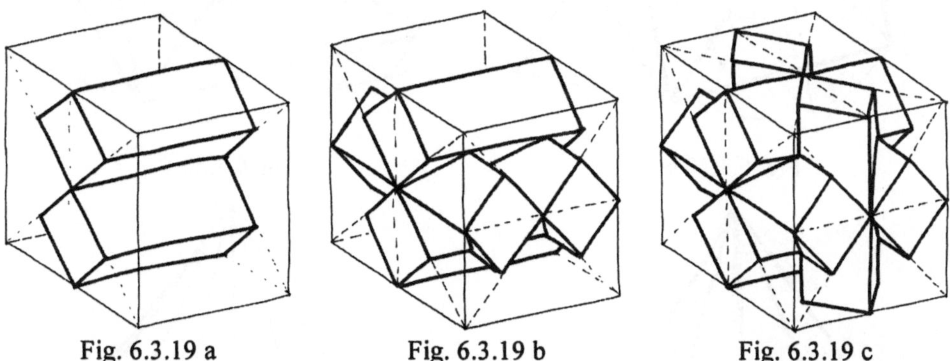

Fig. 6.3.19 a Fig. 6.3.19 b Fig. 6.3.19 c

Aufgabe 3.20: Für die verschiedenen Dachformen wird man zuerst die angegebenen Vielecke (Quadrat, Sechseck, Achteck und Zwölfeck) um ein Quadrat zeichnen, um daraus Seitenverhältnisse abzulesen, die man dann in eine geometrische Freihandzeichnung des Daches übernehmen kann. Auch diese Zeichnung der Vielecke kann eine Freihandzeichnung sein, doch kann man hier auch Zirkel und ggf. Winkelmesser einsetzen.

In Fig. 6.3.20 a bis d sind diese Figuren gezeichnet. Das Achteck ist so gezeichnet, dass die Quadratecken in bestimmten Seitenmitten des Achtecks, das Zwölfeck so, dass sie in bestimmten Ecken des Zwölfecks liegen. Man könnte dies auch vertauschen. Beim Quadrat wäre die "Ecken"-Version ein zum Ausgangsquadrat kongruentes Quadrat (das zum üblichen Pyramidendach führt). Wollte man das Sechseck so zeichnen, dass zwei bezüglich des Mittelpunkts gegenüberliegende Sechsecksecken zugleich zwei Quadratecken wären, könnten die beiden anderen Quadratecken nicht auf dem Sechseck liegen.

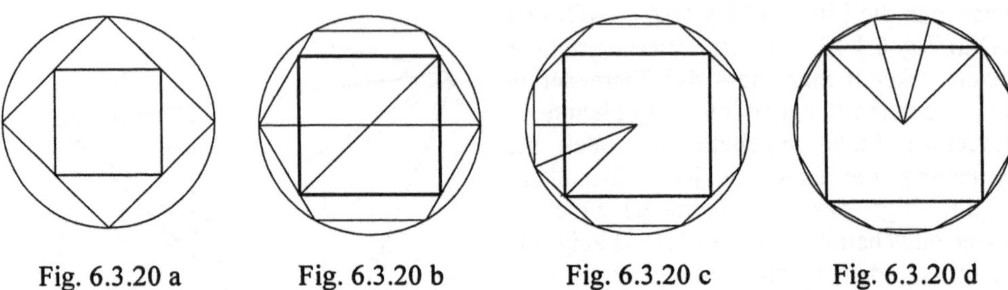

Fig. 6.3.20 a Fig. 6.3.20 b Fig. 6.3.20 c Fig. 6.3.20 d

Die eingezeichneten Hilfslinien deuten an, wie, ausgehend vom Quadrat, jeweils konstruiert wurde.

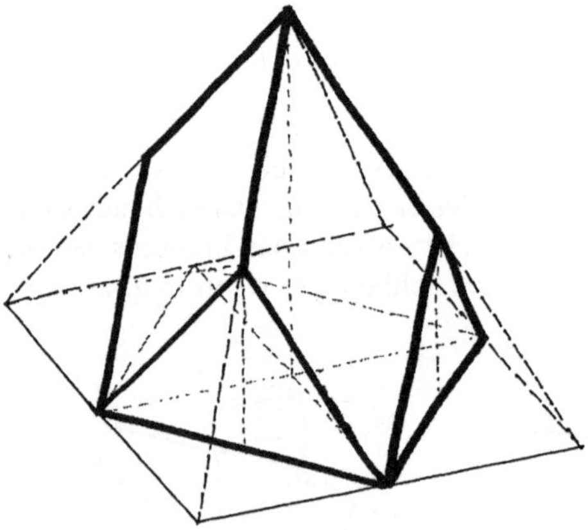

Fig. 6.3.20 e

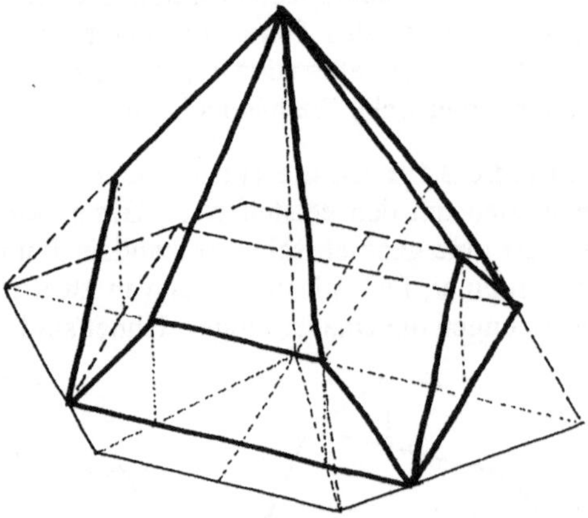

Fig. 6.3.20 f

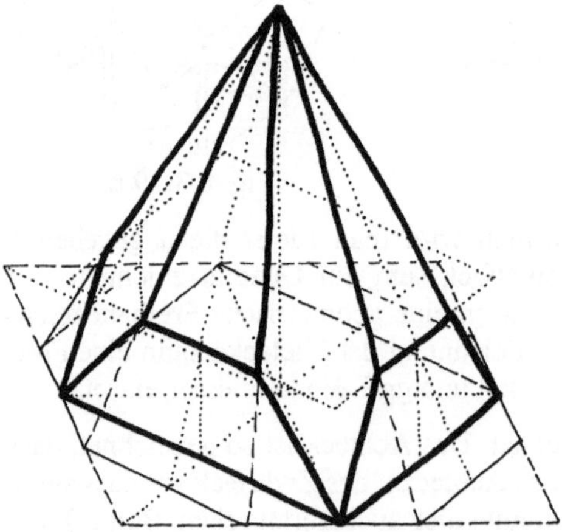

Fig. 6.3.20 g

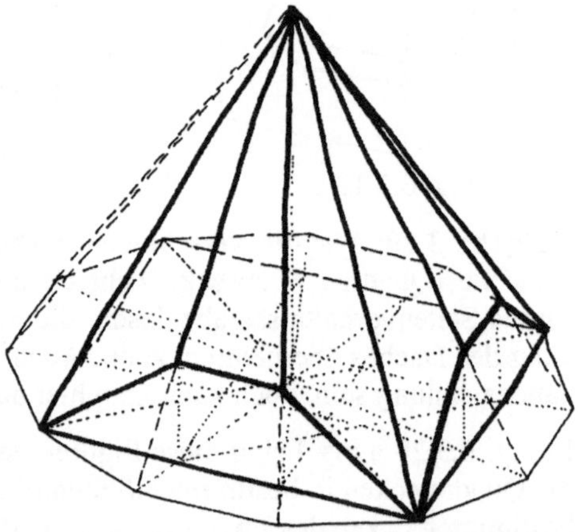

Fig. 6.3.20 h

Fig. 6.3.20 e bis h zeigen Beispiele für entsprechende Dächer. Das Dach über dem Sechseck ist – weil nicht voll symmetrisch – offensichtlich am wenigsten ansprechend.

6.4 Aufgaben aus Kapitel 4

Aufgabe 4.1: Die Grundriss-Darstellung ist ein Normalriss auf die Grundfläche. Fig. 4.10 zeigt einen Schrägriss, bei dem zwar die Grundfläche unverzerrt abgebildet wird (da sie in einer Hauptebene liegt), bei dem aber die räumliche Ausdehnung des Objekts noch erkennbar ist.

Aufgabe 4.2: Der Aufriss des Kegels ist ein gleichschenkliges Dreieck (Höhe h, Basis 2r). Daraus folgt $s = \sqrt{h^2 + r^2}$. Für den Kegelmantel geht man von einem Kreisausschnitt aus, den man zum Kegelmantel biegt. Der Radius des Kreisausschnitts misst also s. Der Kreisbogen des Ausschnitts ist so lang wie der Umfang des Kegelgrundkreises, nämlich $2 \cdot r \cdot \pi$. Für den Winkel α dieses Kreisausschnitts gilt $\alpha : 360° = 2 \cdot r \cdot \pi : 2 \cdot s \cdot \pi$, also $\alpha = 360° \cdot (r : s)$. Als Zahlenwerte ergeben sich $s \approx 10{,}44$ cm und $\alpha \approx 103°27'$.

Aufgabe 4.3: Axonometrie-Vorgabe frei wählbar.

Aufgabe 4.4: Für die Eigenschaften einer orthogonalen Affinität gilt:
a) Die Abbildungsvorschrift ist für jeden Punkt eindeutig. Sie lässt sich für jeden Punkt umkehren, und man kommt dann eindeutig vom Bildpunkt zum Urpunkt zurück.
b) Für Punkte auf der Achse misst der Abstand 0.
c) Eine Gerade hat i. Allg. eine Gleichung der Form $y = m \cdot x + b$. Mit den Abbildungsgleichungen, die bei der Herleitung der Ellipsengleichung verwendet wurden, folgt, dass das Bild der Geraden ebenfalls eine Gleichung dieser Form hat. Dies gilt auch für den mit dieser Gleichungsform nicht erfassten Sonderfall, nämlich Geraden, die parallel zur y-Achse verlaufen. Sie haben eine Gleichung der Form $x = c$ mit konstantem c.
d) Die Parallelentreue folgt unmittelbar aus den Überlegungen in c), weil zueinander parallele Geraden i. Allg. gleiche Steigung m haben. Die Steigung der Bildgeraden ist dann jeweils $k \cdot m$. Im Sonderfall der Geraden parallel zur y-Achse liegen Fixgeraden vor.
e) Für den allgemeinen Fall folgt die Teilverhältnistreue aus dem Strahlensatz, weil einander zugeordnete Punkte auf zueinander parallelen Affinitätsstrahlen liegen. Für den Sonderfall erkennt man sofort, dass alle Längen mit dem Faktor k multipliziert werden.
f) Die orthogonale Affinität ist nach a) eine bijektive Abbildung. Wenn eine Gerade g, die zu h punktfremd ist, als Bildgerade eine Gerade g' hätte, die mit h einen eindeutigen Schnittpunkt P' hat, dann müsste P' einen eindeutigen Urpunkt $P \in g$ haben. Da h Fixpunktgerade ist, müsste $P = P'$ gelten. Das wäre ein Widerspruch zur Punktfremdheit.

Aufgabe 4.5: Man wählt P als Zentrum, (HP') und (ML) sind die beiden Parallelen. Da $|\overline{MP}| = a$ und $|\overline{MH}| = b = k \cdot a$ gilt, überträgt sich die Verkürzung k von (MP) auf (LP).

Aufgabe 4.6: Liegen zwei zueinander konjugierte Durchmesser vor, so kann man unter Beachtung, dass die Punkte nicht kollinear sind, den Mittelpunkt und zwei weitere Punkte im Wesentlichen auf zwei Arten auswählen: So, dass die beiden Halbmesser einen stumpfen Winkel oder eine spitzen Winkel einschließen. Der Fall des stumpfen Winkels ist behandelt. Falls der Winkel spitz ist, dreht man den kürzeren Halbmesser um M so durch 90°, dass er über den längeren Halbmesser gedreht wird. Die gedrehte Lage stimmt mit der Lage überein, die man beim stumpfen Winkel bekommt, also stimmen auch die Ergebnisse – die Achsen – überein.

Aufgabe 4.7: Das Parallelogramm ist das perspektiv-affine Bild eines Quadrats. Der Inkreis des Quadrats berührt in den Mittelpunkten der Quadratseiten. Die Berührpunkte der Bildellipse sind daher die Mittelpunkte der Parallelogrammseiten (Teilverhältnistreue) und die Parallelogrammseiten haben (als Bilder zueinander orthogonaler Quadratseiten) zueinander konjugierte Richtungen. Die Mittelparallelen des Parallelogramms sind daher zueinander konjugierte Ellipsendurchmesser.

Fig. 6.4.7 a

Mit Hilfe der Achsenkonstruktion nach RYTZ können wir die Ellipsenachsen konstruieren. Das ist in Fig. 6.4.7 a durchgeführt. $\overline{MP}$ wird um M durch 90° nach $\overline{MP'}$ gedreht. Der Kreis k um den Mittelpunkt von $\overline{P'Q}$ durch M schneidet (P'Q) in U und V (Punkten auf den Achsen). $|\overline{UQ}|$ und $|\overline{QV}|$ sind die Längen der Halbachsen, A, B, C und D deren Endpunkte.

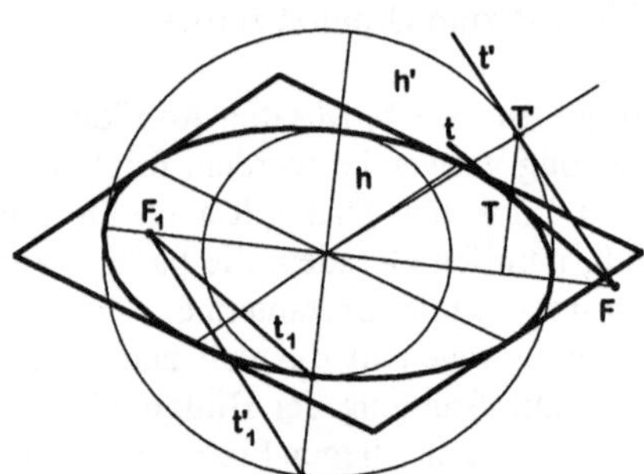

Fig. 6.4.7 b

In Fig. 6.4.7 b ist die Konstruktion der Tangente in einem Punkt T mit Hilfe einer orthogonalen Affinität dargestellt. Man sucht zunächst den Urpunkt T' von T. T' liegt auf dem Hauptkreis der Ellipse und auf dem Affinitätsstrahl durch T. In T' konstruiert man die Kreistangente t' senkrecht zum Berührradius. t' schneidet die Hauptachse in F. So erhält man die Tangente t = (FT).

Wäre man nicht von T, sondern von T' ausgegangen, könnte man mit Hilfe der Parallelen t'_1 zu t' durch das Urbild eines Nebenscheitels, deren Schnittpunkt F_1 mit der Hauptachse und t_1 – durch F_1 und zugehörigen Nebenscheitel – zur Tangente t als Parallele zu t_1 durch F kommen.

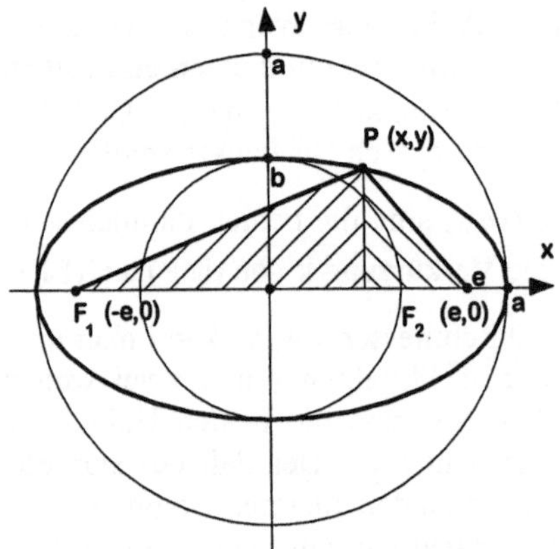

Fig. 6.4.8 a

Aufgabe 4.8: a) Wir gehen aus von der Brennpunktsdefinition einer Ellipse:

$$|\overline{PF_1}| + |\overline{PF_2}| = 2a$$

Wenn wir ein Koordinatensystem wie in Fig. 6.4.8 a einführen und die beiden schraffierten rechtwinkligen Dreiecke betrachten, dann gilt für den Punkte P (x | y):

$$\sqrt{(e+x)^2+y^2} + \sqrt{(e-x)^2+y^2} = 2a$$

$$\sqrt{(e+x)^2+y^2} = 2a - \sqrt{(e-x)^2+y^2}$$

$$(e+x)^2 + y^2 = 4a^2 - 4a \cdot \sqrt{(e-x)^2+y^2} + (e-x)^2 + y^2$$

$$ex - a^2 = -a\sqrt{(e-x)^2+y^2}$$

$$e^2x^2 - 2ex \cdot a^2 + a^4 = a^2 \cdot e^2 + 2ex \cdot a^2 + a^2 \cdot x^2 + a^2 \cdot y^2$$

$$x^2 \cdot (e^2 - a^2) - y^2 \cdot a^2 = a^2 \cdot (e^2 - a^2)$$

Mit $a^2 - e^2 = b^2$ folgt daraus unmittelbar $b^2 \cdot x^2 + a^2 \cdot y^2 = a^2 \cdot b^2$, also die Gleichung der Ellipse als orthogonal-affines Bild eines Kreises, die wir aus der Definition 4.2 hergeleitet haben.

b) In a) haben wir bewiesen: Jede „Brennpunktsellipse" ist auch eine „Affinitätsellipse". In der Herleitung mit Hilfe der DANDELIN'schen Kugeln haben wir gezeigt: Jede „Affinitätsellipse" ist auch eine „Brennpunktsellipse". Also gilt Satz 4.6.

c) Man zeichnet um F_1 einen Kreis mit beliebigem Radius x und um F_2 einen Kreis mit Radius $2a - x$. Wenn die beiden Kreise einander schneiden, dann sind die Schnittpunkte Ellipsenpunkte. Man kann dabei auch F_1 und F_2 vertauschen und erhält so mit einem Kreispaar für x und $2a - x$ vier zu den Achsen der Ellipse symmetrische Ellipsenpunkte. Fig. 6.4.8 b zeigt – nicht maßstäblich – die Lösung.

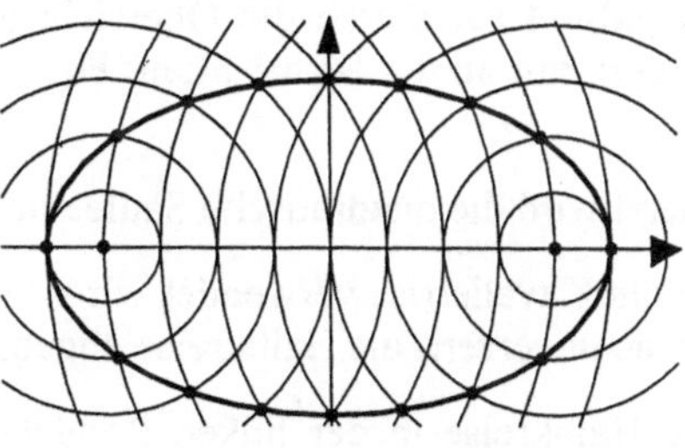

Fig. 6.4.8 b

Aufgabe 4.9: a) Zum Zeichnen einer Hyperbel geht man vor wie in Fig. 6.4.8. b. Man verbindet bei den entstehenden „Kreisbogenvierecken" aber jeweils die anderen diagonal gegenüberliegenden Eckpunkte.

Fig. 6.4.9 zeigt die analoge Überlegung für eine Parabel. Hier sind zu einem Brennpunkt F zwei verschiedene Leitgeraden l_1 und l_2 sowie (in entsprechender Strichstärke) die dazu gehörigen Parabeln eingezeichnet.

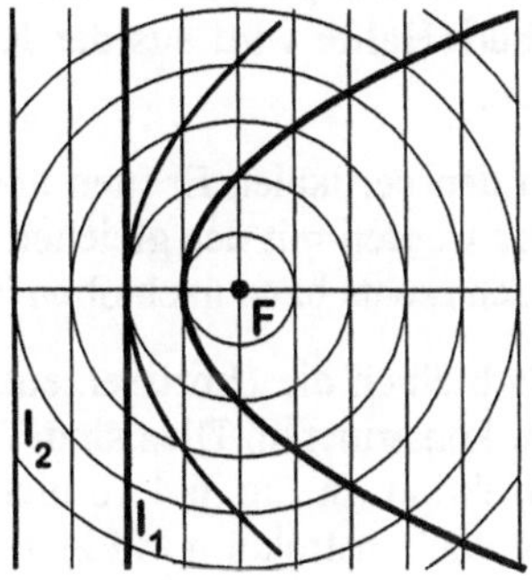

b) Die Brennpunktsdefinition einer Hyperbel lautet:

$$|\overline{PF_1}| - |\overline{PF_2}| = 2a.$$

Analog zu den Überlegungen bei einer Ellipse gilt dann

$$\sqrt{(e+x)^2+y^2} - \sqrt{(e-x)^2+y^2} = 2a$$

$$\sqrt{(e+x)^2+y^2} = 2a + \sqrt{(e-x)^2+y^2}$$

Fig. 6.4.9

$$(e+x)^2 + y^2 = 4a^2 + 4a \cdot \sqrt{(e-x)^2+y^2} + (e-x)^2 + y^2$$

$$ex - a^2 = a \cdot \sqrt{(e-x)^2+y^2}$$

$$e^2x^2 - 2exa^2 + a^4 = a^2e^2 - 2exa^2 + a^2x^2 + a^2y^2$$
$$x^2(e^2 - a^2) - y^2a^2 = a^2(e^2 - a^2)$$

Mit $a^2 + b^2 = e^2$ bzw. $e^2 - a^2 = b^2$ folgt daraus unmittelbar

$$b^2 \cdot x^2 - a^2 \cdot y^2 = a^2 \cdot b^2$$

als Form für die Gleichung einer Hyperbel. a und b werden wieder **Halbachsen** genannt.

Für die Parabel lautet die Brennpunktsdefinition $|\overline{PF}| = |\overline{Pl}|$.

In Koordinaten folgt für $F(\frac{p}{2} \mid 0)$ und l mit der Gleichung $x = -\frac{p}{2}$, dass

$\sqrt{(x-\frac{p}{2})^2 + y^2} = x + \frac{p}{2}$ gilt. Daraus ergibt sich $y^2 = 2 \cdot p \cdot x$ für die Form einer Parabelgleichung. p wird **Parameter** der Parabel genannt.

Aufgabe 4.10: Durch die Obersicht ändert sich praktisch nichts an der Konstruktion, sondern nur an der Sichtbarkeit. Hier wird zunächst für die exakte Konstruktion formuliert.

Zuerst wird die quadratische Säule wie in Fig. 4.34 a gezeichnet.

Da ein Kavalierriss verwendet wird, werden die Halbkreise in der vorderen und hinteren Ebene unverzerrt als Halbkreise abgebildet.

Die Halbkreise in der linken Randebene werden auf Halbellipsen abgebildet. Um die Figur (Darstellungsfigur) nicht zu überlasten, ist die Konstruktion in Fig. 6.4.10 nach links in eine Konstruktionsfigur herausgezogen. Das Tangentenparallelogramm wird gezeichnet. Mit der Idee des Rechtwinkelpaares wird erst über einer Parallelogrammseite ein Quadrat gezeichnet. Dann wird das Rechtwinkelpaar gesucht. Die Urbilder der Achsen werden perspektiv-affin abgebildet. So erhält man die Achsen der Bildellipse. Die obere Hälfte wird aus der Konstruktionsfigur in die Darstellungsfigur parallel verschoben.

In den vertikalen Ebenen über den beiden Diagonalen sind im Raum Ellipsen. Ihre Bilder werden mit der gleichen Überlegung konstruiert. Dazu werden die Parallelogramme nach rechts bzw. nach oben in Konstruktionsfiguren herausgezogen.

Es bleiben die Umrisserzeugenden der beiden Halbzylinder der beiden Tonnengewölbe zu konstruieren. Dies sind Tangenten vorgeschriebener Richtung an Ellipsen. Die Konstruktion (in Fig. 6.4.10 nicht eingezeichnet) nutzt die gleichen Gedanken wie die Tangentenkonstruktion in Fig. 6.4.7. Das Ergebnis wird aber nicht ungenauer, wenn die Tangente mit der vorgeschriebenen Richtung durch Einpassen des Geodreiecks (unter Beachtung der Parallelität) gezeichnet wird.

Diese sehr umfangreiche Aufgabe soll deutlich machen, dass an mehreren Stellen eine exakte Konstruktion möglich, aber zur Veranschaulichung des Sachverhalts nicht zwingend notwendig ist. Wer weiß, dass die Parallelogramme in den Seitenmittelpunkten berührt werden, dass die Diagonalellipsen einander im Diagonalenschnittpunkt des Deckquadrats (und seines Bildes, des Deckparallelogramms) schneiden, kann eine sehr gute geometrische Freihandzeichnung erstellen – was für den Alltag fast immer genügt.

Die Figur soll zum Abschluss dennoch hier angegeben werden.

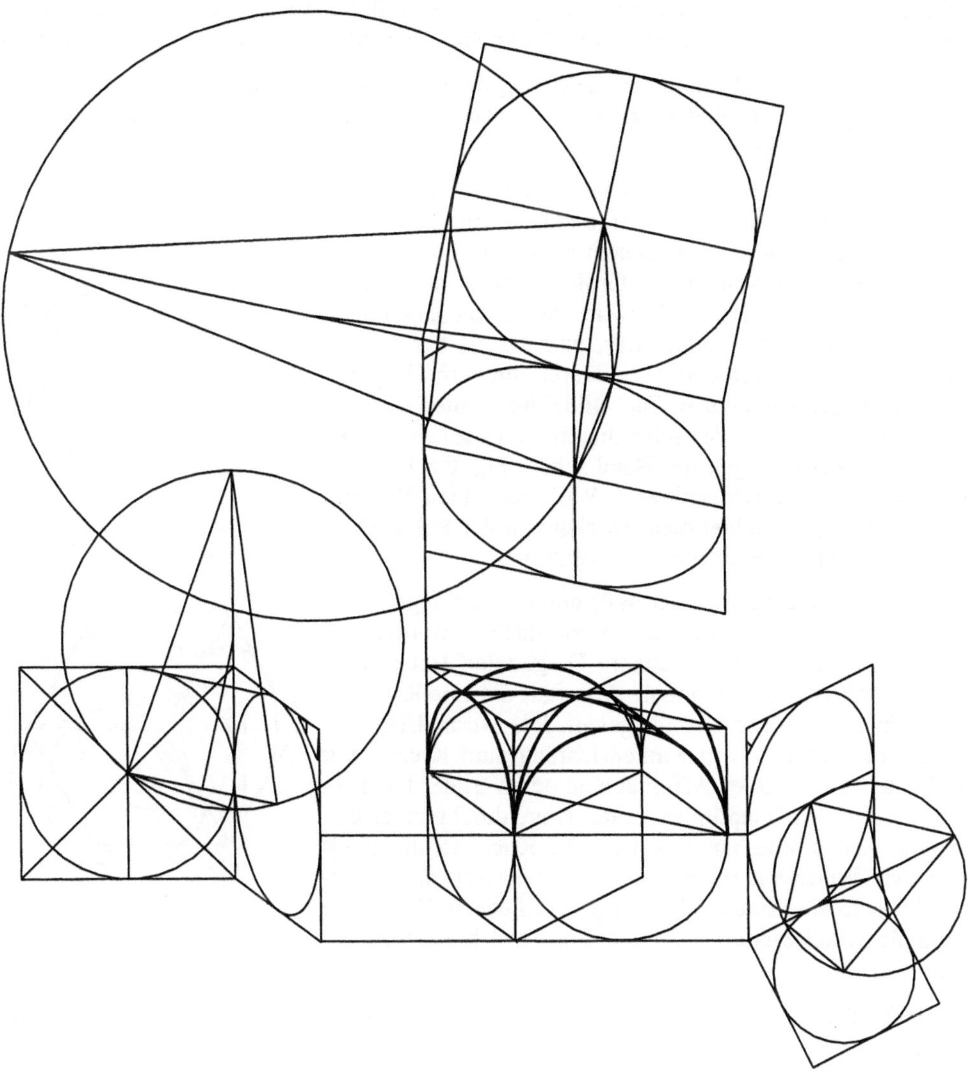

Fig. 6.4.10

6.5 Aufgaben aus Kapitel 5

Aufgabe 5.1: a) Die Projektionsstrahlen für den Aufriss treffen im Raum auf Breitenkreispunkte vor und hinter dem wahren Umriss der Kugel. Der Breitenkreis verläuft also stetig von vorne nach hinten – zwangsläufig gibt es dabei zwei Punkte, in denen der Breitenkreis den wahren Umriss schneidet. Die Bilder dieser Punkte liegen auf dem scheinbaren Umriss. Dort kann keine Spitze sein, weil der Kreis keine Spitze hat. Also muss die Bildellipse den scheinbaren Umriss (bei Normalprojektion ein Kreis) berühren.

b) Längenkreise der Erdkugel sind Kreise, deren Ebenen durch den Nord- und Südpol gehen. Allgemein handelt es sich um Großkreise der Kugel, deren Ebenen durch den Kugelmittelpunkt gehen.

Die Längenkreise treffen – analog zu oben – den wahren Umriss in zwei Punkten. Daher berühren die Bilder der Längenkreise i. Allg. den scheinbaren Umriss in zwei Punkten. Der Mittelpunkt des Großkreises ist der Mittelpunkt der Kugel. Also ist der Mittelpunkt der Bildellipse das Bild des Kugelmittelpunktes, und das ist der Mittelpunkt des scheinbaren Umrisses. Durch ihn geht die große Halbachse der Bildellipse. Die Bildellipse muss also orthogonal-affines Bild des scheinbaren Umrisses sein. Dies genügt für Zeichnungen frei Hand schon. Fig. 6.5.1 a zeigt drei Beispiele für Längenkreise. Will man einen Wasserball zeichnen, verzichtet man Ausrichtung der Pol-Verbindungsgerade parallel zum rechten Blattrand.

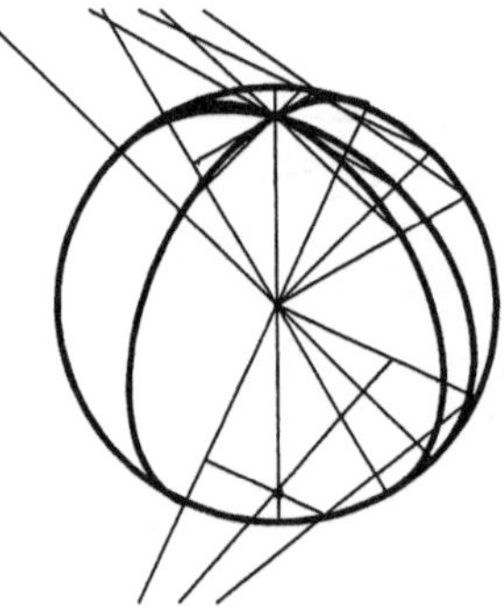

Fig. 6.5.1 a

c) Bei der Isometrie wird der Würfelumriss ein regelmäßiges Sechseck. Die sichtbaren Würfelflächen werden auf Rauten abgebildet, deren längere Diagonalen Hauptlinien sind. Damit ist die orthogonale Affinität, die eine Raute als Bild eines Quadrates hat, festgelegt. Die Normalrisse der Kugel bei Projektion in Kantenrichtung sind Kreise. Mit Hilfe der orthogonalen Affinität sind deren Bilder leicht zu finden. Auf den Hauptlinien ist der Kugeldurchmesser d in wahrer Länge ablesbar. Das Bild der Kugel ist ein Kreis um den Würfelmittelpunkt mit Durchmesser d. Berührpunkte sind die Mittelpunkte der Würfelflächen. Die Bilder sind die Mittelpunkte der Rauten. Fig. 6.5.1 b zeigt das Ergebnis.

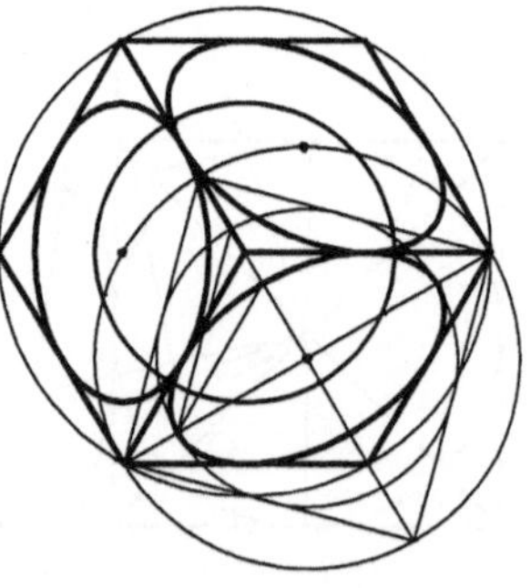

Fig. 6.5.1 b

Aufgabe 5.2: Die räumliche Situation und die Frage, was wir sehen, wird zuerst mathematisiert.

- Der Mond wird als Kugel (Sphäre) betrachtet.
- Der Mond wird von zueinander parallelen Sonnenstrahlen (als Repräsentant wird der Beleuchtungsstrahl b durch den Mondmittelpunkt genommen) beleuchtet. Beleuchtet wird daher immer die Hälfte des Mondes, eine halbe Sphäre. Die Beleuchtungsgrenze ist ein Kreis k auf der Mondsphäre.

- Das „Sehen" eines Beobachters auf der Erde wird gedeutet als Normalprojektion der Beleuchtungsgrenze k auf eine Ebene π, die wir uns durch den Mittelpunkt des Mondes gelegt denken können. Projektionsstrahlen sind die Sehstrahlen eines Beobachters. Als Repräsentant wird der Sehstrahl s durch den Mondmittelpunkt genommen. Der scheinbare Umriss des beleuchteten Teils setzt sich aus der Normalprojektion eines Teil des Mondumrisses u (dies ist immer ein Kreis) und der Normalprojektion eines Teils von k zusammen.
- Vereinfachte Anordnung im Raum: Sonnen-, Mond- und Erdmittelpunkt bestimmen i. Allg. eine Ebene ε. In ε wird überlegt. Die Sonne ist fest, die Erde bewegt sich auf einem Kreis um die Sonne, der Mond auf einem Kreis um die Erde.

a) Mondphasen entstehen durch verschiedene Winkel α zwischen b und s. Mondfinsternis ist dann, wenn die Erde genau zwischen Sonne und Mond steht und der Erdschatten verhindert, dass der Mond beleuchtet wird. Vgl. aber auch Teil b).

b) Vollmond ist dann, wenn man k als Kreis „sieht". Das ist dann der Fall, wenn der Beobachter auf der Kreisachse ist, wenn also b und s zusammenfallen. Dies ist die Situation, die zur Mondfinsternis führt. Ist die Erde aber nur wenig (in astronomischen Dimensionen!) außerhalb der Kreisachse, ist das Bild von k eine Ellipse, die in unserer Wahrnehmung nicht von einem Vollkreis und von dem Bild von u zu unterscheiden ist. In diesem Sinne sagt man: Bei Vollmond sieht man als beleuchteten Teil des Mondes einen Kreis.

Bei Halbmond stehen s und b senkrecht aufeinander. k liegt dann in einer projizierenden Ebene und wird als Strecke (ein Kreisdurchmesser) auf die Ebene π abgebildet: Bei Halbmond sieht man den beleuchteten Teil des Mondes als einen Halbkreis.

„Dreiviertelmond" und „Viertelmond" sind nicht eindeutig definiert. Wir nehmen an, das sei die Situation, in der s und b einen Winkel von 45° einschließen. Dann misst der Winkel zwischen s und der Ebene π auch 45°. Das Bild von k ist eine halbe Ellipse. Vgl. aber die Darstellung in Kalendern, die meist keine Halbellipsen verwendet.

c) Bei Neumond sieht man den Mond nicht, weil er „zwischen" Erde und Sonne steht und wir die unbeleuchtete Hälfte des Mondes sehen. Auch jetzt befindet sich der Mondmittelpunkt meist nicht auf der Verbindungsgeraden Erdmittelpunkt-Sonnenmittelpunkt. Wäre dies doch der Fall, hätte man eine Sonnenfinsternis.

Aufgabe 5.3: a) Mit der Zentralprojektion aus 2.2.2 stimmt überein, dass die Projektionsstrahlen alle aus dem Projektionszentrum kommen. Anders ist, dass die Projektion nicht auf eine Ebene, sondern auf einen Zylinder- bzw. Kegelmantel erfolgt. Die Festlegung des Bildpunktes stimmt dann wieder überein.

b) Das Projektionszentrum muss so liegen, dass möglichst alle Punkte des Globus ein Bild haben. Einzelne Punkte (z. B. das Projektionszentrum, wenn es auf der Kugel liegt) müssen ausgenommen sein. Damit die Abbildung symmetrisch wird, wählt man das Projektionszentrum auf der Zylinder- bzw. Kegelachse. Wieder wegen der gewünschten Symmetrie bezüglich der Nord- und Südhalbkugel wählt man bei der Zylinderprojektion den Kugelmittelpunkt, doch ist jeder andere Punkt auch möglich. Bei der Kegelprojektion gäbe es ganze Bereiche des Globus ohne Bild, wenn das Projektionszentrum oberhalb des Südpols läge. Punkte unterhalb sind möglich.

c) Wählt man das Projektionszentrum auf der Achse, so ist der Projektionskegel eines Breitenkreises ein Drehkegel mit der Achse als Drehachse. Wegen der Drehsymmetrie der ganzen Anordnung ist das Bild im Raum ein Kreis auf der Projektionsfläche in einer Ebene senkrecht zur Achse. Nach der Abwickelung der Projektionsfläche wird daraus bei Zylinderprojektion eine Gerade, bei Kegelprojektion ein Kreisstück mit Mittelpunkt in der Kegelspitze. Die Meridiane liegen in beiden Fällen in projizierenden Ebenen, die die Achse enthalten. Sie werden auf den Projektionsflächen als Erzeugende abgebildet.

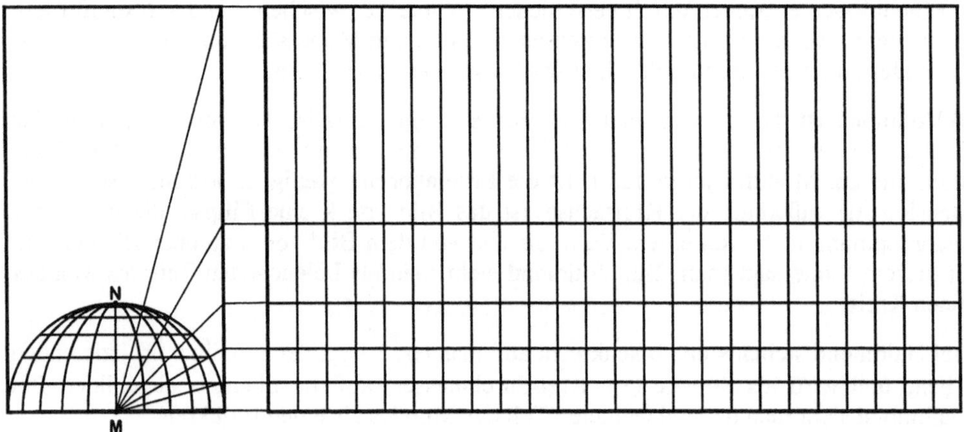

Fig. 6.5.3

d) Fig. 6.5.3 zeigt die Bilder der Breiten- und Längenkreise. Links ist zu sehen, wie die auf dem Umriss liegenden Punkte zu den Breitengraden mit 15° Abstand (nur Nordhalbkugel, da die Konstruktion für die Südhalbkugel symmetrisch wäre) auf den Zylinder abgebildet werden. Die Länge des abgewickelten Äquators wird errechnet aus der Länge des Durchmessers. Diese Strecke wird – der Einteilung in 15°-Schritten entsprechend – in 24 gleich lange Teile geteilt.

Aufgabe 5.4: Für „die" schrägen Stützen überlegt man folgendermaßen: In Fig. 5.10 ist die Konstruktion von T^V eingezeichnet. Entsprechend zeichnet man alle Schnittpunkte der Spuren der Tangentialebenen in der Standebene ε. Diese Punkte überträgt man in den Seitenriss und in den Aufriss. Dann muss man die Berührpunkte mit den jeweils benachbarten Punkten T_i verbinden.

Aufgabe 5.5: Vorkommen des Körpers: Freiluftballon (Seile des Korbs sind tangential), Eistüte mit einer Kugel (nicht unbedingt genau tangential anschließend), Senkblei (wie es von Maurern verwendet wird oder zumindest früher wurde; solche Senkbleie finden sich noch in vielen Physik-Sammlungen in Schulen).

Anhang 1: Fotos räumlicher Objekte

Foto 1 zeigt Plexiglasmodelle von drei Dreikantpyramiden, die man zu einer Dreikantsäule zusammensetzen kann. Rechts sind zwei der Dreikantsäulen schon in dieser zusammengesetzten Lage gelegt.

Foto 1 Foto 2

Foto 2 zeigt Plexiglasmodelle von drei Dreikantpyramiden, die man zu einem Würfel zusammensetzen kann. Wieder sind zwei der Pyramiden schon in der „Würfellage“.

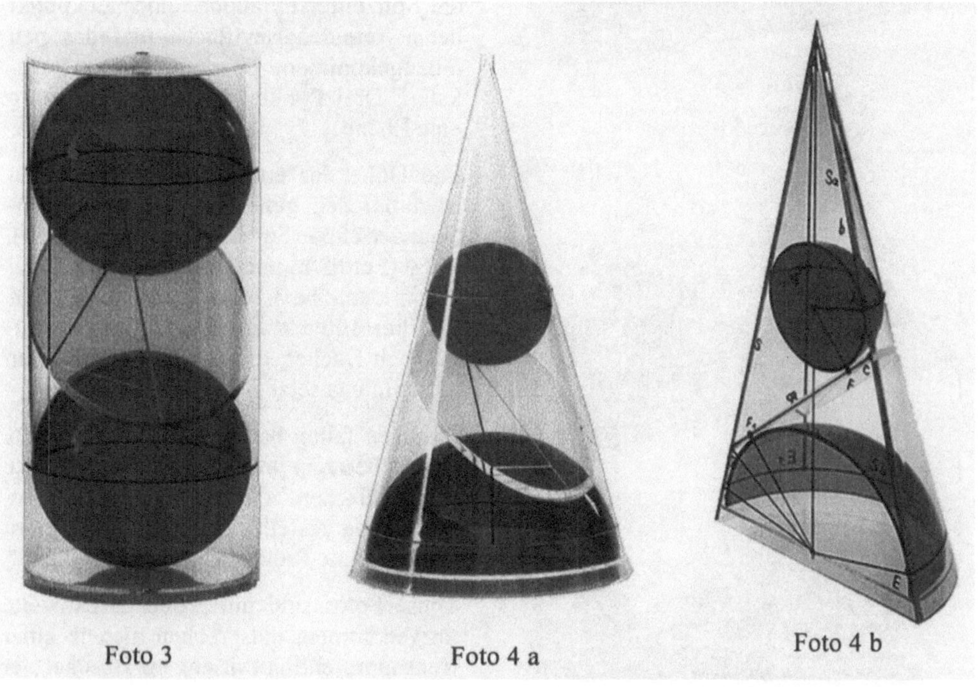

Foto 3 Foto 4 a Foto 4 b

Foto 3 zeigt einen Zylinder, eine ihn schneidende Ebene und die zwei dazu gehörigen DANDELIN'schen Kugeln. Foto 4 zeigt die analoge Situation bei einem Kegel. Bei Foto 4b ist nur der halbe Kegel dargestellt. Dadurch sind weitere Bezeichnungen sichtbar.

Foto 5 a

Foto 5 b

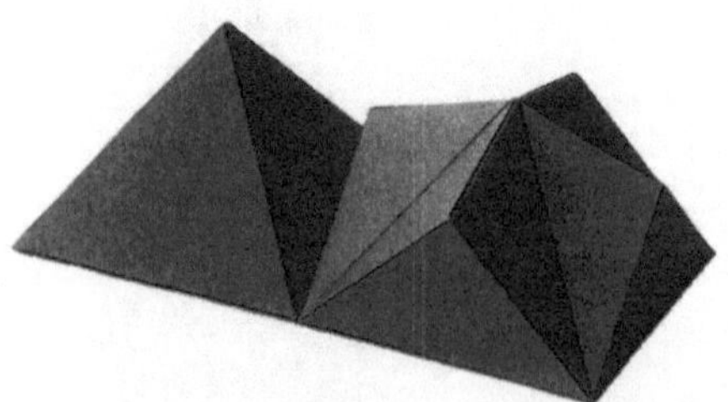

Foto 5 c

Foto 5 d

Diese Serie von Fotos soll das systematische Variieren und damit auch das dynamische Denken veranschaulichen.

Die Fotos 5 a bis 5 d zeigen jeweils links das Modell eines Pyramidendachs über quadratischer Grundfläche, das als Ausgangsdach für die folgenden Abwandlungen dient.

Rechts daneben ist dann immer eine solche Abwandlung dieses Dachs zu sehen, die so entsteht, dass man in der Mitte jeder Giebelkante eine Vertikale anfügt und dann die vier beim Ausgangsdach vorhandenen Dachflächen durch zunächst acht Dachflächen ersetzt. Die Ebenen dieser Dachflächen sind je bestimmt durch die Spitze der Pyramide, einen Eckpunkt der Pyramidengrundfläche und das neu hinzugekommene obere Ende der Vertikalen: Drei Punkte bestimmen eindeutig eine Ebene.

Die Höhe der ergänzten Vertikalen beträgt bei den gezeigten Modellen nacheinander 25 % (Foto 5 a), 50 % (Foto 5b), 75 % (Foto 5 c) und 100 % (Foto 5 d) der Pyramidenhöhe h. Bei 25 %, bei 75 % und bei 100 % von h entstehen so tatsächlich Dächer, die aus acht Teilflächen zusammengesetzt sind.

Dagegen fallen bei einer Höhe, die 50 % von h beträgt, jeweils zwei benachbarte solche Flächen in eine Ebene zusammen, sodass (dargestellt in Foto 5b) insgesamt das bekannte Rautendach entsteht.

Diese Fotos sind mit großer Brennweite aufgenommen, entsprechen also je einer Zentralprojektion mit engem Büschel der Projektionsstrahlen. Solche Zentralprojektionen sind praktisch identisch mit Normalprojektionen, weil bei einem Fotoapparat die Lichtstrahlen dann als enges Büschel (nahezu senkrecht: Normalprojektion) auf die Filmebene auftreffen.

Anhang 2: DGS-Beispiele zur Raumgeometrie

Sucht man ***alle denkbaren Würfelschnitt-Formen***, kann man folgendermaßen überlegen:

Die erste Überlegung betrifft die Lage des Würfels. Eine Schnittebene kann durch eine Würfelecke gehen (Sonderfall) oder eine Würfelfläche in einer Strecke schneiden. Liegt ein ebener Würfelschnitt vor, so muss auf jeden Fall mindestens eine Würfelfläche in einer Strecke geschnitten werden. Eine solche Fläche kann man ohne Beschränkung der Allgemeinheit als Deckfläche des Würfels nehmen.

Auf der Deckfläche erfasst man ***alle*** denkbaren Schnittstrecken, wenn sichergestellt ist, dass die Endpunkte der Strecke auf zwei benachbarten oder auf zwei gegenüberliegenden Seiten des Deck-Quadrats liegen können. Um dies zu erreichen, genügt es (Minimum), einen Strecken-Endpunkt auf einer Quadratkante und den anderen Streckenendpunkt auf einer anliegenden und der gegenüberliegenden Quadratseite beliebig zu führen.

Als Schnittebene wählt man nun eine Ebene aus dem Ebenenbüschel, dessen Trägergerade die so festgelegte Strecke in der Deckfläche enthält. Man muss also dafür sorgen, dass ***alle*** Ebenen des Ebenenbüschels mit dieser Trägergeraden erfasst werden. Insgesamt hat man dann alle Typen von Trägergeraden und für jede Trägergerade alle Büschelebenen, also sicher alle denkbaren Fälle, erfasst.

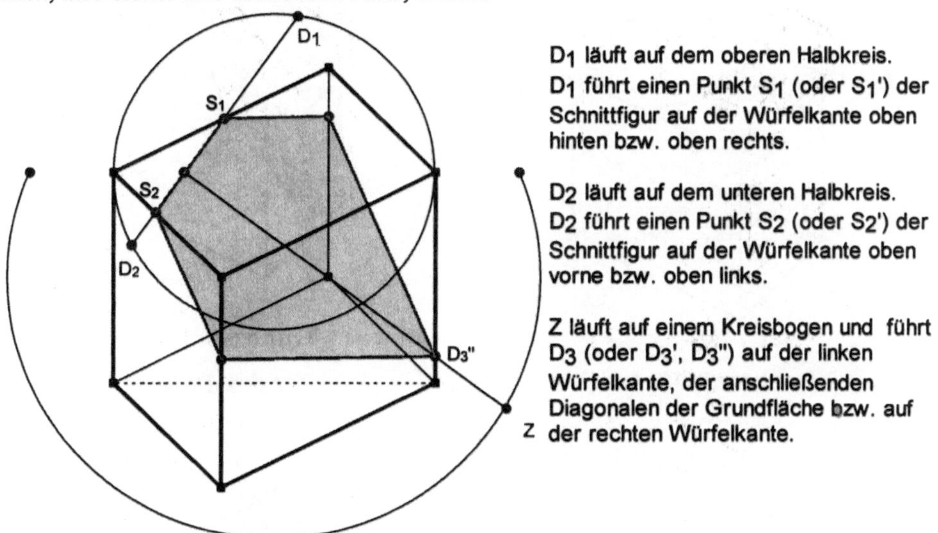

Erklärung des dynamischen Änderns

Liegt D_3 in der Grundfläche, kann man durch D_3 die Parallele zur Ausgangsstrecke zeichnen. Das ist auf der nächsten Seite meist gemacht. Für den Fünfecksschnitt zeichnet man dort in der Reihenfolge oben, unten, hinten, vorne rechts, vorne links. In der Erklärungsfigur oben wird z. B. der Schnittpunkt der Schnittebene mit der Würfelkante oben rechts hinten genutzt. Es ist der Schnittpunkt der Geraden (S_1S_2) mit deren Trägergeraden (in der fertigen Figur nicht sichtbar eingezeichnet). Diesen Punkt verbindet man mit D_3. Dann ist die Schnittlinie in der Fläche links vorne zu dieser Verbindung parallel.

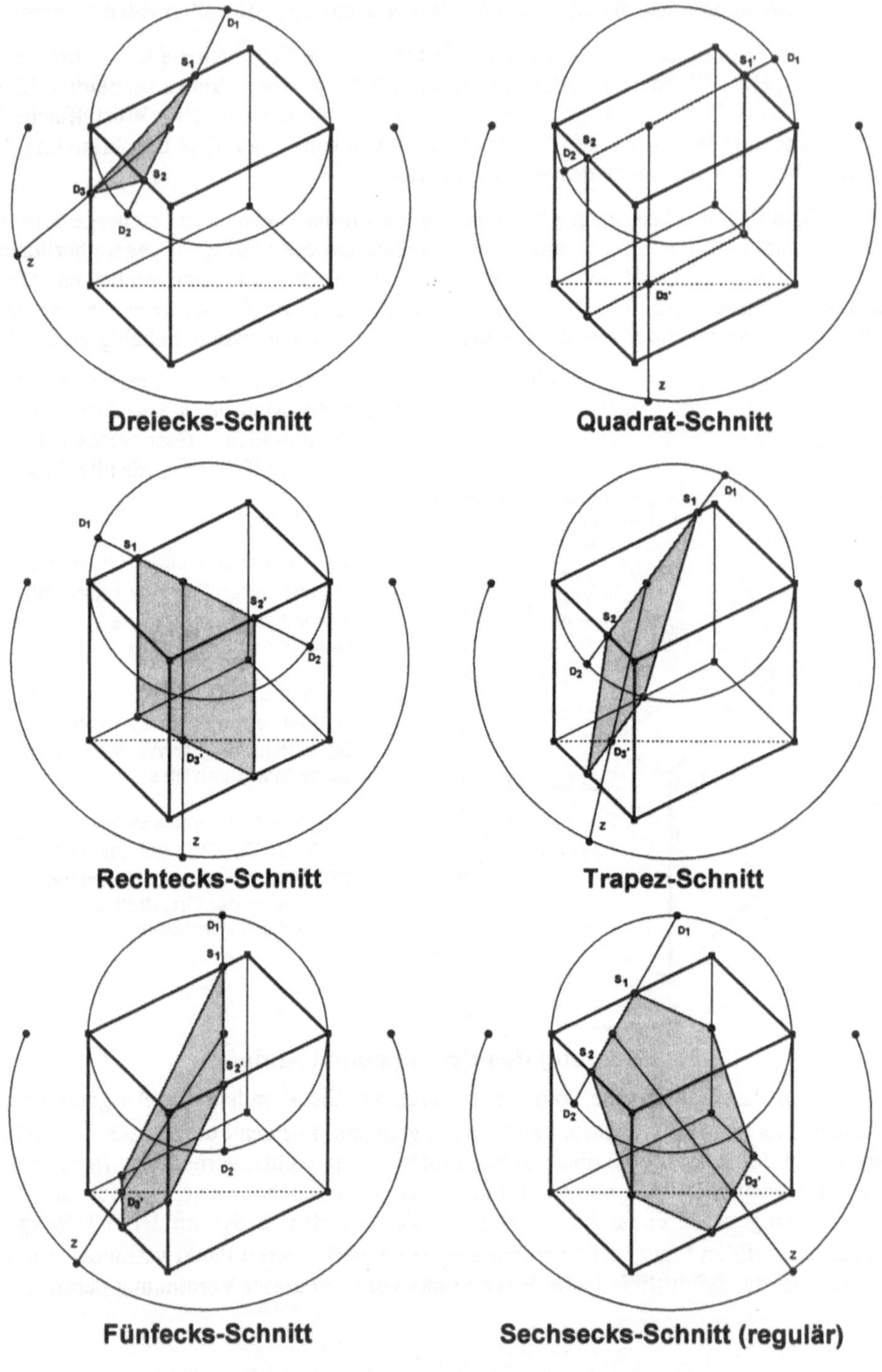

Dreiecks-Schnitt

Quadrat-Schnitt

Rechtecks-Schnitt

Trapez-Schnitt

Fünfecks-Schnitt

Sechsecks-Schnitt (regulär)

Als Zweites greifen wir den ***auf der Spitze stehenden Würfel*** aus den Beispielen 2.15 und 2.23 auf. Wie sieht das Würfelbild aus, wenn er um seine vertikal stehende Raumdiagonale gedreht wird?

Die obere Figur zeigt eine spezielle Lage in Grund- und Aufriss. Hat der Würfel die Kantenlänge 1 (Aufriss: kurze Rechtecksseite), so hat seine Flächendiagonale (Aufriss: lange Rechtecksseite) die Länge $\sqrt{2}$, die Raumdiagonale die Länge $\sqrt{3}$. Mit diesen Maßen kann der Aufriss und dann der Grundriss gezeichnet werden.

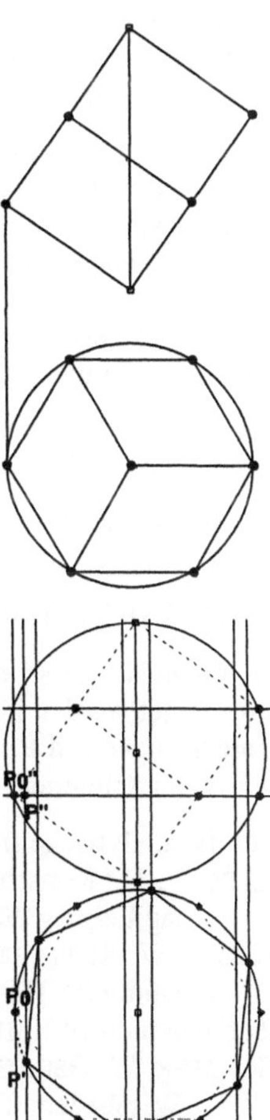

In der mittleren Figur ist angedeutet, wie man zunächst eine gedrehte Lage P des Würfeleckpunkts P_0 zeichnet. Erst wird P' auf dem Umkreis frei so gewählt, dass sich P' nur auf diesem Kreis bewegen kann (reguläres Sechseck ergänzen). P'' liegt auf der Parallelen zum Aufriss der Raumdiagonalen durch P' und in gleicher Höhe wie P_0''. Analog überlegt man für alle Eckpunkte des Würfels. Man zeichnet den Aufriss aller acht Punkte und Verbindungsstrecken, die Bilder von Würfelkanten sind, und hat ein Bild des Kantenmodells des Würfels. Dreht man P' im Grundriss, so dreht sich nicht nur der Grundriss, sondern auch der Aufriss.

In den unteren Figuren ist links die Ausgangslage eines Vollmodells des Würfels gezeichnet, die auch oben angegeben ist. In den folgenden Figuren ist die Ausgangslage im Grund- und Aufriss dünn gezeichnet. Der Unterschied zum Kantenmodell, von dem bei der mittleren Figur die Rede war, ist, dass man beim Vollmodell auf die Sichtbarkeit achten muss und dass sich die Sichtbarkeit beim Drehen ändert. Deshalb wird im Grundriss nicht mehr P', sondern ein Hilfspunkt H auf einem konzentrischen Kreis bewegt. Der Bahnkreis von P' ist in Abschnitte eingeteilt, für die je nach Sichtbarkeit verschiedene Aufrisse getrennt konstruiert werden.

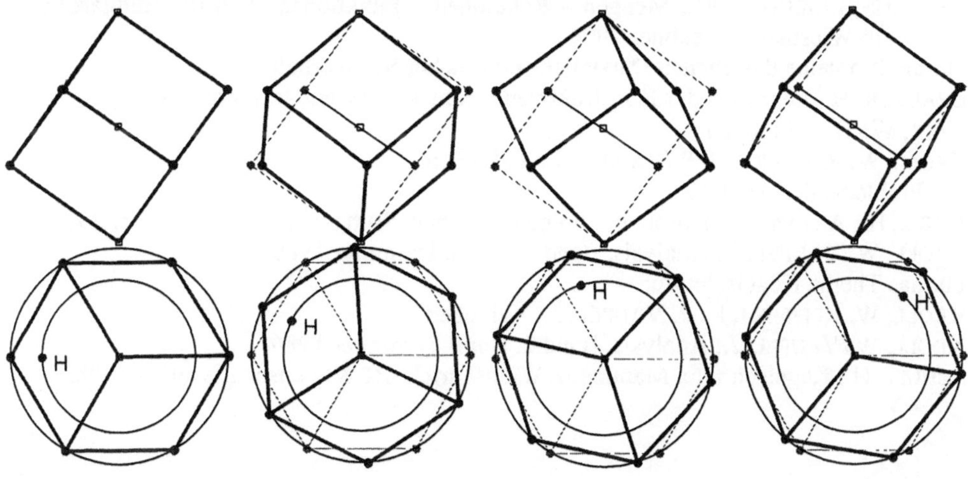

Literaturhinweise

Das vorliegende Buch versteht sich als Einführung. Der behandelte Stoff ist weitgehend „mathematisches Allgemeingut". Deshalb ist nur in Ausnahmefällen auf Literatur verwiesen. Hier ist nur leicht zugängliche Literatur genannt.

Ohne exakte Literaturangabe seien an dieser Stelle Hinweise erwähnt, die Anlass für einige Aspekte der vorliegenden Darstellung waren: Auf B. WOLLRING geht die Idee der Modelle aus Tageslichtprojektor-Folie in Teil 3.5.1 zurück. Auf H. BUBECK geht die Idee des Bauens eines allgemeinen Tetraeders aus vier zueinander kongruenten Dreiecken in Teil 3.5.2 zurück. Von G. GLAESER und H. - P. SCHRÖCKER ist die in Teil 3.6 eingeführte Formulierung „geometrische Freihandzeichnung" übernommen. Auf H. - G. BIGALKE geht die Fragestellung nach dem Sonnenuntergang in Teil 5.3.3 zurück.

Die Plexiglasmodelle und teilweise auch deren Fotos im Anhang 1 stammen von der Firma GÜNTER HERRMANN, Hofgeismar. Die restlichen Fotos stammen vom Verfasser.

Die Kartonmodelle der Dachvariationen im Anhang 1 stammen von ERICH KLÄGER-GÄRTNER. Die Fotos stammen vom Verfasser.

Die DGS-Beispiele im Text und in Anhang 2 wurden mit DynaGeo Euklid erstellt.

Es folgen Hinweise auf Literatur zu einigen Bereichen, die in dieser Darstellung nur kurz angedeutet werden konnten. Teilweise können diese Bücher zur Klärung von Voraussetzungen dienen, die hier nicht dargestellt werden konnten, teilweise sind es weiterführende Darstellungen.

Für die analytische (rechnerische) Behandlung ebener und räumlicher Fragen:

KLIX, W.-D.: Konstruktive Geometrie darstellend und analytisch. Leipzig: Fachbuchverlag Leipzig 2001.

KROLL, W./REIFFERT, H. P./VAUPEL, J.: Analytische Geometrie/Lineare Algebra. Bonn: Dümmler 1997.

Zur allgemeinen Einführung:

SCHÄFER, W./GEORGI, K./TRIPPLER, G.: Mathematik-Vorkurs, 5. Aufl. Stuttgart/Leipzig/Wiesbaden: Teubner 2002.

Für grundlegende Fragen zu Mengen und Funktionen:

LEHMANN, I./SCHULZ, W.: Mengen – Relationen – Funktionen, 2. Aufl. Stuttgart/Leipzig/Wiesbaden: Teubner 2004.

Für die Probleme des ebenen Darstellens räumlicher Sachverhalte:

BRAUNER, H.: Lehrbuch der Konstruktiven Geometrie. Wien/New York: Springer 1986.

KLIX, W.-D.: Vgl. oben

KROLL, W./REIFFERT, H. P./VAUPEL, J.: Vgl. oben.

Für Probleme der Analysis:

JUNEK, H.: Analysis. Funktionen – Folgen – Reihen. Stuttgart/Leipzig: Teubner 1998.

KROLL, W./VAUPEL, J.: Analysis, Band 2. Bonn: Dümmler 1986.

Für das Thema Kegelschnitte:

KROLL, W./REIFFERT, H. P./VAUPEL, J.: Vgl. oben.

KROLL, W./VAUPEL, J.: Analysis, Band 2. Bonn: Dümmler 1986.

SCHUPP, H.: Kegelschnitte. Mannheim/Wien/Zürich: BI Wissenschaftsverlag 1988.

Stichwortverzeichnis